Neue
Elemente der Mechanik

von

K. H. Schellbach,
Professor der Mathematik am Königl. Friedrich-Wilhelms-Gymnasium
und an der Königl. Kriegs-Akademie zu Berlin,

dargestellt und bearbeitet

von

G. Arendt,
ordentlichem Lehrer der Mathematik und Physik am Königl. Französischen
Gymnasium zu Berlin.

Mit zwölf Figurentafeln.

Berlin,
Druck und Verlag von Georg Reimer.
1860.

Vorrede.

Das vorliegende Buch verdankt seine Entstehung hauptsächlich dem Interesse, welches einige jüngere Lehrer der Mathematik und Physik meinen Lehrstunden über Mechanik widmeten, die ich in der ersten Klasse des hiesigen Friedrich-Wilhelms-Gymnasiums bereits seit einer längeren Reihe von Jahren gehalten habe. Meine Lehrthätigkeit bestand in diesen Stunden fast immer nur darin, die Vorstellungen, welche sich die Schüler über mechanische Vorgänge bereits gebildet hatten, so vollständig als nur möglich zu erforschen und durch wechselseitige Belehrung zu einer solchen Klarheit zu entwickeln, daß auf dem Standpunkte, auf welchem Lehrer und Schüler zuletzt zusammen standen, eine größere Unbefriedigtheit von beiden Seiten nicht mehr gefühlt wurde. Ein flüchtiger Blick auf die Literatur der Mechanik und mechanischen Physik zeigt, daß Bestrebungen, wie die unsrigen, zu allen Zeiten ziemlich isolirt dagestanden haben, aber namentlich scheint jetzt in der Auffassungsweise mechanischer Prozesse eine so große poetische Freiheit zu herrschen, daß eine Förderung elementarer Klarheit unmöglich damit verträglich ist. Wenn z. B. Bunsen und Roscoe in ihren vortrefflichen photochemischen Untersuchungen in die Worte ausbrechen „Der unermeßliche Vorrath an lebendiger Kraft, welchen die Natur im Sonnenkörper aufgespeichert hat, fließt unablässig mit den Sonnenstrahlen in den Weltenraum ab", so scheint das nur einfach epischer Erguß gegen die dithyrambischen Ausschweifungen des unsterblichen Faraday, wenn er über die Erhaltung der Kraft philosophirt. Wie aber folgende Zeilen bezeichnet werden sollen „Hiernach ist z. B. die Masse von einem 20 Pfund schweren Körper = 0,64 Pfund und umgekehrt das Gewicht einer Masse von 20 Pfund = 625 Pfund", welche Herr Weisbach in seinem schätzbaren Lehrbuche der Ingenieur- und Maschinen-Mechanik, zweite Auflage, pag. 84, abdrucken läßt, das überlasse ich am besten dem Urtheil eines armen Studirenden. Für diese Armen ist recht eigentlich unser Buch berechnet; für solche die ihr beschränkter Geist zwingt, unter der Quantität q, der Intensität i, der Spannung s sich bestimmte Einheitsquanta zu denken und die beide Seiten auch einer dynamischen Gleichung stets als homogen betrachten müssen. Wer sollte sich z. B. nicht des kindischen Spieles erinnern, welches fast ein halbes Jahrhundert lang in der Elektricitätslehre mit den Worten Quantitäte und Intensität getrieben worden ist, mit Worten denen offenbar eine mechanische Vorstellung untergelegt werden mußte, wenn sie einen fest bestimmten Sinn erhalten sollten. Auf die Nothwendigkeit die beiden Seiten einer dynamischen Gleichung als homogen betrachten zu müssen, macht auch Poisson in seiner Mechanik stets aufmerksam, aber sowohl er als Dühamel und die übrigen Schriftsteller über denselben Gegenstand, haben sich nicht bis zu der nüchternen Klarheit und Einfachheit der Vorstellung herablassen können, die in diesen neuen Elementen der Mechanik anzutreffen sind. Ganz in derselben Weise wie hier die Dynamik behandelt worden ist hätten sich auch die Gesetze der Statik entwickeln lassen, die aber nur dann mit voller Klarheit aufgefaßt werden, wenn man sich die einfachsten Vorstellungen aus der Bewegungslehre gebildet hat. Aufgaben aus der Statik sind zwar nicht ganz unberücksichtigt geblieben, dennoch fehlt ein zusammenhängender Vortrag über diesen Theil der Wissenschaft, da es uns weniger darum zu thun war, ein vollständigeres Lehrbuch zu liefern, als vielmehr zu zeigen, wie bei allen Problemen dieselben einfachen Prinzipien in Anwendung zu bringen sind. Wir machen noch darauf aufmerksam, daß dieses Buch durch seine eigenthümlichen Methoden als eine sehr gute Einleitung in das Studium der höheren Mathematik betrachtet werden darf, wenn auch die volle Strenge bei der Behandlung des Unendlichkleinen, unseren Zwecken, gemäß nicht überall angewendet wurde.

Schellbach.

Inhalt.

Grundbegriffe.

Erstes Kapitel.

Die geradlinige Bewegung.

Bewegung eines Atoms, das von einem anderen angezogen wird, wenn ihre gegenseitige Entfernung unverändert erhalten wird.

Anwendung auf den freien Fall der Körper.

In verticaler Richtung geworfene Körper.

Bewegung fester Atomsysteme.

Der Stoß.

Zweites Kapitel.

Das Parallelogramm der Kräfte. Die schiefe Ebene. Parabolische Bewegung.

Die geradlinige Bewegung auf der schiefen Ebene.

Grundbegriffe.

§. 1.

Theilchen der Materie, die in Bezug auf ihre Größe als Punkte angesehen werden können, mögen Atome genannt werden. Erst an einer späteren Stelle werden wir genauer die über das Wesen der Materie aufgestellten und unseren Betrachtungen zu Grunde liegenden Hypothesen erörtern.

Wir verstehen ferner unter einer Atomgruppe die untrennbare Vereinigung von beliebig aber endlich vielen Atomen in einem Raume, der nach allen Dimensionen unendlich klein ist, und unter einem System von Atomgruppen oder kurz einem Atomsysteme die Verbindung beliebig vieler Atomgruppen mit einander. Ein Atomsystem, das aus unendlich vielen Atomgruppen besteht, die unendlich kleine Entfernungen von einander besitzen, heißt ein Körper und seine einzelnen Atomgruppen, als Bestandtheile desselben, Molecüle.

§. 2.

Ein Atom, welches allein im Weltenraume besteht, beharrt in dem Zustande, in welchem es sich befindet. Ist also das Atom in Ruhe, so bleibt es ewig in Ruhe; ist es in Bewegung, so behält es dieselbe unverändert bei, indem es auf gerader Linie fortschreitet und in gleichen beliebig großen Zeiten stets gleiche Strecken zurücklegt.

Dieses Princip nennt man das Gesetz der Trägheit oder des Beharrungsvermögens der Materie. Die Bewegung des Atoms heißt gleichförmig, und die Länge des in jeder Sekunde von ihm zurückgelegten Weges die Geschwindigkeit des Atoms.

§. 3.

Sind hingegen zwei Atome im Weltenraume vorhanden, so findet zwischen ihnen eine Wechselwirkung Statt, in der Weise, daß sich beide gegen einander bewegen. Diese Anziehung (Attraction) zwischen beiden Atomen denken wir dadurch bewirkt, daß sie sich gegenseitig Impulse ertheilen, die in gleichen, außerordentlich kleinen Zeitintervallen unausgesetzt auf einander erfolgen. Die Größe der Geschwindigkeit, welche das eine Atom durch einen Impuls des andern erlangt, ist nur von der Entfernung beider abhängig, also für dieselbe Entfernung stets dieselbe. Diese Geschwindigkeit müßte es nach dem Trägheitsgesetze ewig beibehalten, aber jeder neue und in derselben Richtung hinzutretende Impuls vermehrt dieselbe um die Geschwindigkeit, welche er für sich dem ruhenden Atome ertheilt hätte. Würden also n aufeinander folgende Impulse für sich einzeln einem Atome die Geschwindigkeiten γ, γ_1, γ_2, ... γ_{n-1} verliehen haben, so erlangt es durch die successive Einwirkung dieser Impulse die Geschwindigkeit $\gamma + \gamma_1 + \gamma_2 + \cdots + \gamma_{n-1}$, mit der es nun in gleichförmiger Bewegung fortschreitet. Verschiedene Geschwindigkeiten also, die einem Atom in derselben Richtung mitgetheilt werden, summiren sich zu einer einzigen Geschwindigkeit.

Ebenso, wenn sich das Atom B (Fig. 1) in gerader Linie von dem Atom A entfernt, mit der Geschwindigkeit g, und A ertheilt ihm nun einen anziehenden Impuls von der Stärke γ, so wird dadurch die Geschwindigkeit von B in der Richtung BC $g-\gamma$, bei einem neuen Impuls γ' aber $g-\gamma-\gamma'$ u. s. f. D. h.: Verschiedene Geschwindigkeiten, die einem Atome in entgegengesetzten Richtungen ertheilt werden, müssen von einander subtrahirt werden, um die Geschwindigkeit zu erhalten, die das Atom, in der Richtung der größeren, wirklich annimmt.

§. 4.

Ein Atom kann also nur dann eine gleichförmige Bewegung annehmen, wenn es nur einen Impuls, und zwar zu Anfang seiner Bewegung, erfahren hat. Sobald es während der Bewegung neue Impulse erfährt, verändert sich auch seine Geschwindigkeit, und zwar plötzlich, wenn die Impulse in endlichen Zeitintervallen erfolgen, und endliche Geschwindigkeiten verleihen, jedoch stetig, wenn sie unausgesetzt auf einander erfolgen, und nur mit unendlich kleiner Wirkung auftreten. Man kann sich diese constante oder veränderliche Geschwindigkeit, mit welcher sich ein Atom bewegt, auf eine klare Weise durch Kurven veranschaulichen, deren senkrechten Ordinaten die Geschwindigkeit des Atoms angeben, während die Abscissen die Zeit vorstellen, zu welcher und während welcher es die zugehörige Geschwindigkeit besitzt. So giebt die Figur 1^a die Geschwindigkeit eines Atoms an, das sich gleichförmig bewegt, weshalb die Kurve eine der Abscissenaxe OT parallele Gerade ist. In Figur 1^b wird die Geschwindigkeit durch neue Impulse, welche nach t, t_1, t_2, t_3 etc. Sekunden auftreten, plötzlich verändert. Einen gleichen Fall setzt Figur 1^c voraus; nur ist hier angenommen, daß die alle ntel Sekunden erfolgenden Impulse gleich stark sind, so daß auch die Geschwindigkeit stets um gleiche Strecken wächst. Wenn hier der Zeitraum von $\frac{1}{n}$ Sekunde unendlich klein wird, also die Impulse stetig auf einander folgen, so muß die Figur 1^c durch 1^d ersetzt werden. Andere Beispiele einer gleichen Versinnlichung der Geschwindigkeit eines Atoms geben noch die Figuren 1^e und 1^f.

§. 5.

Werden an einer Stelle A (Fig. 2) statt eines Atomes α Atome gedacht, so wirken sie auch alle auf das in der Entfernung r befindliche Atom B; jedes ertheilt ihm, gleichzeitig, den Impuls γ, so daß es, in Folge dieses einen Impulses, von allen insgesammt die Geschwindigkeit $\alpha\gamma$ erhält; ein Atom verleiht ihm also die Geschwindigkeit γ, 2 Atome 2γ, 3 Atome 3γ u. s. f.

Ebenso ertheilt B jedem der α Atome in A die Geschwindigkeit γ, so daß sie sich alle, in Folge dieses einen Impulses, mit der Geschwindigkeit γ nach B hinbewegen.

α Atome endlich in A ertheilen jedem der β Atome in B die Geschwindigkeit $\alpha\gamma$, so wie die β Atome in B jedem der Atome in A die Geschwindigkeit $\beta\gamma$ mittheilen; also die Atomengruppe A bewegt sich mit der Geschwindigkeit $\beta\gamma$, die in B mit der Geschwindigkeit $\alpha\gamma$, in Folge eines einzigen Impulses.

Es ist also wohl zu beachten: 1) daß zwei Atomengruppen, die sich gegenseitig anziehen, in denen aber die Anzahl der Atome verschieden ist, verschiedene Geschwindigkeiten annehmen, 2) daß eine Atomengruppe in einer bestimmten Entfernung jeder Gruppe dieselbe Geschwindigkeit mittheilt, so viel Atome die letztere auch enthalten mag.

Erstes Kapitel.

Die geradlinige Bewegung.

Bewegung eines Atoms, das von einem anderen angezogen wird, wenn ihre gegenseitige Entfernung unverändert erhalten wird.

§. 6.

Das Atom B werde von dem Atom A (Fig. 4) in der Entfernung $AB = r$ angezogen. B bewegt sich in Folge der Anziehung von A in der Richtung BA zu A hin; damit aber die Entfernung zwischen beiden Atomen stets unverändert (constant) bleibe, denke man sich, daß das Atom A genau dieselbe Bewegung ausführe, wie das von ihm angezogene Atom B; es soll also vor diesem zurückfliehen, so daß, wenn B in B′ angekommen, und $AA' = BB'$ ist, A bis A′ zurückgewichen ist. Wir wollen jetzt ermitteln, welche Geschwindigkeit das Atom B nach Verlauf von t Secunden besitzt, und welchen Weg es alsdann zurückgelegt hat. A ertheile dem B in der constanten Entfernung r Impulse von der Stärke γ (Fuß), die gleichmäßig alle n^{tel} Sekunden erfolgen. Durch den ersten Impuls hat also B die Geschwindigkeit γ, durch die 2 ersten Impulse die Geschwindigkeit 2γ, nach 3 Impulsen 3γ, u. s. f., nach n Impulsen, d. i. am Ende der ersten Sekunde die Geschwindigkeit $n\gamma$ erlangt. Diese Geschwindigkeit setzen wir gleich g, so daß also

$$\text{(I)} \qquad \gamma = \frac{g}{n}$$

ist. So wird in jeder Sekunde die Geschwindigkeit von B um g Fuß vermehrt, so daß es nach t Sekunden die Geschwindigkeit gt erhält, und wenn man diese mit v bezeichnet, die Gleichung Statt findet:

$$\text{(1)} \qquad v = gt.$$

Würde also, nach t Sekunden, A aufhören, auf B zu wirken, so würde dieses, nach dem Trägheitsgesetze, sich in gerader Linie gleichförmig bewegend, in jeder Sekunde gt Fuß zurücklegen, und in jeder m^{tel} Sekunde $\frac{gt}{m}$ Fuß.

§. 7.

Der Wirkung des ersten Impulses unterliegt B eine n^{tel} Sekunde; d. h. während derselben bewegt es sich mit der Geschwindigkeit $\gamma = \frac{g}{n}$, legt mithin eine Strecke $\frac{\gamma}{n} = \frac{g}{n^2}$ zurück; in der zweiten n^{tel} Sekunde hat B die Geschwindigkeit $2\gamma = \frac{2g}{n}$, durchläuft also in ihr den Raum $\frac{2\gamma}{n} = \frac{2g}{n^2}$; im dritten Zeittheilchen, bei einer Geschwindigkeit von $3\gamma = \frac{3g}{n}$, durchläuft es den Weg $\frac{3g}{n^2}$, ebenso im vierten Zeittheilchen den Weg $\frac{4g}{n^2}$, u. s. f, im n^{ten} Zeittheilchen, d. h. im letzten n^{tel} der ersten Sekunde den Weg $\frac{ng}{n^2}$, und im $(nt)^{ten}$ Zeittheilchen, am Ende der t^{ten} Sekunde, die Strecke $\frac{ntg}{n^2}$. Daher ist der gesammte von B in t Sekunden durchlaufene Weg, den wir mit s bezeichnen:

$$s = \frac{g}{n^2} + \frac{2g}{n^2} + \frac{3g}{n^2} + \cdots + \frac{ng}{n^2} + \frac{(n+1)g}{n^2} + \cdots + \frac{ntg}{n^2}$$

$$= \frac{g}{n^2}(1 + 2 + \cdots + nt).$$

Es ist aber

$$1 + 2 + 3 + \cdots + m = \frac{m(m+1)}{2},$$

also hat man

$$(2') \qquad s = \frac{g}{n^2} \cdot \frac{nt(nt+1)}{2} = \tfrac{1}{2}gt^2 + \frac{gt}{2n}.$$

Da wir nun n unendlich groß annehmen, so ist $\frac{gt}{2n} = 0$, und die in endlichen Zeiten zurückgelegten Wege werden durch die Gleichung

$$(2) \qquad s = \tfrac{1}{2}gt^2$$

erhalten.

Folgerungen. Es ist also am Ende der

	1.,	2.,	3.,	4.,	...	m^{ten} Sekunde
$v =$	g,	$2g$,	$3g$,	$4g$,	...	mg
$s =$	$\frac{g}{2}$,	$\frac{4g}{2}$,	$\frac{9g}{2}$,	$\frac{16g}{2}$,	...	$\frac{m^2 g}{2}$

während die in den einzelnen Sekunden durchlaufenen Wege

$$\frac{g}{2}, \frac{3g}{2}, \frac{5g}{2}, \frac{7g}{2}, \ldots (2m-1)\frac{g}{2}$$

sind.

Diese drei Resultate pflegt man so auszudrücken:

1) Die Geschwindigkeiten des Atoms am Ende der einzelnen Sekunden verhalten sich wie die Reihe der natürlichen Zahlen.

2) Die von Anfang der Bewegung an zurückgelegten Wege verhalten sich wie die Quadrate der zugehörigen Zeiten.

3) Die Wege innerhalb der einzelnen Sekunden verhalten sich wie die Reihe der ungeraden Zahlen.

Wichtig ist die aus dem Obigen sich ergebende Bemerkung, daß der in der gewählten Zeiteinheit zurückgelegte Weg $\left(\frac{g}{2}\right)$ halb so groß ist wie die in derselben erlangte Geschwindigkeit. Hätte z. B. B in dieser Zeit 100′ durchlaufen, so würde es jetzt schon eine Geschwindigkeit von 200′ besitzen, d. h. ohne daß ein neuer Impuls hinzuträte, in jeder folgenden Sekunde 200′ zurücklegen. Ueberhaupt zeigt die Vergleichung der Formeln (1) und (2), daß nach jeder beliebigen Zeit von Anfang der Bewegung an das Atom eine Geschwindigkeit besitzt, mit welcher es gleichförmig fortschreitend, in gleicher Zeit einen doppelt so großen Weg zurücklegen würde, als es bis zu diesem Augenblick wirklich zurückgelegt hat.

Von häufigem Gebrauche ist die Relation zwischen der Geschwindigkeit v und dem ihr zugehörigen Wege s, welche sich durch Elimination von t aus den Gleichungen (1) und (2) ergiebt, nämlich

$$(3) \qquad v^2 = 2gs.$$

§. 8.

Die drei Formeln (1) bis (3) characterisiren vollständig die Bewegung, welche unter den postulirten Bedingungen das Atom B annimmt. Man kennt sie genau, sobald der Werth von g gegeben ist. Dieser Werth ändert sich mit der Entfernung (r) der beiden Atome von einander. Die Entfernung selbst ist während der ganzen Bewegung als constant vorausgesetzt. Die Art der Bewegung ändert sich nicht, wenn statt des einen Atoms α Atome in A befindlich sind, die alle auf B wirken; alsdann verwandelt sich nur g in αg (§. 5).

Wenn hiegegen β Atome in B von A angezogen werden, so bleibt g und damit der ganze Vorgang der Bewegung ungeändert.

Wenn man sagt: „ein Atom wird mit der Kraft g angezogen," so versteht man darunter, indem man stets die in den vorstehenden §§. behandelte Bewegungsart zu Grunde legt, daß die einzelnen Impulse, die das Atom erfährt, von der Stärke $\frac{g}{n}$ sind, daß es also nach der ersten Sekunde ihrer Einwirkung die Geschwindigkeit g erlangt hat, und daß der in dieser ersten Sekunde durchlaufene Weg $\frac{g}{2}$ ist.

§. 9.

Man kann die eben entwickelten Gesetze dieser Bewegung auf folgende Weise geometrisch darstellen.

Man theile den Kreissector BMA (Fig. 5) durch die Punkte C, D, E, F, G, ..., L in n gleiche Theile, ziehe die gleichen Sehnen AC, CD, DE, ..., LB, verlängere DC um sich selbst über C hinaus bis N, ED über D hinaus um DN, bis O, FE über E hinaus um EO, bis P, u. s. f., und verbinde endlich der Reihe nach die Punkte A, N, O, P, Q, ..., T, U mit einander, so wie alle Theilpunkte C, D etc. mit M, so sind die sämmtlichen entstandenen $n + n - 1$ gleichschenkligen Dreiecke ähnlich, weil, wie die Figur unmittelbar ergiebt, ihre von den Schenkeln eingeschlossenen Winkel alle gleich sind. Setzt man nun den Radius des Kreises MA gleich der Kraft g, den Centriwinkel AMB gleich der Zeit t, in der Weise, daß die Zeiteinheit (1 Sekunde) durch den Centriwinkel dargestellt wird, dessen Bogen gleich dem Radius ist, also durch einen Winkel von 57° 17′ 44″,81, und endlich n unendlich groß, so daß man die Sehnen mit den Bogen des Kreises identificiren kann, so ergiebt sich aus allen diesen Bestimmungen:

$$AC = CD = DE = \cdots = LB = \frac{gt}{n},$$

$$DN = \frac{2gt}{n}, \ EO = \frac{3gt}{n}, \ \ldots, \ BU = gt,$$

ferner

$$\frac{AN}{CA} = \frac{NO}{DN} = \frac{OP}{EO} = \cdots = \frac{TU}{BU} = \frac{AC}{MA} = \frac{t}{n},$$

also

$$AN = \frac{gt^2}{n^2},\ NO = \frac{2gt^2}{n^2},\ OP = \frac{3gt^2}{n^2},\ \ldots,\ TU = \frac{ngt^2}{n^2}$$

und

$$ANOPQ \ldots TU = \frac{gt^2}{n^2}(1+2+\cdots+n) = \tfrac{1}{2}gt^2.$$

Es ist also

$$AMB = t,\quad MB = g,\quad BU = \text{Bog. } BA = gt, \text{ und}$$

$$\text{Bog. } UT \ldots NA = \tfrac{1}{2}gt^2.$$

Daraus folgt: Wenn der Radius des Kreises die Anziehungskraft g vorstellt, und man wickelt den Kreis vermittelst eines in B befestigten und auf den Bogen BA gelegten biegsamen und unausdehnbaren Fadens ab, und nimmt den Centriwinkel des abgewickelten Stückes in der oben angegebenen Weise zum Maß der Zeit; so repräsentirt dieses Stück des Kreises die Geschwindigkeit des sich bewegenden Atoms, und die zugehörige Länge der Evolvente des Kreises (wie man die Kurve AN ... TU nennt) den vom Atom zurückgelegten Weg. Wenn man also um einen Cylinder einen Faden, an dessen Ende eine Kugel befestigt ist, herumgeschlungen hat, und dann den Faden durch Umdrehung des Cylinders gleichmäßig abwickelt, so entspricht die Bewegung der Kugel der oben bestimmten Bewegung des Atoms.

§. 10.

Die gegenwärtige Aufgabe kann verallgemeinert werden, wenn vorausgesetzt wird, daß das Atom B (Fig. 6) in dem Augenblicke, wo A auf dasselbe einzuwirken anfängt, schon mit einer eigenen Geschwindigkeit γ behaftet ist, vermöge welcher es sich von selbst in der Richtung BA fortbewegen würde. Die Formeln, welche alsdann für seine Bewegung gelten, können durch dieselben Betrachtungen wie oben erhalten werden. Aber auch an sich und vermöge des Princips in §. 3. ist klar, daß die Geschwindigkeit von B

nach dem 1sten, 2ten Impulse

$$\gamma + \frac{g}{n}, \qquad \gamma + \frac{2g}{n},$$

nach der 1sten, 2ten Sekunde

$$\gamma + g, \qquad \gamma + 2g$$

und nach t Sekunden

$$\text{(I)} \quad \varphi = \gamma + gt$$

ist, und daß das Atom B wegen der zu jeder Zeit um γ größeren Geschwindigkeit auch in jeder Sekunde einen um γ, in t Sekunden also einen γt Längeneinheiten größeren Weg zurücklegt, dieser Weg σ also

$$\text{(II)} \quad \sigma = \gamma t + \tfrac{1}{2} g t^2$$

ist.

Aus (I) folgt

$$\varphi^2 = \gamma^2 + 2\gamma g t + g^2 t^2,$$

aus (II)

$$2g\sigma = \qquad 2\gamma g t + g^2 t^2$$

durch Subtraction

$$\text{(III)} \quad \varphi^2 = \gamma^2 + 2g\sigma.$$

Endlich könnte B (Fig. 6) mit einer eigenen Geschwindigkeit γ behaftet sein, vermöge welcher es sich in der der Richtung der Anziehung entgegengesetzten Richtung BC bewegte: so ist klar, daß alsdann Geschwindigkeit und Wege von B um die Größen (Formeln (1) und (2) des §. 6 f.) vermindert werden, welche die Anziehung von A für sich allein hervorbringt. Es gelten also auch für diesen Fall die Formeln (I) bis (III), wenn man in ihnen g negativ setzt. Man hat dann:

$$\text{(I')} \quad \varphi = \gamma - g t$$
$$\text{(II')} \quad \sigma = \gamma t - \tfrac{1}{2} g t^2$$
$$\text{(III')} \quad \varphi^2 = \gamma^2 - 2g\sigma.$$

Da hierbei die Geschwindigkeit des Atoms in stetem Abnehmen begriffen ist, so wird sie schließlich zu Null, nach der Zeit

$$(4) \quad t_1 = \frac{\gamma}{g}.$$

Alsdann ist die Bewegung von B in der ursprünglichen Richtung beendet, und die ganze zurückgelegte Strecke beträgt, wie sich aus (III') unmittelbar ergiebt:

$$(5.) \quad \sigma_1 = \frac{\gamma^2}{2g}.$$

Von diesem Zeitpunkt an unterliegt die Bewegung des Atoms B, welche nun wieder nach dem anziehenden Atome A hingerichtet ist, den ursprünglich ermittelten Gesetzen (1) bis (3) (§. 6 f.).

Anwendung der Formeln auf den freien Fall und verticalen Wurf der Körper.

§. 11.

Die Voraussetzungen des §. 6. treffen bei der Bewegung zu, welche die auf der Erdoberfläche fallenden Körper annehmen. Wie an späterer Stelle (§. 99) nachgewiesen werden wird, zieht die Erde nnter der Annahme, daß sie eine aus homogenen concentrischen Schichten gebildete Kugel ist, außerhalb befindliche Körper so an, als wären alle ihre Atome im Mittelpunkte vereinigt, und die Kugel selbst gar nicht vorhanden. Die Gruppe der anziehenden Atome befindet sich daher von den angezogenen Körpern in der Entfernung eines Erdradius, also in einer Entfernung von 859,5 geogr. Meilen, und wenn in Folge der Anziehung die Körper zur Erde fallen, d. h. sich ihr in der Richtung nach ihrem Mittelpunkte zu nähern, so ist die dadurch entstehende Aenderung in der Entfernung vom Erdmittelpunkt gegen die beträchtliche Größe des Erdradius, so unbedeutend, daß die Entfernung der angezogenen Atome von den anziehenden als constant betrachtet werden kann.

Daher gelten die oben entwickelten Formeln für den Fall der Körper auf der Erdoberfläche ((1) bis (3)), so wie für den verticalen Wurf derselben nach unten ((I) bis (III)) oder in die Höhe ((I') bis (III') und (4), (5)).

Ein fallender Körper ebenso wie ein Atom hat also nach t Sekunden die Geschwindigkeit

$$v = gt$$

angenommen, und einen Weg

$$s = \frac{1}{2}gt^2$$

zurückgelegt. Diese Formeln bestimmen die Fallbewegung vollständig, wenn die Größe von g, welche man hier die **Schwerkraft der Erde** oder die **Erdschwere** nennt, bekannt ist. Durch Versuche, von deren wichtigsten unten (z. B. §. 132) die Rede sein wird, ist diese Constante der Bewegung bestimmt worden. Sie beträgt für Berlin

$$g = 31',2649 \text{ Rh.} = 30',2075 \text{ Par.} = 9^{m},8126.$$

Ein Körper durchfällt demnach in der ersten Sekunde 15',6324 Rh. (= 15',1037 Par. = 4^{m},9063) oder nahezu $15\frac{5}{8}'$, und hat dann eine Geschwindigkeit von 31′,2649 erlangt, so daß er, wenn nun die Wirkung der Erde aufhörte, in jeder Sekunde 31′,2649 zurücklegen würde.

Es versteht sich von selbst, daß bei dem Gebrauch der obigen Formeln als Fallgesetze von dem Widerstande der Luft, welche die Beschleunigung verzögert, abstrahirt wird, diese Gesetze also nur für den Fall der Körper im leeren Raume strenge Gültigkeit haben, wo ihnen alle Körper auf gleiche Weise unterliegen.

Geschwindigkeit und Wege der frei fallenden Körper betragen also am Ende

der	1^{ften},	2ten,	3ten,	...,	t^{ten} Sekunde:
$v =$	31,26,	62,53,	93,79,	...,	31,26 t Fuß,
$s =$	15,63,	62,53,	140,69,	...,	15,63 t^2 Fuß.

§. 12.

Beispiele. Der höchste Thurm Berlins ist die Petrikirche, 306′ hoch; von seiner Spitze fällt also ein Stein (nach der Formel $t = \sqrt{\frac{2s}{g}}$) in 4″,4243 Sekunden herab, und kommt unten mit einer Geschwindigkeit ($v = \sqrt{2gs}$) von 138′,326 Fuß an.

Unter der Voraussetzung, daß die Aenderung in der Entfernung vom Sitze der Anziehung, dem Erdmittelpunkte, noch unberücksichtigt bleiben darf, gebraucht ebenso ein Körper, um eine Meile zu durchfallen, 39″,183 Sekunden, und erlangt dadurch eine Geschwindigkeit von 1225′,0367 Fuß.

Ebenso findet man, daß ein Körper, der einen Fuß oder einen Zoll durchfallen ist, schon eine Geschwindigkeit von 7,9076 bezüglich 2,2827 Fuß besitzt.

Anwendungen.

§. 13.

Aufgabe 1. Wie lange muß ein Körper fallen, damit er in der nächstfolgenden Sekunde eine Strecke a zurücklegt?

Die Bewegung habe in A (Fig. 7) begonnen; nach y Sekunden werde in der nächsten Sekunde der Weg $BC = a$ zurückgelegt, nachdem der Körper bereits durch $AB = x$ gefallen ist. Zur Bestimmung der beiden Unbekannten x und y ergeben sich unmittelbar die Gleichungen

$$x = \tfrac{1}{2} g y^2$$

$$x + a = \tfrac{1}{2} g (y+1)^2$$

folglich

$$a = \tfrac{1}{2} g (2y+1),$$

woraus man

$$y = \frac{2a-g}{2g}$$

und

$$x = \frac{(2a-g)^2}{8g}$$

erhält.

Diese Ausdrücke lehren, daß der kleinste Werth, den a besitzen darf, $\frac{g}{2}$ ist, wie es auch aus den Fallformeln von selbst folgt, indem $\frac{g}{2}$ der Weg in der ersten Sekunde ist, und die Wege in den einzelnen Sekunden immer zunehmen. Nach der anderen Seite hin ist dem Wachsen der Werthe von a dadurch eine Grenze gesteckt, daß die Fallbewegung nur so lange andauern darf, als der zurückgelegte Weg gegen die Länge des Erdradius verschwindend klein ist.

Z. B. für $a = 1000'$ Rh. findet sich $y = 31'',4848$ und $x = 15496',28$.

§. 14.

Aufgabe 2. Einen Körper, den man in einen verticalen Schacht hineinfallen läßt, hört man nach t Sekunden aufschlagen. Wie tief ist der Schacht, wenn die constante Fortpflanzungsgeschwindigkeit des Schalles $= a$ ist?

Beträgt die Tiefe des Schachtes x Fuß, so durchfällt der Körper dieselbe in der Zeit $\sqrt{\frac{2x}{g}}$, und der Schall legt darauf denselben Weg in $\frac{x}{a}$ Sekunden zurück. Die Summe beider Zeiten giebt die t Sekunden, nach denen man den Schall wahrnimmt. Man hat also die Gleichung

$$t = \frac{x}{a} + \sqrt{\frac{2x}{g}}$$

oder

$$x + a\sqrt{\frac{2}{g}} \cdot \sqrt{x} - at = 0,$$

welche

$$\sqrt{x} = \frac{a}{\sqrt{2g}}\left(\sqrt{1+\frac{2gt}{a}}-1\right)$$

liefert.

Soll ein Beispiel numerisch berechnet werden, so macht man den vorstehenden Ausdruck für logarithmische Rechnung durch Einführung des Hülfswinkels

$$\sqrt{\frac{2gt}{a}} = \operatorname{tg}\varphi$$

sehr bequem. Es ist alsdann

$$\frac{a}{\sqrt{2g}} = \sqrt{at}\,.\operatorname{cotg}\varphi,$$

und

$$\sqrt{x} = \sqrt{at}\,.\operatorname{cotg}\varphi\,(\sec\varphi-1),$$

woraus man nach kurzer Umformung

$$\sqrt{x} = \sqrt{at}\,.\operatorname{tg}\frac{\varphi}{2}$$

also

$$x = at\,.\operatorname{tg}^2\frac{\varphi}{2}$$

erhält.

Z. B. $t = 30''$.

Da $g = 31',2649$ und $a = 1050'$ ist, so erhält man

$$\varphi = 53^\circ\, 11'\, 52'',4$$

und

$$x = 7898',318.$$

§. 15.

Aufgabe 3. Ein Meteorstein fällt nach t Sekunden, nachdem man ihn in der Luft zerplatzen hörte, zur Erde. In welcher Höhe zersprang er?

Beträgt diese Höhe x Fuß, und ist die Fortpflanzungsgeschwindigkeit des Schalls wieder a, so gebraucht derselbe $\frac{x}{a}$ Sekunden, um zum Beobachter auf die Erde zu gelangen. Der Stein legt denselben Weg in $\sqrt{\frac{2x}{g}}$ Sekunden zurück, und da dieser Zeitraum jenen um t Sekunden übertrifft, so ist

$$\sqrt{\frac{2x}{g}} - t = \frac{x}{a},$$

woraus

$$(1)\quad \sqrt{x} = \frac{a}{\sqrt{2g}}\left(1 \pm \sqrt{1 - \frac{2gt}{a}}\right)$$

hervorgeht. Die Aufgabe läßt also 2 Werthe von x zu; es kann demnach ein Meteorstein, der eine gewisse Zeit nach dem Hörbarwerden des durch sein Zerspringen verursachten Knalls niedergefallen ist, in zwei verschiedenen Höhen zersprungen sein.

Auch hier wie bei der vorhergehenden Aufgabe substituirt man bei wirklich numerischen Ausrechnungen mit Vortheil trigonometrische Functionen, und erhält, wenn man demnach

$$\sqrt{\frac{2gt}{a}} = \sin\varphi$$

also

$$\sqrt{\frac{a}{2g}} = \frac{\sqrt{t}}{\sin\varphi}$$

setzt:

$$\sqrt{x} = \sqrt{at}\cdot\frac{1 \pm \cos\varphi}{\sin\varphi},$$

was nach kurzer Umformung auf die beiden Werthe

$$x' = at.\operatorname{ctg}^2\frac{\varphi}{2} \text{ und}$$

$$x'' = at.\operatorname{tg}^2\frac{\varphi}{2}$$

führt.

Man erhält z. B. für $a = 1050'$, $g = 31',2649$ und $t = 3$ Sekunden:

$$\varphi = 25°0'13'',57$$
$$x' = 64082' = 2,670 \text{ Meilen}$$
$$x'' = 154',87.$$

Obgleich im Allgemeinen zwei verschiedene Höhen existiren, welche den Bedingungen unserer Aufgabe entsprechen, so ist doch ersichtlich, daß es einen bestimmten Werth von t geben muß, für welchen sich nur ein zugehöriger Werth von x findet; denn dies geschieht offenbar, wenn in dem Ausdruck für $\sqrt{x}$ in Gleichung (1) die Wurzel auf der rechten Seite verschwindet, also t seinen größt' möglichen Werth $\frac{a}{2g} = 16''79$ besitzt. Der zugehörige Werth von x ist $\frac{a^2}{2g}$ und beträgt 17630 Fuß.

§. 16.

Es ist übrigens zu bemerken, daß von einer bestimmten Höhe an und darüber hinaus der Stein früher auf die Erde gelangen wird als man den Knall hört; denn die Geschwindigkeit des Falles ist eine beschleunigte, während die des Schalls constant ist. Alsdann gilt, wenn das Zerspringen erst t Sekunden nach dem Niederfallen gehört wird, die Ansatzgleichung

$$\sqrt{\frac{2x}{g}} + t = \frac{x}{a}$$

und das Resultat

$$\sqrt{x} = \frac{a}{\sqrt{2g}}\left(1 + \sqrt{1 + \frac{2gt}{a}}\right).$$

Hier gehört also zu jedem Werthe von t nur eine Höhe x, und dem Wachsen von t ist nur dadurch eine Grenze gesteckt, daß x selbst eine gewisse Größe nicht überschreiten darf (§. 11).

Zwischen den beiden bis jetzt betrachteten Möglichkeiten liegt endlich der Grenzfall, daß beide Umstände gleichzeitig eintreten. Alsdann ist, wie auch folgt, wenn man $t = 0$ setzt,

$$\sqrt{\frac{2x}{g}} = \frac{x}{a}$$

also

$$x\left(\frac{x}{a^2} - \frac{2}{g}\right) = 0,$$

was für diesen Specialfall zwei Werthe liefert:

$$1) \quad x = 0$$

wie an sich klar ist,

$$2) \quad x = \frac{2a^2}{g} = 70520 \text{ Fuß},$$

d. i. eine Höhe von nicht viel unter 3 Meilen. Man bemerke noch, daß diese Höhe, welche dem gleichzeitigen Eintreffen beider Umstände zugehört, die vierfache derjenigen ist, für welche zwischen beiden Wahrnehmungen der größte Zeitraum verfließt.

Man kann diesen Aufgaben (§. 15 und 16) auch noch dadurch eine größere Allgemeinheit geben, daß man dem Meteorstein schon im Augenblicke des Zerspringens eine gewisse Geschwindigkeit γ beilegt. Wenn die Stücke z. B. t Sekunden nach dem Hörbarwerden der Explosion zur Erde fallen, so führt die Formel (II) des §. 10 zu der Gleichung

$$x = \gamma\left(\frac{x}{a} + t\right) + \frac{1}{2}g\left(\frac{x}{a} + t\right)^2$$

der man die Gestalt

$$\frac{x}{a} + t = t + \frac{\gamma}{a}\left(\frac{x}{a} + t\right) + \frac{g}{2a}\left(\frac{x}{a} + t\right)^2$$

geben kann, und indem man sie in Beziehung auf $\frac{x}{a} + t$ auflöst, das Resultat:

$$\frac{x}{a} + t = \frac{a - \gamma}{g} \pm \sqrt{\frac{(a-\gamma)^2}{g^2} - \frac{2at}{g}}$$

liefert.

In verticaler Richtung geworfene Körper.

§. 17.

Für Körper, welche in verticaler Richtung geworfen werden, haben, wie oben bemerkt, die Formeln des §. 10 Gültigkeit, nämlich

$$\varphi = \gamma \pm gt, \quad \sigma = \gamma t \pm \tfrac{1}{2}gt^2, \quad \varphi^2 = \gamma^2 \pm 2g\sigma.$$

Es ist das positive oder negative Zeichen anzuwenden, je nachdem die ursprünglich dem Körper ertheilte Geschwindigkeit γ vertical nach unten oder nach oben gerichtet ist.

Wird z. B. eine Kugel von einer Höhe von 240′ mit der Geschwindigkeit $\gamma = 1200'$ senkrecht herabgeschossen, so kommt sie unten mit der Geschwindigkeit

$$\varphi = \sqrt{\gamma^2 + 2g\sigma} = 1206',236$$

an, und hat den Weg in

$$t = \frac{\varphi - \gamma}{g} = 0'',1995 \text{ oder nahezu } \tfrac{1}{5} \text{ Sekunde}$$

zurückgelegt.

Wäre die Kugel von derselben Höhe herabgefallen, so würde sie unten mit 122′,5 Geschwindigkeit angekommen sein. Wenn sie also heruntergeschossen wird, nimmt sie keineswegs so viel an Geschwindigkeit zu als sie erlangt, wenn sie dieselbe Höhe senkrecht durchfallen hätte, sondern statt 122′,5 nur um die bei Weitem kleinere Größe von 6′. Der Grund hiervon ist darin zu suchen, daß die Kugel im letzteren Falle nur eine sehr geringe Zeit ($\frac{1}{5}$ Sekunde) zu dem Wege gebraucht, so daß sie durch die Impulse der Erde nur unbedeutend beschleunigt werden kann; fällt sie, so legt sie dieselbe Strecke nahezu in 4 Sekunden (3″,92) zurück, d. h. in etwa zwanzigfacher Zeit; sie erhält also dann 20 mal mehr Impulse von der Erde, und muß demnach um eine zwanzigfache Geschwindigkeit (also um 20.6 = 120′) beschleunigt werden, wie es auch die Rechnung bestetigt.

§. 18.

Der verticale Wurf der Körper in die Höhe ist besonders einer nähern Betrachtung zu unterziehen. Für ihn gelten zunächst die im vorigen §. angeführten Formeln, von welchen die zweite $\sigma = \gamma t - \frac{1}{2}gt^2$ unmittelbar erkennen läßt, daß durch die Anziehung der Erde der Weg des Körpers zu jeder Zeit um $\frac{1}{2}gt^2$ kleiner ist, als er es ohne diese Einwirkung der Erde wäre, daß also der Körper durch dieselbe gerade um diejenige Strecke herabgezogen wird, welche er, durch die Erdschwere allein bewegt, in derselben Zeit zurückgelegt hätte. Außerdem hat man die beiden anderen Gleichungen des §. 10:

$$t_1 = \frac{\gamma}{g}, \qquad \sigma_1 = \frac{\gamma^2}{2g},$$

von welchen die eine die Dauer der Zeit bestimmt, welche der Körper in die Höhe steigt, die andere die dabei erreichte Höhe selbst angiebt. Diesen Weg $\frac{\gamma^2}{2g}$ fällt der Körper alsdann wieder herab, kommt nach der Formel v = 2gs unten mit der Geschwindigkeit $\sqrt{2g \cdot \frac{\gamma^2}{2g}} = \gamma$, d. h. mit der Geschwindigkeit an, mit welcher er in die Höhe stieg. Ein senkrecht aufgeworfener Körper erreicht also die Höhe, von welcher er herabfallen müßte, um die ihm ursprünglich ertheilte Geschwindigkeit zu erlangen; und er gebraucht gleiche Zeit beim Aufsteigen und beim Niederfallen nicht bloß für die ganzen Wege, sondern auch für beliebige Strecken derselben, indem er jede Stelle beidemal mit gleicher Geschwindigkeit passirt. Denn ein von der Höhe h fallender Körper hat in der Höhe x die Geschwindigkeit $\sqrt{2g(h-x)}$, und ebenso ein bis zu der Höhe h aufsteigender Körper daselbst die Geschwindigkeit $\sqrt{2gh - 2gx}$.

Beispiele. 1) Einen Stein kann man aus der Hand etwa 80′ hoch werfen. Es beträgt also die ihm durch die Körperkraft verliehene Geschwindigkeit $\gamma = \sqrt{2g \,.\, 80} = 70',727$.

2) Eine Kanonenkugel erhält eine Anfangsgeschwindigkeit von 1800 bis höchstens 2000 Fuß. Mit dieser letztern Anfangsgeschwindigkeit steigt sie also

$$\sigma_1 = \frac{2000^2}{2 \,.\, 31,2649} = 63969',5$$

oder 2,6654 Meilen senkrecht in die Höhe, und gebraucht dazu

$$t_1 = \frac{2000}{31,2649} = \frac{\sigma_1}{1000} = 63,9695 \text{ Sekunden}$$

also 1,06616 Minuten.

Das Newtonsche Gravitationsgesetz.

§. 19.

Um die weitere Anwendbarkeit der bisher aufgestellten Grundformeln darzuthun, ist zunächst die Kenntniß des Newtonschen Gravitationsgesetzes erforderlich, d. h. des Gesetzes, nach welchem die Attraction der Atome, also die Stärke der Impulse, die sie sich ertheilen, von ihrer gegenseitigen Entfernung abhängig ist. Es lautet: Die Stärke der Anziehung zweier Atome ist nmgekehrt proportional dem Quadrate ihrer Entfernung. Wenn also ein Atom einem anderen in der Entfernung Eins einen Impuls von der Stärke γ ertheilt, so daß letzteres vermöge dieses Impulses die Geschwindigkeit γ annimmt, so ist der Impuls in doppelter Entfernung nur $\frac{\gamma}{2^2} = \frac{\gamma}{4}$, in dreifacher Entfernung $\frac{\gamma}{3^2} = \frac{\gamma}{9}$, in der Entfernung $r = \frac{\gamma}{r^2}$. Nimmt man die Eigenschaft der Materie (§. 5), wonach der Impuls von α Atomen α mal größer als der Impuls eines Atoms ist*), hinzu, so ergiebt das Gravitationsgesetz, daß die in der Mitte zwischen den beiden Atomen A und A_1 (Fig. 8) befindliche Atomgruppe M zwar in Ruhe verbleiben muß, weil ihr nach entgegengesetzten Seiten gleich starke Impulse ertheilt werden; soll aber M in Ruhe bleiben, wenn es sich in doppelt so

*) Man sagt gewöhnlich: die Attractionskraft ist direct proportional der anziehenden Masse.

großer Entfernung von A_2 als von A befindet, so müssen in A_2 4 Atome wirken, während in A nur eines ist, denn erst der Gesammtimpuls der vier Atome in A_2 ist gleich dem des einen Atoms in A. Ist ferner $A_3M = 3.AM$, $A_4M = 4.AM, \ldots A_mM = m.AM$, so müssen in A_3, A_4, ... A_m sich entsprechend 9, 16, ... m^2 Atome befinden, während in A stets eins ist, wenn M jedesmal an seinem Orte beharren soll.

Schließlich ist darauf hinzuweisen, daß dieses Naturgesetz, obwohl es in der That besteht, sich für den Verstand keineswegs a priori als eine Nothwendigkeit ergiebt. Die Attraction zwischen den einzelnen Atomen könnte eben so gut ganz unabhängig von der Entfernung, sie könnte ihr proportional oder umgekehrt proportional irgend einer Potenz derselben oder irgend welchem anderen Gesetze unterworfen sein. Es steht eben nur so viel fest, daß das von Newton ermittelte Gesetz überall Statt hat, wo die gegenseitige Entfernung der auf einander wirkenden Atome nicht außerordentlich klein geworden ist, denn in diesem Falle gilt auch in der That das Newtonsche Gesetz nicht mehr.

Wir gehen jetzt zu einer Reihe von Anwendungen der oben entwickelten Formeln über, für welche die Kenntniß des Naturgesetzes nothwendig ist, während bei den bisher behandelten Aufgaben über den Fall und den Wurf der Körper auf der Erdoberfläche nur die Kenntniß des Werthes von $g = 31',2649$ und die Kenntniß der Wirkungsweise der Erdkugel erforderlich war.

§. 20.

Aufgabe. In der Entfernung $AB = r$ (Fig. 9) befinden sich α Atome in A und β Atome in B. An welcher Stelle auf AB bleibt das der Anziehung dieser beiden Atomengruppen unterworfene Atom M in Ruhe?

Dieses geschieht da, wo die beiden von A und B ausgehenden Gesammtimpulse dieselbe Anziehung auf M ausüben. Die Stärke des Impulses von einem Atom in der Einheit der Entfernung sei γ, so ist sie für α Atome $\alpha\gamma$, und in der Entfernung $AM = x$, $\frac{\alpha\gamma}{x^2}$. Diese Geschwindigkeit verleiht ein Impuls von A an M; von B in der Entfernung $r - x$ bekommt aber M die Geschwindigkeit $\frac{\beta\gamma}{(r-x)^2}$.

Daher muß

$$\frac{\alpha\gamma}{x^2} = \frac{\beta\gamma}{(r-x)^2}$$

sein. Man leitet ab

$$\frac{\sqrt{\alpha}}{x} = \pm\frac{\sqrt{\beta}}{r-x}$$

und

$$x = \frac{r}{1 \pm \sqrt{\frac{\beta}{\alpha}}}.$$

Man sieht also, weil das Resultat γ nicht enthält, daß bei dieser Aufgabe die Stärke der Impulse ohne Einfluß ist.

Wählt man vor der Wurzel das untere Zeichen, so würde x größer als r oder negativ sein, oder M sich außerhalb AB befinden; es ist klar, daß es alsdann nicht in Ruhe bleiben kann, weil die Impulse beider Gruppen nach derselben Richtung erfolgen. Dieser Werth entspricht daher nicht unserer Aufgabe, und zeigt vermöge der Ansatzgleichung nur, daß auch für ihn die beiden Impulse, die von B und A ausgehen, gleich groß sind. Es genügt mithin allein der Werth

$$x = \frac{r}{1 + \sqrt{\frac{\beta}{\alpha}}}.$$

Obwohl in der Aufgabe verschiedene Anzahlen von Atomen genannt sind, so sind aus dem Resultate diese Anzahlen selbst verschwunden, und an deren Statt tritt nur ihr Verhältniß auf. Dieselbe Erscheinung wird sich bei jeder analogen Aufgabe zeigen, und sie macht es allein möglich, die Gesetze der Bewegung von Atomen auf die Bewegung von wirklichen Körpern auszudehnen, und die Constanten der Bewegung numerisch zu berechnen. Denn es ist unmöglich, die Atome eines Körpers zu zählen, da schon der kleinste Körper außerordentlich viele enthält; hingegen läßt sich das Verhältniß der Anzahl der Atome zweier Körper entweder direct nach §. 5 aus der Stärke der Anziehung bestimmen, die sie aus gleicher Entfernung auf einen dritten Körper ausüben, oder für irdische Körper durch die Größe des Druckes, den sie in Folge der Anziehung der Erde auf eine Unterlage äußern; denn dieser Druck und das damit zusammenhängende Gewicht eines Körpers sind der Anzahl seiner Atome proportional.

Beispiele. 1) Beträgt r 1′, A 1 Zollpfund, B 1 Loth ($=\frac{1}{30}$ ℔), so erhält man für x ... $x = \frac{1}{1+\sqrt{\frac{1}{30}}} = 0,8456$ Fuß.

2) Die Stelle zu ermitteln, an welcher zwischen Erde und Mond ein Körper in Ruhe verbleiben würde. Die Entfernung zwischen Erde und Mond beträgt annähernd 60 Erdradien und die Mondmasse $\frac{1}{81}$ der Erdmasse; daher ist in diesem Beispiele $r = 60$, $\frac{\beta}{\alpha} = \frac{1}{81}$, und man erhält $x = 54$ Erdradien, die der Körper von der Erde abstehen müßte, damit ihn der Mond eben so stark wie diese anzieht.

Wir werden die in diesem §. behandelte Aufgabe in mehrfacher Verallgemeinerung unten weiter verfolgen.

§. 21

Aufgabe. Wir haben oben (§. 18) berechnet, daß eine mit der Geschwindigkeit von 2000′ senkrecht abgeschossene Kanonenkugel 63969,5 Fuß in die Höhe steigt, und dazu eine Zeit von 63,9695 Sekunden gebraucht. Wir wollen jetzt untersuchen, welche Veränderungen ihre Bewegung erfährt, wenn die Sonne in ihrem Zenithe, d. i. senkrecht über ihr steht.

Indem die Sonne S die Kugel A (Fig. 10) anzieht, wird ihre Geschwindigkeit und der Weg, den sie zurücklegt, vergrößert.

Da die Sonne etwa das 360000fache der Erdmasse besitzt, und 24000 Erdradien von der Erde E entfernt ist, so ist die Kraft g′, mit welcher sie die an der Erdoberfläche befindliche Kugel A anzieht, wenn $g = 31',2649$ die Schwerkraft der Erde daselbst bedeutet, nach dem Newtonschen Gravitationsgesetze

$$g' = \frac{360000g}{24000^2} = 0',01954 = 0'',2345 = 2''',814.$$

Es erleidet also A von der Erde aus den Impuls $\frac{g}{n}$, von S aus den Impuls $\frac{g'}{n}$, also nach dem Mittelpunkt der Erde zu, d. i. entgegengesetzt mit der Richtung der Anfangsgeschwindigkeit $\gamma = 2000'$, den Impuls $\frac{g-g'}{n}$. Die Bewegung von A findet demnach nach den Formeln des §. 10 Statt, welche

$$\varphi = \gamma - (g - g')t, \qquad \sigma = \gamma t - \tfrac{1}{2}(g - g')t^2,$$
$$\varphi^2 = \gamma^2 - 2(g - g')\sigma$$

und für die höchste Höhe und die zugehörige Zeit

$$\sigma_1 = \frac{\gamma^2}{2(g - g')}, \qquad t_1 = \frac{\gamma}{g - g'}$$

liefern. Man erhält darnach

$$\sigma_1 = 64041{,}4 \text{ Fuß}$$
$$t_1 = 64{,}0414 \text{ Sekunden.}$$

Die Kugel fliegt also durch die Einwirkung der Sonne 71,9 Fuß höher, und gebraucht dazu 0,0719 Sekunden längere Zeit, als in dem oben berechneten Falle.

Einen ähnlichen Einfluß würde der im Zenith stehende Mond auf die Kugel ausüben, nur daß er bedeutend geringer ist. Denn für ihn hat man (§. 20 Beisp. 2)

$$g' = \frac{g}{81.60^4} = 0{,}00010722 \text{ Fuß} = 0{,}01544 \text{ Linien}$$

und findet demgemäß, daß er die Kugel nur 0′,35 oder 4″,2 höher treibt.

Stehen beide Gestirne im Zenith, so vereinigte sich ihre beiderseitige Wirkung; steht eines davon oder beide im Nadir, d. i. senkrecht unter der Kugel, so bringen sie dort die entgegengesetzte Wirkung hervor, indem sie die Höhe, bis zu welcher die Kugel ohne ihren Einfluß aufsteigen würde, vermindern.

Uebrigens ist es wichtig zu bemerken, daß dieses Phänomen in Wirklichkeit nur dann eintreten könnte, wenn die Erde selbst fest wäre. Da sie aber in der That durch die Anziehung der Sonne sich ebenfalls derselben nähert, so wird das erhaltene Resultat illusorisch, und es kommt an seiner Statt nur die gegen die obigen Werthe verschwindend kleine Wirkung in Betracht, welche von dem Unterschiede der Entfernung der fliegenden Kugel und des Erdmittelpunktes von der Sonne herrührt.

Bewegung fester Atomen-Systeme.

§. 22.

Aufgabe. Man denke auf der zur Erde E (Fig. 11) verticalen Linie EZ in zwei so beträchtlich verschiedenen Entfernungen AE und BE von ihrem Mittelpunkte, daß dieselben nicht mehr als gleich angesehen werden können, zwei Gruppen von α bezüglich β Atomen befindlich, die durch den Faden AB fest mit einander verbunden, und der Erdschwere unterworfen sind. Mit welcher Geschwindigkeit wird dieses System zur Erde fallen?

Zunächst ist klar, daß für sich allein A eine größere Geschwindigkeit erhalten würde als B, da letzteres weiter von der Erde entfernt ist; daß aber beide, mit einander fest verbunden, eine gewisse mittlere Geschwindigkeit annehmen müssen. Auch ist schon im Voraus ersichtlich, daß die Anzahl der Atome α und β auf die Geschwindigkeit Einfluß üben muß, denn z. B. 1 Ctr. in A mit 1 Loth in B verbunden, würde offenbar mit einer größeren Geschwindigkeit fallen, als wenn diese Gewichte ihren Ort mit einander vertauscht hätten. Durch den Faden oder die starre gerade Linie AB soll übrigens nur die Unveränderlichkeit der Entfernung AB zwischen den beiden Atomgruppen α und β bezeichnet werden; wenn man diese voraussetzt und in Rechnung bringt, so wird die Vorstellung des Fadens unnöthig. Man nehme an, daß ein Atom in A einem Atom in B Impulse von der ihrer Entfernung entsprechenden Stärke $\frac{\lambda}{n}$ ertheile, also gleich starke Impulse $\frac{\lambda}{n}$ von jedem Atom in B erfahre. Der Impuls, den daher A durch B empfängt, in der Richtung von A nach B, ist $\frac{\beta\lambda}{n}$, und den B durch A, in der Richtung von B nach A, erhält, ist $\frac{\alpha\lambda}{n}$ (§. 5). Die von E ausgehenden, und bei bekannten Entfernungen EA und EB zu berechnenden Impulse, seien $\frac{a}{n}$ für A und $\frac{b}{n}$ für B, die beide nach E hin gerichtet sind. So ist der Gesammtimpuls, den A erhält, und den wir mit $\frac{G}{n}$ bezeichnen:

$$\frac{G}{n} = \frac{a}{n} - \frac{\beta\lambda}{n},$$

und die Geschwindigkeit, welche es nach Verlauf einer Sekunde erlangt (§. 8),

$$(1) \qquad G = a - \beta\lambda.$$

Eben so ist der Gesammtimpuls, den B erhält, $\frac{b}{n} + \frac{\alpha\lambda}{n}$. Da aber, wegen der festen Verbindung zwischen beiden Gruppen, B stets dieselbe Geschwindigkeit wie A haben muß, während es für sich allein eine kleinere hätte, also zurückbleiben würde, so ist auch

$$(2) \quad G = b + \alpha\lambda.$$

Man erhält, indem man die Gleichungen entsprechend mit α und β multiplicirt, und addirt

$$G = \frac{a\alpha + b\beta}{\alpha + \beta} = \frac{a + b\frac{\beta}{\alpha}}{1 + \frac{\beta}{\alpha}}.$$

Durch Subtraction der Gleichungen (1) und (2) von einander erhält man auch leicht

$$\lambda = \frac{a - b}{\alpha + \beta}.$$

Diese Geschwindigkeit würde z. B. ein Atom in A annehmen, wenn es in der Entfernung AB nur der Einwirkung eines Atoms von B eine Sekunde lang unterworfen wäre. Man nennt die Kraft λ gewöhnlich die Spannkraft oder die Spannung (des Fadens).

Beispiele. 1) Unmittelbar über der Erdoberfläche in A hänge 1 Ctr., und einen Erdradius (859,5 Meil.) höher, in B, ebenfalls 1 Ctr., beide mit einander fest verbunden. Es ist alsdann $\frac{\beta}{\alpha} = 1$, $a = g = 31',2649$, $b = \frac{g}{4}$, also die Geschwindigkeit, welche das ganze System nach der ersten Sekunde der Wirkung erlangt:

$$G = \tfrac{5}{8} g = 19',5406.$$

Hängt aber unter übrigens gleichen Umständen in B nur 1 ℔, ist also $\frac{\beta}{\alpha} = 0{,}01$, so erhält man

$$G = \frac{1{,}0025}{1{,}01} g = 31',0327.$$

2) In A über der Erdoberfläche befinde sich 1 Ctr., AB sei der hundertste Theil des Erdradius, $= 8{,}595$ Meilen, in B seien 100 Ctr.; dann ist $\frac{\beta}{\alpha} = 100$, $a = g = 31',2649$, $b = \frac{g}{1{,}01^2}$, da die Erdschwere auf der Erdoberfläche g, also nach dem Newton'schen Gesetz in 100mal geringerer Entfernung $100^2 g$, folglich in B, d. h. in 101facher Entfernung $\frac{100^2 g}{101^2}$ ist. Mit diesen Werthen findet man

$$G = \frac{101^2 + 100^3}{101^3} g = 30',65496.$$

§. 23.

Aufgabe. Die nächsten Untersuchungen beziehen sich auf Verallgemeinerungen der in den §§. 20 und 22 behandelten Aufgaben. Zuerst soll die Lösung des Problems unternommen werden, wo zwei durch die Spannkraft λ (§. 22) in unveränderlicher Entfernung von einander gehaltene Atomgruppen A und A_1 (Fig. 12) zwischen zwei anderen Atomgruppen M und M_1 auf deren Verbindungslinie befindlich sein müssen, wenn sie von diesen angezogen werden, und an ihrem Orte verharren sollen.

Zur Erfüllung dieser Forderung genügt es, daß der nach M hingerichtete Impuls, den das bewegliche System AA_1 erfährt, gleich dem nach M_1 gerichteten ist.

Es mögen sich in M, M_1, A, A_1 entsprechend μ, μ_1, α, α_1 Atome befinden, die unveränderlichen Entfernungen MM_1 und AA_1 seien bezüglich gleich r und a, die zu bestimmende Entfernung M_1A_1 endlich gleich x, und die Stärke eines Impulses zwischen zwei Atomen in der Einheit der Entfernung γ.

Dann erfährt, in den durch Pfeile bezeichneten Richtungen, die Atomgruppe A die Impulse

von M,	von A_1,	von M_1
$\frac{\mu\gamma}{(r-a-x)^2}$	$\alpha_1\lambda$	$\frac{\mu_1\gamma}{(a+x)^2}$
$\leftarrow$	$\rightarrow$	$\rightarrow$,

also den Totalimpuls

$$\frac{\mu\gamma}{(r-a-x)^2}-\alpha_1\lambda-\frac{\mu_1\gamma}{(a+x)^2} \quad \leftarrow .$$

Ebenso erhält A_1 folgende Impulse

von M,	von A,	von M_1,
$\leftarrow$	$\leftarrow$	$\rightarrow$
$\frac{\mu\gamma}{(r-x)^2}$	$\alpha\lambda$	$\frac{\mu_1\gamma}{x^2}$,

also den Totalimpuls

$$\frac{\mu\gamma}{(r-x)^2}+\alpha\lambda-\frac{\mu_1\gamma}{x^2} \quad \leftarrow .$$

Da die Geschwindigkeit von A und A_1 wegen ihres festen Zusammenhanges stets dieselbe sein muß, so sind diese beiden Ausdrücke auch einander gleich, und wenn das System stehen bleiben soll, gleich

Null. Man hat also in diesem Falle

$$\frac{\mu\gamma}{(r-a-x)^2} - \alpha_1\lambda - \frac{\mu_1\gamma}{(a+x)^2} = 0$$

und

$$\frac{\mu\gamma}{(r-x)^2} + \alpha\lambda - \frac{\mu_1\gamma}{x^2} = 0.$$

Wenn man λ aus diesen Gleichungen eliminirt, so erhält man, indem sich auch noch γ weghebt, die Gleichung

$$(1) \qquad \frac{\alpha\mu}{(r-a-x)^2} + \frac{\alpha_1\mu}{(r-x)^2} - \frac{\alpha\mu_1}{(a+x)^2} - \frac{\alpha_1\mu_1}{x^2} = 0,$$

welche in Bezug auf x vom 6ten Grade ist, und sich in jedem besonderen Falle durch Näherung berechnen läßt. Auch diese Gleichung enthält nur die Verhältnisse der Atomenzahlen, wie man sich überzeugt, wenn man alle Glieder z. B. durch $\alpha_1\mu$ dividirt.

§. 24.

Wir wollen an einem besonderen Beispiele die Näherungsrechnung ausführen, weil sich dazu durch geschickte Transformation ein einfacher Weg darbietet.

Es sei M die Erde, M_1 der Mond, also $r = 60$ Erdradien, $\frac{\mu_1}{\mu} = \frac{1}{81}$ (§. 20); $AA_1 = a = 10$ Erdradien, $\alpha = 1000$ Ctr., $\alpha_1 = 400$ Ctr., also $\frac{\alpha}{\alpha_1} = 2{,}5$. Durch diese Bestimmungen wird die (1)

$$(1') \qquad \frac{2{,}5}{(50-x)^2} + \frac{1}{(60-x)^2} - \frac{2{,}5}{81\,(x+10)^2} - \frac{1}{81\,x^2} = 0$$

oder, indem man mit $81\,x^2$ multiplicirt und die negativen Glieder hinüberbringt:

$$\frac{202{,}5}{\left(\frac{50}{x}-1\right)^2} + \frac{81}{\left(\frac{60}{x}-1\right)^2} = 1 + \frac{2{,}5}{\left(\frac{10}{x}+1\right)^2}.$$

Diese Gleichung ist aber, wenn man

$$(2) \qquad \frac{\sqrt{2{,}5}}{\frac{10}{x}+1} = \operatorname{tg}\varphi$$

einführt, also

$$(3') \qquad \frac{10}{x} = \sqrt{2{,}5}\,.\operatorname{ctg}\varphi - 1$$

und

$$(3) \qquad x = \frac{10}{\sqrt{2{,}5}\,.\operatorname{ctg}\varphi - 1}$$

setzt:

$$\left(\frac{\sqrt{202{,}5}}{5\sqrt{2{,}5}\cdot \operatorname{ctg}\varphi - 6}\right)^2 + \left(\frac{9}{6\sqrt{2{,}5}\,.\operatorname{ctg}\varphi - 7}\right)^2 = \frac{1}{\cos^2\varphi}$$

oder

$$\left(\frac{\sqrt{202{,}5}\,.\cos\varphi\sin\varphi}{5\sqrt{2{,}5}\,.\cos\varphi - 6\sin\varphi}\right)^2 + \left(\frac{9\cos\varphi\sin\varphi}{6\sqrt{2{,}5}\cos\varphi - 7\sin\varphi}\right)^2 = 1.$$

Mit Hülfe der beiden Werthe

$$(4) \qquad \frac{5\sqrt{2{,}5}}{6} = \operatorname{tg}\alpha, \text{ und } \frac{6\sqrt{2{,}5}}{7} = \operatorname{tg}\beta$$

geht die letzte Gleichung in

$$(5) \qquad \left(\frac{\frac{\sqrt{202{,}5}}{12}\sin 2\varphi\cos\alpha}{\sin(\alpha-\varphi)}\right)^2 + \left(\frac{\frac{9}{14}\sin 2\varphi\cos\beta}{\sin(\beta-\varphi)}\right)^2 = 1$$

über. Diese Gleichung ist durch entsprechende Werthe von φ zu erfüllen, um vermittelst φ das verlangte x zu erhalten. Der Gleichung geschieht aber Genüge, wenn man

$$(6') \qquad \frac{\frac{\sqrt{202{,}5}}{12}\sin 2\varphi\cos\alpha}{\sin(\alpha-\varphi)} = \sin\psi$$

so annimmt, daß alsdann

$$(6'') \qquad \frac{\frac{9}{14}\sin 2\varphi\,.\cos\beta}{\sin(\beta-\varphi)} = \cos\psi$$

wird.

Zunächst erhält man für die Constanten folgende Werthe:

$$\alpha = 52^\circ\, 48'\, 12'', 38, \qquad \beta = 53^\circ\, 34'\, 39'', 7,$$

$$\log\left(\frac{\sqrt{202{,}5}}{12}\cos\alpha\right) = 9{,}8554645 - 10; \quad \log\left(\frac{9}{14}\cos\beta\right) = 9{,}5817051 - 10.$$

Man überlegt nun, vermöge des bekannten Resultates, welches die Aufgabe in §. 20, Beispiel 2, darbietet, daß x etwa den Werth 4 haben könnte, und findet aus der (2) dazu $\varphi = 24^\circ\, 19'$; dann giebt aber die (6′) den unmöglichen Werth $\log\sin\psi = 0{,}0524$. φ ist daher kleiner zu wählen. Man setze

$$\varphi = 20^\circ, \text{ also } 2\varphi = 40^\circ, \quad \alpha - \varphi = 32^\circ 48', \quad \beta - \varphi = 33^\circ 35'.$$

Es wird

$\log\sin\psi = 9{,}9298$, also $\psi = 58^\circ 18'$ und $\log\cos\psi = 9{,}7205$,

aber aus der (6″) $\log\cos\psi = 9{,}6470$,

so daß noch eine Differenz Statt findet: $\Delta = 0{,}0735$.

Ist aber

$$\varphi = 21^\circ, \text{ also } 2\varphi = 42^\circ, \alpha - \varphi = 31^\circ 48', \beta - \varphi = 32^\circ 35',$$

so ist

$$\log\sin\psi = 9{,}9592, \text{ also } \psi = 65^\circ 34' \text{ und } \log\cos\psi = 9{,}6166,$$

$$\text{aber aus der } (6'') \quad \log\cos\psi = 9{,}6760,$$

$$\text{so daß hier die Differenz Statt findet:} \quad \Delta = -0{,}0594.$$

Da nun innerhalb eines kleinen Intervalles jede Function der ersten Potenz der Variabeln nahezu direct proportional ist, oder jede Curve innerhalb eines kleinen Intervalls als gerade Linie betrachtet werden kann, so ergiebt sich aus der Figur 12ª die Proportion

$$\frac{y}{74} = \frac{1^\circ}{133}, \text{ also } y = 33'24'',$$

um welche Größe $\varphi = 20^\circ$ vermehrt werden muß, um einen ersten Annäherungswerth von φ zu erhalten.

Man hat daher jetzt

$$\varphi = 20^\circ 33' 24'', \text{ also } 2\varphi = 41^\circ 6' 48''$$

$$\text{und } \alpha - \varphi = 32^\circ 14' 48'', 32, \; \beta - \varphi = 33^\circ 1' 15'', 7,$$

und findet

$$\log\sin\psi = 9{,}9462048, \text{ also } \psi = 62^\circ 4' 1'' 4 \text{ und } \log\cos\psi = 9{,}6706524,$$

$$\text{aber aus der } (6'') \quad \log\cos\psi = 9{,}6634746,$$

$$\text{also die Differenz} \quad \Delta = 0{,}0071780.$$

Es ist mithin φ noch zu klein; aus den beiden letzten Differenzen findet man wie vorhin:

$$\frac{y}{72} = \frac{26'36''}{666}, \text{ also } y = 2'52'', 54.$$

Dieser Werth ist zu dem letzten Werth von φ zu addiren, wodurch man einen zweiten Annäherungswerth dieser Größe erhält:

$$\varphi = 20^\circ 36' 16'', 54, \text{ also } 2\varphi = 41^\circ 12' 33'', 08$$

$$\text{und } \alpha - \varphi = 32^\circ 11' 55'', 84, \; \beta - \varphi = 32^\circ 58' 23'', 2.$$

Dann giebt die (6'):

$$\log\sin\psi = 9{,}9476123, \text{ also } \psi = 62^\circ 25' 11'', 6 \text{ und } \log\cos\psi = 9{,}6655701,$$

$$\text{aber die } (6'') \quad \log\cos\psi = 9{,}6646706,$$

$$\Delta = 0{,}0008995,$$

also ist φ noch zu klein. Eine ähnliche Betrachtung wie vorhin liefert seinen Zuwachs

$$\frac{y}{900} = \frac{172'', 54}{6278}, \text{ also } y = 24'', 73.$$

Der dritte Annäherungswerth von φ ist also:

$$\varphi = 20^\circ 36' 41'', 27, \quad \text{also} \quad 2\varphi = 41^\circ 13' 22'', 54$$

$$\text{und} \quad \alpha - \varphi = 32^\circ 11' 31'' 11, \quad \beta - \varphi = 32^\circ 57' 58'', 4.$$

Durch diese Werthe folgt aus der (6′)

$\log\sin\psi = 9{,}9478138$, also $\psi = 62^\circ 28' 15''$ und $\log\cos\psi = 9{,}6648300$,
aber aus der (6″) $\log\cos\psi = 9{,}6648699$,
also $\Delta = -0{,}0000399$.

Das giebt

$$\frac{y}{8995} = \frac{24'', 73}{9394}, \quad \text{also} \quad y = 23'', 68,$$

welcher Werth zu dem zweiten Annäherungswerth von φ zu addiren ist.

So erhält man seinen wahren Werth

$$\varphi = 20^\circ 36' 40'', 22,$$

denn alsdann ist

$$2\varphi = 41^\circ 13' 20'', 44, \quad \alpha - \varphi = 32^\circ 11' 32'', 16, \quad \beta - \varphi = 32^\circ 57' 59'', 5,$$

also aus der (6′)

$\log\sin\psi = 9{,}9478053$, also $\psi = 62^\circ 28' 7'', 3$ und $\log\cos\psi = 9{,}6648611$,
und aus der (6″) $\log\cos\psi = 9{,}6648613$,
folglich nur die Differenz $\Delta = -0{,}0000002$,

welche auf die zweite Decimale der Sekunden keinen Einfluß mehr ausübt.

Nach der (3′) hat man nun

$$\frac{10}{x} = 3{,}205031,$$

folglich (s. d. (3))

$$x = 3{,}120095.$$

Wenn also die 400 Centner in A_1 (Fig. 12) 3,120095, also die 1000 Centner in A 13,120095 Erdradien vom Monde M_1 abstehen, so bleibt das feste System AA_1 in Ruhe.

Auf dieselbe Weise findet man eine zweite Wurzel der Gleichung (1′) oder (5). Für sie liegt ψ im dritten Quadranten, indem der Werth von φ größer als α und β ist, also $\sin\psi$ und $\cos\psi$ negativ werden. Indem man also $\varphi - \alpha$ und $\varphi - \beta$ statt $\alpha - \varphi$ und $\beta - \varphi$ in die (5) ff. einsetzt, erhält man die Functionen von $\psi' = \psi - 180^\circ$.

Die Näherungsrechnung führt zu folgenden Werthen:

	1) $\varphi = 75^0$	2) $\varphi = 76^0$
aus der (6')	$\psi' = 71^0 35' 31'', 6$	$\psi' = 58^0 42' 8'', 9$
	$\log\cos\psi' = 9{,}4993842$	$\log\cos\psi' = 9{,}7155707$
aus der (6'')	$\log\cos\psi' = 9{,}7180977$	$\log\cos\psi' = 9{,}6718993$
	$\Delta = -0{,}2187135$	$\Delta = 0{,}0436714$

$$y = 50' 0'', 82$$

	3) $\varphi = 75^0 50' 0'', 82$	4) $\varphi = 75^0 45' 27'', 73$
aus der (6')	$\psi' = 60^0 25' 26'', 7$	$\psi' = 61^0 14' 49'', 3$
	$\log\cos\psi' = 9{,}6933543$	$\log\cos\psi' = 9{,}6821760$
aus der (6'')	$\log\cos\psi' = 9{,}6796817$	$\log\cos\psi' = 9{,}6832154$
	$\Delta = 0{,}0136726$	$\Delta = -0{,}0010394$
	$y = 4' 33'', 09$	$y = 19'', 29$

	5) $\varphi = 75^0 45' 47'', 02$	6) $\varphi = 75^0 45' 46'', 59$
aus der (6')	$\psi' = 61^0 11' 17''$	$\psi' = 61^0 11' 21'', 6$
	$\log\cos\psi' = 9{,}6829897$	$\log\cos\psi' = 9{,}6829721$
aus der (6'')	$\log\cos\psi' = 9{,}6829662$	$\log\cos\psi' = 9{,}6829717$
	$\Delta = 0{,}0000235$	$\Delta = 0{,}0000004$
	$y = 0'', 43$	$(y = 0'', 0073)$

Es ist also zweitens

$$\varphi = 75^0 45' 46'', 59,$$

daher wegen der (3') und (3)

$$\frac{10}{x} = -0{,}59882$$

$$\text{und} \quad x = -16{,}6995 \text{ Erdradien.}$$

Wenn also das feste System AA_1 außerhalb der, Erde und Mond verbindenden Geraden MM_1 sich auf der Seite des Mondes 6,6995 Erdradien von diesem entfernt befindet, so kann es zwar offenbar nicht in Ruhe verbleiben, da es von Erde und Mond in derselben Richtung angezogen wird; aber es erfährt an dieser Stelle gleich starke Impulse von der Erde wie von dem Monde (vgl. §. 20).

Die übrigen vier Wurzeln der Gleichung (1') sind imaginär.

Anmerkung. Man könnte die vorliegende Aufgabe auch dahin modificiren, daß man nach der Ruhelage des Systems AA_1 fragt, wenn Erde oder Mond **zwischen** den beiden Gruppen desselben stehen soll. Behält man alle obigen Bezeichnungen und Werthe bei, namentlich auch x für die Strecke $A_1 M_1$, so handelt es sich in diesen beiden Fällen um die Auflösung der Gleichungen

$$-\frac{2,5}{(50-x)^2}+\frac{1}{(60-x)^2}-\frac{2,5}{81(10+x)^2}-\frac{1}{81x^2}=0,$$

bezüglich

$$\frac{2,5}{(50+x)^2}+\frac{1}{(60+x)^2}-\frac{2,5}{81(10-x)^2}-\frac{1}{81x^2}=0.$$

§. 25.

Aufgabe. Wenn statt eines Systems von zwei (getrennten) Atomgruppen (§. 23 f.) A und A_1 eine stetige Reihe von solchen, also eine materielle Linie (ein Körper — §. 1) zwischen anziehenden Gruppen M (Fig. 13) vorhanden ist, so bietet die Aufgabe ein für viele Fälle einfacheres Resultat dar.

Wir nehmen also auf gerader Linie in beliebigen festen Entfernungen von einander eine Anzahl von anziehenden Atomengruppen M, M_1, M_2, ... mit μ, μ_1, μ_2, ... Atomen an, und zwischen irgend zwei derselben ein zweites System von beliebig vielen durch Spannkräfte in beliebigen aber festen Entfernungen von einander gehaltenen Atomgruppen, die von sämmtlichen Gruppen des ersten Systems angezogen werden; und wollen die Geschwindigkeit ermitteln, welche das zweite System nach der ersten Sekunde der Einwirkung durch diese Anziehung annimmt, und die Bedingungen, unter denen es in Ruhe bleibt.

Das zweite System sei z. B. zwischen M_1, M_2 befindlich, und bestehe aus den 4 Atomengruppen A, A_1, A_2, A_3 von bezüglich α, α_1, α_2, α_3 Atomen; sie werden in unveränderlicher Entfernung von einander durch Spannungen erhalten, welche zwischen den einzelnen Gruppen und den einzelnen Atomen derselben Statt finden, und welche wir, wenn s und t beliebige Indices andeuten, für die Gruppen A_s und A_t mit $\lambda_{s,t}$ bezeichnen wollen. Ferner seien die Gesammtimpulse, die die einzelnen angezogenen Gruppen von dem ganzen anziehenden Systeme erfahren und die gleichzeitig mit den einzelnen Entfernungen bestimmt sind, für A, A_1, A_2, A_3 bezüglich $\frac{a}{n}$, $\frac{a_1}{n}$, $\frac{a_2}{n}$, $\frac{a_3}{n}$; es werde angenommen, daß sie das System AA_3 nach M_1 treiben, so daß sich die Werthzahlen derjenigen, die nach M_2 gerichtet sein sollten, als negativ darstellen würden; und endlich nehme das ganze System in Folge eines Impulses die Geschwindigkeit $\frac{G}{n}$ an, so hat man folgende 4 Gleichungen:

$$\text{für } A: \quad \frac{G}{n} = \frac{a}{n} - \alpha_1 \frac{\lambda_{0,1}}{n} - \alpha_2 \frac{\lambda_{0,2}}{n} - \alpha_3 \frac{\lambda_{0,3}}{n},$$

$$\text{für } A_1: \quad \frac{G}{n} = \frac{a_1}{n} + \alpha \frac{\lambda_{0,1}}{n} - \alpha_2 \frac{\lambda_{1,2}}{n} - \alpha_3 \frac{\lambda_{1,3}}{n},$$

$$\text{für } A_2: \quad \frac{G}{n} = \frac{a_2}{n} + \alpha \frac{\lambda_{0,2}}{n} + \alpha_1 \frac{\lambda_{1,2}}{n} - \alpha_3 \frac{\lambda_{2,3}}{n},$$

$$\text{für } A_3: \quad \frac{G}{n} = \frac{a_3}{n} + \alpha \frac{\lambda_{0,3}}{n} + \alpha_1 \frac{\lambda_{1,3}}{n} + \alpha_2 \frac{\lambda_{2,3}}{n}.$$

Um aus diesen Gleichungen die Spannkräfte zu eliminiren, multiplicire man sie bezüglich mit α, α_1, α_2, α_3 und addire sie, wodurch man für die nach der ersten Sekunde der Einwirkung erlangte Geschwindigkeit G des beweglichen Systems den folgenden Werth erhält:

$$(1) \qquad G = \frac{a\alpha + a_1\alpha_1 + a_2\alpha_2 + a_3\alpha_3}{\alpha + \alpha_1 + \alpha_2 + \alpha_3}.$$

Dieses Resultat, welches, wie die Rechnung zeigt, sofort auf den Fall ausgedehnt werden kann, wo statt der vier das angezogene System bildenden Gruppen beliebig viele, m, vorhanden sind, wollen wir der Abkürzung wegen

$$(I) \qquad G = \frac{\Sigma a\alpha}{\Sigma\alpha}$$

schreiben, wo sich das Summenzeichen Σ über alle vorhandenen Indices erstreckt, die Factoren der Partialproducte im Zähler aber immer mit gleichem Index behaftet sein müssen. Da man das Product aus der Geschwindigkeit einer Atomgruppe in die Anzahl ihrer Atome die Größe ihrer Bewegung und die Anzahl der Atome Masse zu nennen pflegt, so zeigt die erhaltene Formel, daß die Geschwindigkeit, welche das System annimmt, gleich der Summe der Größen der Bewegung seiner einzelnen Atomgruppen, dividirt durch seine Masse, ist.

Soll das System in Ruhe verharren, so muß G = 0 sein, und man hat für diesen Fall des Gleichgewichts die Bedingung

$$(II) \qquad \Sigma a\alpha = 0.$$

Diese Resultate enthalten nicht die Atomenzahlen selbst sondern nur ihre Verhältnisse, wie man sich überzeugt, wenn man alle Glieder z. B. durch α dividirt.

In diesen Gleichungen sind als specielle Fälle die Formeln enthalten, welche sich bei den in den §§. 22 und 23 behandelten Aufgaben ergaben.

Bei besonderen Beispielen wird man, namentlich wenn es sich um Anwendung der Formel $\Sigma a\alpha = 0$ handelt, öfters auf algebraische Schwierigkeiten stoßen, wie wir es schon in §. 23 f. erfahren haben. Andere hingegen lassen sich vollständig berechnen, ohne Hülfe der höheren Analysis. Besonders interessant und wegen seiner Vereinfachung der näheren Betrachtung werth ist der Fall, wenn das angezogene System $A_1 A_2 A_3 \ldots A_{m-1}$ eine homogene materielle Linie bildet, d. h. wenn es aus unendlich vielen Gruppen besteht ($m = \infty$), die sich in gleichen, unendlich kleinen Abständen von einander befinden, und gleich viel Atome α enthalten (vgl. §. 1).

Indem sich alsdann dieses α weghebt, nimmt die Formel (I) die Gestalt an:

$$(\mathrm{I}') \qquad G = \frac{1}{m} \Sigma a,$$

so daß dieses Resultat die bemerkenswerthe Erscheinung darbietet, daß die Masse der materiellen Linie, d. h. die Anzahl der Atome in den einzelnen Gruppen sowohl als in dem ganzen System von keinem Einfluß auf seine Bewegung ist.

Damit diese homogene materielle Linie in Ruhe beharre, muß

$$(\mathrm{II}') \qquad \frac{1}{m} \Sigma a = 0$$

sein, wo man aber nicht m weglassen darf, weil es unendlich groß ist, man also

$$\Sigma a = 0 . \infty = \tfrac{0}{0}$$

hat, und dieser Quotient bekanntlich jeden numerischen Werth besitzen kann.

§. 26.

Bei der vorstehenden Aufgabe lassen sich die zwischen den einzelnen Atomgruppen des angezogenen Systems auftretenden Spannungen nicht berechnen, weil derselben mehr als Bestimmungsgleichungen sind. Nimmt man aber in dem Falle einer materiellen Linie,

d. h. wenn unzählig viele Gruppen in unendlich kleinen Entfernungen von einander vorhanden sind, an, daß die Spannungen nur zwischen den benachbarten Gruppen existiren, so können sie berechnet werden.

Sind diese Spannungen, d. h. die Geschwindigkeiten, welche die diesen Kräften in den betreffenden Entfernungen eine Sekunde lang ausgesetzten Atome annehmen würden, zwischen den benachbarten Gruppen

$$A,\ A_1,\ A_2,\ A_3,\ \ldots$$

entsprechend

$$\lambda_1,\ \lambda_2,\ \lambda_3,\ \ldots$$

so erhält man statt des obigen Systems (§. 25) von Gleichungen, wenn man gleich den Factor $\frac{1}{n}$ fortläßt, das andere:

$$G = a \qquad - \alpha_1 \lambda_1$$
$$G = a_1 + \alpha \lambda_1 - \alpha_2 \lambda_2$$
$$G = a_2 + \alpha_1 \lambda_2 - \alpha_3 \lambda_3$$
$$\cdots\cdots\cdots$$
$$G = a_{m-1} + \alpha_{m-2} \lambda_{m-1}.$$

Die Resultate, welche die Geschwindigkeit des Systems angeben, werden nicht modificirt, und auf dieselbe Weise erhalten, so daß man die Formeln des vorigen §. wiederfindet; für die einzelnen Spannungen aber ergiebt sich der Reihe nach

$$\lambda_1 = \frac{a - G}{\alpha_1},$$

$$\lambda_2 = \frac{a\alpha + a_1 \alpha_1 - G(\alpha + \alpha_1)}{\alpha_1 \alpha_2},$$

$$\cdots\cdots\cdots\cdots$$

$$\text{(III)} \qquad \lambda_{m-1} = \frac{\Sigma_0^{m-2} a_s \alpha_s - G \Sigma_0^{m-2} \alpha_s}{\alpha_{m-2} \alpha_{m-1}},$$

und wenn das System in Ruhe, also $G = 0$ ist,

$$\text{(IV)} \qquad \lambda_{m-1} = \frac{\Sigma_0^{m-2} a_s \alpha_s}{\alpha_{m-2} \alpha_{m-1}}.$$

Ist die Linie homogen, d. h. sind alle α gleich groß, so erhält man für die Bewegung

$$\text{(III')} \qquad \lambda_{m-1} = \frac{\Sigma_0^{m-2} a_s - (m-1) G}{\alpha}$$

und für den Ruhezustand

$$(\mathrm{IV}') \qquad \lambda_{m-1} = \frac{\Sigma_0^{m-2} a_s}{\alpha}.$$

Sind für diese beiden letzten Fälle alle a einander gleich, so ist entsprechend

$$\lambda_{m-1} = \frac{(m-1)(a-G)}{\alpha}, \qquad \lambda_{m-1} = \frac{(m-1)a}{\alpha}$$

es ist also dann die Spannung an einer bestimmten Stelle auf der Linie proportional der Entfernung dieser Stelle vom Ende der Linie, an sich aber unendlich groß.

§. 27.

Aufgabe. Auf der geraden Linie AB (Fig. 13[a]) sind die ν Atomgruppen $A_1, A_2, A_3, \ldots A_\nu$ befindlich, welche entsprechend $\alpha_1, \alpha_2, \alpha_3, \ldots \alpha_\nu$ Atome enthalten, und die Entfernungen $x_1, x_2, x_3, \ldots x_\nu$ von A besitzen. Während diese einzelnen Gruppen auf der Geraden AB beweglich sind, und sich einander nähern oder von einander entfernen können, sind in A selbst noch α Atome fest. Alle beweglichen Gruppen treibe nun in der Richtung nach A hin dieselbe Kraft g, welche z. B. von der Erde in E ausgehend gedacht wird; außerdem sollen sich aber die einzelnen Gruppen selber abstoßende Impulse ertheilen, die zwischen zwei Atomen in einer gewissen Entfernung r ebenfalls von der Stärke $\frac{g}{n}$ seien, und umgekehrt proportional der m^{ten} Potenz der Entfernung wirken mögen, so daß sie in der Einheit der Entfernung gleich gr^m sind. Es läßt sich alsdann ermitteln, für welche Entfernungen $x_1, x_2, \ldots x_\nu$ das System in Ruhe sein wird.

Bezeichnet man zunächst die Gesammtimpulse, welche auf die einzelnen Gruppen einwirken, mit $\frac{G_1}{n}, \frac{G_2}{n}, \ldots \frac{G_\nu}{n}$, so hat man:

$$G_1 = g - \frac{\alpha g r^m}{x_1^m} + \frac{\alpha_2 g r^m}{(x_2 - x_1)^m},$$

$$G_2 = g - \frac{\alpha_1 g r^m}{(x_2 - x_1)^m} + \frac{\alpha_3 g r^m}{(x_3 - x_2)^m},$$

$$G_3 = g - \frac{\alpha_2 g r^m}{(x_3 - x_2)^m} + \frac{\alpha_4 g r^m}{(x_4 - x_3)^m},$$

. . . .

$$G_\nu = g - \frac{\alpha_{\nu-1} g r^m}{(x_\nu - x_{\nu-1})^m}.$$

Soll also das ganze System in Ruhe sein, so müssen alle G gleich Null gesetzt werden. Dann kann man die vorstehenden Gleichungen auch durch g dividiren; und indem man sie noch entsprechend mit $\alpha_1, \alpha_2, \alpha_3, \ldots \alpha_\nu$ multiplicirt, und entweder sämmtlich oder zum Theil addirt, leitet man leicht aus ihnen die folgenden Werthe ab:

$$x_1 = r\sqrt[m]{\frac{\alpha\alpha_1}{\alpha_1+\alpha_2+\cdots+\alpha_\nu}},$$

$$x_2 - x_1 = r\sqrt[m]{\frac{\alpha_1\alpha_2}{\alpha_2+\alpha_3+\cdots+\alpha_\nu}},$$

$$x_3 - x_2 = r\sqrt[m]{\frac{\alpha_2\alpha_3}{\alpha_3+\alpha_4+\cdots+\alpha_\nu}},$$

$$\cdots\cdots\cdots\cdots$$

$$x_\nu - x_{\nu-1} = r\sqrt[m]{\frac{\alpha_{\nu-1}\alpha_\nu}{\alpha_\nu}},$$

aus deren Addition man der Reihe nach

$$x_1 = r\sqrt[m]{\frac{\alpha\alpha_1}{\alpha_1+\alpha_2+\cdots+\alpha_\nu}},$$

$$x_2 = r\left(\sqrt[m]{\frac{\alpha_1\alpha_2}{\alpha_2+\alpha_3+\cdots+\alpha_\nu}} + \sqrt[m]{\frac{\alpha\alpha_1}{\alpha_1+\alpha_2+\cdots+\alpha_\nu}}\right),$$

$$\cdots\cdots\cdots\cdots$$

$$x_\nu = r\left(\sqrt[m]{\frac{\alpha_{\nu-1}\alpha_\nu}{\alpha_\nu}} + \sqrt[m]{\frac{\alpha_{\nu-2}\alpha_{\nu-1}}{\alpha_\nu+\alpha_{\nu-1}}} + \sqrt[m]{\frac{\alpha_{\nu-3}\alpha_{\nu-2}}{\alpha_\nu+\alpha_{\nu-1}+\alpha_{\nu-2}}} + \cdots + \sqrt[m]{\frac{\alpha\alpha_1}{\alpha_\nu+\alpha_{\nu-1}+\cdots+\alpha_1}}\right)$$

erhält.

Die letzte Formel wird z. B., wenn alle α einander gleich sind:

$$x_\nu = r\sqrt[m]{\alpha}\left(\frac{1}{\sqrt[m]{1}} + \frac{1}{\sqrt[m]{2}} + \frac{1}{\sqrt[m]{3}} + \cdots + \frac{1}{\sqrt[m]{\nu}}\right),$$

und wenn $\alpha = \alpha_1 = \alpha_2 = \cdots = \alpha_{\nu-1} = 1,$

$$\alpha_\nu = \beta$$

ist,

$$x_\nu = r\left(1 + \frac{1}{\sqrt[m]{1+\beta}} + \frac{1}{\sqrt[m]{2+\beta}} + \frac{1}{\sqrt[m]{3+\beta}} + \cdots + \frac{1}{\sqrt[m]{\nu-1+\beta}}\right).$$

§. 28.

Wir geben nun einige Anwendungen der in den §§. 25 f. entwickelten Formeln.

Aufgabe. Man soll die Anziehung berechnen, welche der Mond durch die Erde erfahren würde, wenn er zu einem homogenen geraden Cylinder ausgezogen ist, dessen Axe die Länge l hat, und nach dem Erdmittelpunkte gerichtet ist.

Man denke sämmtliche Atome des Cylinders auf seiner Axe AA_m (Fig. 16) in m+1 Theilpunkten gleichmäßig vertheilt, so daß in $A, A_1, A_2, \ldots, A_m$ in gleichen, unendlich kleinen Entfernungen von einander je α Atome befindlich sind. Das constante Intervall $AA_1 = A_1A_2$ u. s. w. sei

$$\delta = \frac{l}{m}$$

und die Anziehung zwischen zwei Atomen in der Einheit der Entfernung γ; dann ist, indem wir auf diesen besondern Fall die Formel (I') des §. 25

$$(I') \qquad G = \frac{1}{m+1}\Sigma a$$

anwenden und mit x die Entfernung MA des Punktes A von der Erde M, welche μ Atome enthalte, bezeichnen,

$$a = \frac{\mu\gamma}{x^2}, \qquad a_1 = \frac{\mu\gamma}{(x+\delta)^2}, \quad \ldots, \quad a_m = \frac{\mu\gamma}{(x+m\delta)^2},$$

also, die Geschwindigkeit G, welche das ganze System nach der ersten Sekunde der Einwirkung von M annimmt, wenn man für $\frac{1}{m}$ also auch für $\frac{1}{m+1}$ seinen Werth $\frac{\delta}{l}$ setzt:

$$G = \frac{\mu\gamma}{l}\delta\left(\frac{1}{x^2} + \frac{1}{(x+\delta)^2} + \frac{1}{(x+2\delta)^2} + \cdots + \frac{1}{(x+m\delta)^2}\right).$$

Die in der Klammer enthaltene Reihe, die wir mit S bezeichnen wollen, ist nun zu summiren. Zu diesem Zwecke addire man folgende m identische Gleichungen:

$$\frac{1}{x} - \frac{1}{x+\delta} = \frac{\delta}{x(x+\delta)},$$

$$\frac{1}{x+\delta} - \frac{1}{x+2\delta} = \frac{\delta}{(x+\delta)(x+2\delta)},$$

$$\frac{1}{x+2\delta} - \frac{1}{x+3\delta} = \frac{\delta}{(x+2\delta)(x+3\delta)},$$

$$\cdots\cdots\cdots\cdots\cdots\cdots$$

$$\frac{1}{x+\overline{m-1}\delta} - \frac{1}{x+m\delta} = \frac{\delta}{(x+\overline{m-1}\delta)(x+m\delta)};$$

so erhält man $\frac{1}{x} - \frac{1}{x + m\delta}$ oder

$$\frac{1}{x(x+l)} = \delta\left(\frac{1}{x(x+\delta)} + \frac{1}{(x+\delta)(x+2\delta)} + \cdots + \frac{1}{(x+\overline{m-1}\delta)(x+m\delta)}\right).$$

Die Reihe auf der rechten Seite dieser Gleichung hat ein Glied weniger als die Reihe S, und jedes Glied dieser Reihe S ist größer als das gleichvielte in der zweiten Reihe, wie sich leicht aus ihrer Vergleichung ergiebt; daher gilt dieses auch von der Summe selbst, und es ist

$$\delta S > \frac{1}{x(x+l)}.$$

Ebenso ist aber auch das zweite Glied der Reihe S kleiner als das erste Glied der zweiten Reihe, das dritte Glied der Reihe S kleiner als das zweite Glied der anderen Reihe, u. s. f.; daher gilt auch dieses Verhältniß für die Summen beider Reihen, auch wenn man das überschüssige erste Glied der Reihe S, $\frac{\delta}{x^2}$, hinzunimmt, was wegen der unendlichen Kleinheit desselben gestattet ist, und man hat auch

$$\delta S < \frac{1}{x(x+l)}.$$

Aus der gleichzeitigen Existenz dieser beiden Ungleichungen ergiebt sich aber mit Nothwendigkeit die Gleichheit von δS mit dem anderen Ausdruck. Daher ist

$$\delta S = \frac{1}{x(x+l)}$$

und

$$G = \frac{\mu\gamma}{x(x+l)},$$

oder, wenn $x + l = y$ gesetzt wird:

$$G = \frac{\mu\gamma}{xy}.$$

Das System nimmt also eine um so geringere Geschwindigkeit an, je länger die materielle Linie ist, und bliebe unbewegt, wenn dieselbe unendlich lang wäre. Der Grund hiervon ist offenbar der, daß die Atome der Linie, je weiter sie entfernt sind, eine desto schwächere Anziehung von M erfahren, also die nähern Atome durch ihre Trägheit zurückhalten.

Beispiel. Soll der Mondcylinder von der Stelle des Mondes bis zur Erdoberfläche herabreichen, so ist in dem Resultat $G = \frac{\mu\gamma}{xy}$, wenn man den Erdradius zur Längeneinheit wählt,

$$x = 1,\ l = 60,\ y = 61,\ \mu\gamma = g = 31',2649$$

zu setzen, mithin

$$G = \frac{31',2649}{61} = 0{,}5125 \text{ Fuß},$$

welche Geschwindigkeit von etwa einem halben Fuß der Cylinder nach der ersten Sekunde erlangen würde; in der ersten Sekunde selbst hätte er nur die Hälfte von G, also etwa 3 Zoll, durchfallen.

Der Durchmesser des Mondes ist 469 Meilen, sein Inhalt also nach der Formel $\frac{\pi}{6}d^3 = \frac{\pi}{6} \cdot 469^3$. Der Inhalt des Cylinders ist $\frac{\pi}{4}d^2h$, wenn h die Höhe, d den Durchmesser des Grundkreises bezeichnet; h = 51800 Meilen, so daß

$$d = \sqrt{\frac{469^3}{3.25900}} = 36{,}438 \text{ Meilen}$$

beträgt. Der Radius dieses 51800 Meilen hohen Cylinders betrüge also 18,22 Meilen; träfe also seine Axe gerade auf Berlin, so würde er bis zur Ostsee und bis in die Nähe von Dresden reichen.

§. 29.

Aufgabe. Als eine Anwendung der Formel (II') des §. 25

$$\frac{1}{m}\Sigma a = 0$$

untersuchen wir, wo zwischen anziehenden Körpern M und M' (Fig. 17) von μ entsprechend μ' Atomen auf ihrer Verbindungslinie eine homogene materielle Linie AA_m von der Länge 2l in Ruhe verbleibt. Wir behalten alle Bezeichnungen bei, welche wir bei der verwandten Aufgabe im vorigen §. gebraucht haben; außerdem sei die Entfernung MM' = r, so ist

$$a = \frac{\mu\gamma}{x^2} - \frac{\mu'\gamma}{(r-x)^2},$$

$$a_1 = \frac{\mu\gamma}{(x+\delta)^2} - \frac{\mu'\gamma}{(r-\overline{x+\delta})^2},$$

$$a_2 = \frac{\mu\gamma}{(x+2\delta)^2} - \frac{\mu'\gamma}{(r-\overline{x+2\delta})^2},$$

. . . .

$$a_m = \frac{\mu\gamma}{(x+2l)^2} - \frac{\mu'\gamma}{(r-\overline{x+2l})^2}.$$

Also besteht der Ausdruck

$$\frac{1}{m}\Sigma a = (\S.\,28)\,\frac{1}{2l}\cdot\delta\Sigma a$$

aus der Differenz zweier mit den constanten Coëfficienten $\frac{\mu\gamma}{2l}$ und $\frac{\mu'\gamma}{2l}$ versehenen Reihen, wie wir sie im letzten §. summirt haben; darnach erhält man, da $\frac{1}{m}\Sigma a = 0$ zu setzen ist, als Bedingung für die Ruhelage der materiellen Linie AA_m zwischen M und M', wenn man den Quotienten $\frac{\mu'}{\mu} = q$ setzt, und mit dem gemeinschaftlichen Factor γ dividirt, die Gleichung:

$$\frac{1}{x(x+2l)} = \frac{q}{(r-x)(r-x-2l)}.$$

Substituirt man z für $x+l$, um die Entfernung z die Mitte der geraden Linie AA_m von M zu finden, so nimmt diese Gleichung die Form an:

$$\frac{1}{(z-l)(z+l)} = \frac{q}{(r-z+l)(r-z-l)},$$

welche geordnet, auf die quadratische Gleichung

$$z^2 - \frac{2r}{1-q}z + \frac{r^2}{1-q} - l^2 = 0$$

und mithin zu dem Resultat

$$z = \frac{r - \sqrt{qr^2 + (1-q)^2 l^2}}{1-q}$$

führt, wodurch unsere Aufgabe gelöst ist. Die Wurzel ist subtractiv zu nehmen, weil sonst z größer als r würde, was nach den Bedingungen der Aufgabe unmöglich ist.

Beispiel. Um z. B. die Ruhelage eines Stabes von zwei Erdradien Länge zwischen Erde (M') und Mond (M) zu erhalten, hat man nur (§. 20) $r = 60$, $l = 1$ Erdradius, $q = \frac{\mu'}{\mu} = 81$ zu setzen.

Man findet so

$$z = 6{,}073674 \text{ Erdradien,}$$
$$x = 5{,}073674 \text{ Erdradien}$$

als Abstand des Stabes vom Monde.

§. 30.

Maximum der Spannung in angezogenen materiellen Linien. Wir knüpfen an die eben behandelten Aufgaben Betrachtungen anderer Art an, und fragen, wo die Spannung auf der materiellen Linie AA_m (Fig. 17) am größten ist, wenn sie sich zwischen M und M' in Ruhe befindet, an welcher Stelle sie also reißen würde, wenn ihre Atome nicht im Stande wären, einer so großen Spannung zu widerstehen.

Wir setzen hierbei voraus, daß die einzelnen Atomengruppen der Linie immer nur auf die ihnen zu beiden Seiten benachbarten Gruppen einwirken (§. 26), und nehmen die Spannkräfte, die zwischen je zwei einzelnen Atomen der auf einander folgenden Gruppen

$$A \quad A_1 \quad A_2 \quad A_3 \quad \ldots \quad A_m$$

auftreten, entsprechend gleich

$$\lambda_1 \quad \lambda_2 \quad \lambda_3 \quad \ldots \quad \lambda_m .$$

Dann ist nach der Gleichung (IV') des §. 26 die Spannung $\lambda_{\nu+1}$ zwischen den beiden benachbarten Gruppen A_ν und $A_{\nu+1}$ des in Ruhe befindlichen Systems durch den Ausdruck

$$\alpha\lambda_{\nu+1} = \Sigma_0^\nu a_s$$

bestimmt.

Mit Hülfe der im vorigen §. angegebenen Werthe von a und der in §. 28 ermittelten Summe der Reihe

$$\Sigma_0^\nu \frac{1}{(x+s\delta)^2} = \frac{\nu}{x(x+\nu\delta)}$$

ist aber

$$\Sigma_0^\nu a_s = \frac{\mu\gamma\nu}{x(x+\nu\delta)} - \frac{\mu'\gamma\nu}{(r-x)(r-x-\nu\delta)}.$$

Der bequemeren Bezeichnung wegen, und weil x schon im vorigen §. ermittelt ist, wollen wir nun in der neuen Fig. 18, wo **AB** die materielle Linie von der Länge 2l, und **C** den Punkt derselben vorstellt, an dem sich die Gruppe $A_{\nu+1}$ befindet, die Entfernung MA = a, M'A = a', hingegen AC = x nennen, so daß man noch

$$\nu\delta = x, \quad \nu = \frac{x}{\delta} = \frac{mx}{2l}$$

hat, und

$$\alpha\lambda_{\nu+1} = \frac{\mu\gamma mx}{2la(a+x)} - \frac{\mu'\gamma mx}{2la'(a'-x)}$$

erhält. Führt man noch $\frac{\mu'}{\mu} = q$ ein, so läßt sich dieser Ausdruck leicht auf die Form bringen:

$$\alpha\lambda_{\nu+1} = \frac{\gamma m}{2l}\left(\frac{\frac{1}{a^2}}{\frac{1}{x}+\frac{1}{a}} - \frac{\frac{q}{a'^2}}{\frac{1}{x}-\frac{1}{a'}}\right).$$

Soll also in C die größte Spannung auf der Linie AB herrschen, so muß dieser für $\alpha\lambda_{\nu+1}$ erhaltene Werth, oder vielmehr die in der Klammer befindliche Differenz

$$(1) \qquad \frac{\frac{1}{a^2}}{\frac{1}{x}+\frac{1}{a}} - \frac{\frac{q}{a'^2}}{\frac{1}{x}-\frac{1}{a'}}$$

ein Maximum werden, indem der Coëfficient $\frac{\gamma m}{2l}$ unveränderlich ist. Die vorliegende Aufgabe besteht also darin, auszumitteln, für welchen Werth von x, der zwischen 0 und 2l liegen muß, obige Differenz am größten wird.

Zu diesem Zwecke gehen wir von der identischen Gleichung aus:

$$(x-y)\left(\frac{r}{x}-\frac{t}{y}\right) = (\sqrt{r}-\sqrt{t})^2 - \left(\sqrt{\frac{ry}{x}} - \sqrt{\frac{tx}{y}}\right)^2.$$

Soll nun ein Ausdruck von der Form

$$u = \frac{r}{x+\varrho} - \frac{t}{x+\tau},$$

wo r, t, ϱ und τ Constanten bedeuten, ein Maximum werden, so ist, weil man nach der so eben aufgestellten Gleichung für $(\varrho-\tau)u$ oder für $((x+\varrho)-(x+\tau))\left(\frac{r}{x+\varrho}-\frac{t}{x+\tau}\right)$ also für

$$(\varrho-\tau)u = (\sqrt{r}-\sqrt{t})^2 - \left(\sqrt{\frac{r(x+\tau)}{x+\varrho}} - \sqrt{\frac{t(x+\varrho)}{x+\tau}}\right)^2$$

schreiben kann, ersichtlich, daß dieses geschieht, wenn das zweite bi=

nomische Quadrat verschwindet; denn eine Differenz zweier Quadrate, von denen nur der Subtrahendus verschiedene Werthe annehmen kann, ist dann am größten, wenn derselbe gleich Null wird. Es ergiebt sich daher für den Maximalwerth von u

$$u = \frac{(\sqrt{r} - \sqrt{t})^2}{\varrho - \tau},$$

während der zugehörige Werth von x die Bedingungsgleichung

$$\frac{r(x+\tau)}{x+\varrho} = \frac{t(x+\varrho)}{x+\tau}$$

oder

$$\frac{x+\varrho}{x+\tau} = \frac{\sqrt{r}}{\sqrt{t}}$$

liefert; er findet sich

$$x = \frac{\varrho\sqrt{t} - \tau\sqrt{r}}{\sqrt{r} - \sqrt{t}}.$$

In unserem Falle soll die Differenz (1), welche wie man sieht, von der betrachteten Form ist, zu einem Maximum werden. Durch Einsetzung der speciellen Werthe in die eben erhaltenen allgemeineren Formeln ergiebt sich

$$\frac{1}{x} = \frac{\frac{1}{a}\sqrt{\frac{q}{a'^2}} + \frac{1}{a'}\sqrt{\frac{1}{a^2}}}{\sqrt{\frac{1}{a^2}} - \sqrt{\frac{q}{a'^2}}}$$

und folglich für das dem Maximum zugehörige AC =

$$x = \frac{a' - a\sqrt{q}}{1 + \sqrt{q}}.$$

Dieses Maximum selbst aber ist

$$\alpha\lambda_{\nu+1} = \frac{\gamma m}{2l} \frac{\left(\frac{1}{a} - \frac{\sqrt{q}}{a'}\right)^2}{\frac{1}{a} + \frac{1}{a'}}$$

$$= \frac{\gamma m}{2laa'} \frac{(a' - a\sqrt{q})^2}{a + a'}.$$

Für das zum vorigen §. gegebene Beispiel ist

$a = 5{,}073674$, $a' = 54{,}926326$ Erdradien,

$q = 81$, $\sqrt{q} = 9$, $1 + \sqrt{q} = 10$, und

$x = 0{,}926326.$

Das Maximum der Spannung herrscht also nicht weit von der Mitte des Stabes nach der Seite des Mondes hin.

§. 31.

Wir wollen jetzt noch das Maximum der Spannung für den in §. 28 behandelten Fall suchen, wo die homogene materielle Linie AA_m (Fig. 16), deren Länge l ist, von M allein angezogen, sich in der Richtung der Anziehung mit der Geschwindigkeit G fortbewegt.

Nach der Gleichung (III') des §. 26 hat man

$$\alpha\lambda_{\nu+1} = \Sigma_0^\nu a_s - \nu G,$$

welcher Ausdruck mit Hülfe der Werthe von a und G in §. 28 und der daselbst berechneten schon mehrfach angewendeten Reihe die Gestalt

$$\alpha\lambda_{\nu+1} = \frac{\mu\gamma\nu}{x(x+\nu\delta)} - \frac{\mu\gamma\nu}{xy}$$

annimmt. Nun werde der geeigneteren Bezeichnung wegen in der neuen Figur (Fig. 19), in welcher die angezogene Linie durch $AB = l$ dargestellt wird, $MA = a$, $MB = b$, hingegen $MC = x$ gesetzt, so daß, wenn in C die Spannung $\lambda_{\nu+1}$ herrschen soll, in der vorstehenden Gleichung die Buchstaben x, y, $x+\nu\delta$ durch a, b, x zu ersetzen sind. Weil man außerdem

$$\nu\delta = x - a, \quad \text{also} \quad \nu = \frac{x-a}{\delta} = \frac{m(x-a)}{l}$$

hat, so lautet sie jetzt

$$\alpha\lambda_{\nu+1} = \frac{\mu\gamma m}{al}(x-a)\left(\frac{1}{x} - \frac{1}{b}\right),$$

oder, wie sich leicht ergiebt:

$$\alpha\lambda_{\nu+1} = \frac{\mu\gamma m}{la}\left(\left(1-\sqrt{\frac{a}{b}}\right)^2 - \left(\sqrt{\frac{a}{x}} - \sqrt{\frac{x}{b}}\right)^2\right).$$

Soll also in C das Maximum der Spannung Statt finden, so folgt aus diesem Ausdruck, daß das abzuziehende binomische Quadrat $\left(\sqrt{\frac{a}{x}} - \sqrt{\frac{x}{b}}\right)^2$, welches allein die Veränderliche x enthält, zu Null werden muß. Es ist mithin das dem Maximum der Spannung entsprechende x durch die Gleichung

$$\sqrt{\frac{a}{x}} = \sqrt{\frac{x}{b}}$$

bestimmt, hat also den Werth

$$x = \sqrt{ab},$$

während das Maximum selbst

$$\alpha\lambda_{\nu+1} = \frac{\mu\gamma m}{l}\left(\frac{1}{\sqrt{a}} - \frac{1}{\sqrt{b}}\right)^2$$

ist.

Kann also die materielle Linie AB eine so große Spannung nicht aushalten, so würde sie an der Stelle C zerreißen, für welche die Relation

$$MC = \sqrt{MA \, . \, MB}$$

besteht. Da übrigens

$$AC = \sqrt{ab} - a = \sqrt{a}(\sqrt{b} - \sqrt{a})$$
$$BC = b - \sqrt{ab} = \sqrt{b}(\sqrt{b} - \sqrt{a})$$

und

$$b > a$$

ist, so folgt, daß diese Stelle C näher an A als an B liegt.

§. 32.

Die Atwoodsche Fallmaschine. Ueber die am oberen Ende des verticalen Ständers AB (Fig. 20) befindliche Rolle B sei die Schnur CBD geschlungen, und an ihren Enden seien die beiden gleichen Gewichte M und M_1 von je μ Atomen aufgehängt. Es ist klar, daß sie sammt der Schnur unbeweglich bleiben, welche Stellung sie auch gegen einander einnehmen, da man von dem geringen Gewicht des Fadens überhaupt abstrahiren kann, und da außerdem noch Reibung bei der Rolle B vorhanden ist, welche die Bewegung in Etwas behindert. Will man auch die geringste Ungleichheit beseitigen, so hat man nur nöthig, eine Schnur ohne Ende anzuwenden, d. h. von den Gewichten aus auch nach unten eine Schnur weiter und bei A über eine Rolle gehen zu lassen; dann ist auf beiden Seiten des Stativs das Gewicht des Systems in jeder Stellung desselben vollständig gleich. Legt man nun aber auf das eine Gewicht M_1 ein kleines Uebergewicht N von ν Atomen auf, so ist das Gleichgewicht auf den beiden Seiten gestört, und es tritt nun eine Bewegung des Systems ein: M_1 mit N geht nach unten, und demzufolge mit derselben Geschwindigkeit M nach oben. Die Gesetze dieser Bewegung sollen ermittelt werden.

Diese Aufgabe ist als ein specieller Fall der in §. 22 behandelten zu betrachten, wo zwei verschiedene Atomgruppen, in unveränderlicher Entfernung von einander gehalten, die Anziehung einer anderen Atomgruppe erfahren, und wo dann das System die Geschwindigkeit

$$\frac{a\alpha + b\beta}{\alpha + \beta}$$

annimmt, wenn a und b die den einzelnen Gruppen ertheilten Geschwindigkeiten und α, β die Anzahlen ihrer Atome sind. Wenn man nämlich den Faden M_1DBCM (Fig. 20) geradlinig ausgezogen denkt, so daß M (Fig. 21) seine Stelle senkrecht über M_1 erhält, so wird die aus $\mu + \nu$ Atomen bestehende Gruppe M_1 von der Erde E mit der Kraft g in der Richtung nach E hin angezogen. Auf die aus μ Atomen bestehende Gruppe M aber wirkt zwar dieselbe Kraft g ein, weil auch ihre Entfernung von dem Mittelpunkt der Erde als gleich mit M_1E betrachtet werden muß, diese Kraft ist indessen wegen der besonderen Einrichtung der Maschine entgegengesetzt gerichtet und daher negativ in Rechnung zu bringen. Man hat folglich in den obigen Ausdruck

$$a = g, \quad b = -g, \quad \alpha = \mu + \nu, \quad \beta = \mu$$

zu setzen, um die Geschwindigkeit G, welche das System nach der ersten Sekunde annimmt, zu erhalten, und welche demnach

$$G = \frac{\nu g}{2\mu + \nu}$$

oder

$$G = \frac{g}{1 + \frac{2\mu}{\nu}}$$

ist.

G ist also kleiner als die Schwerkraft g der Erde, und deshalb ist diese Maschine, welche die Atwoodsche Fallmaschine heißt, geeignet, an ihr die Gesetze des Falls der Körper zu demonstriren, da man nur diesen Werth von G in die für den Fall geltenden Formeln zu substituiren hat, um Geschwindigkeit und Fallräume bei diesem Versuch zu ermitteln. Man erhält so

$$v = \frac{g}{1 + \frac{2\mu}{\nu}} t, \qquad s = \frac{1}{2} \frac{g}{1 + \frac{2\mu}{\nu}} t^2.$$

Je kleiner man ν im Verhältniß zu μ annimmt, um so kleiner wird der Werth von G, um so mehr also die Bewegung verlangsamt. Ist z. B. M 1 Pfd., N 1 Lth., also $\frac{2\mu}{\nu} = 60$, so ist $G = \frac{31',2649}{61}$, also nur 0',51254 oder 6,1505 Zoll. Dann legen die Gewichte in der ersten Sekunde nur 3,0752 Zoll zurück. Ist $\nu = 0$, so ist auch G gleich Null, wie wir auch gleich anfangs voraussetzten.

Zur Prüfung der Bewegungsgesetze ist auf dem Stativ selbst eine Maßeintheilung angebracht, und für die genaue Zeitmessung gehört ein Sekundenpendel zu dem Apparate. An der Seite des Gestells sind Tischchen befestigt, auf denen man die Gewichte ruhen lassen kann, und durch deren rechtzeitiges Niederlassen man den Beginn der Bewegung genau bestimmt. Ein anderes an dem Stativ verschiebbares Tischchen ist mit einer Oeffnung in der Mitte versehen, durch welche das herabsinkende Gewicht gleiten muß, und auf dem dabei das Uebergewichtchen abgelagert wird; von diesem Augenblicke an tritt natürlich eine gleichförmige Bewegung ein, indem die beiden Gewichte M mit der Geschwindigkeit weitergehen, welche sie eben erlangt haben. Wird auf diese Weise das Gewicht N nach t Sekunden entfernt, so hat M_1 den Weg $\frac{1}{2} G t^2$ durchlaufen und die Geschwindigkeit $G t$ erlangt; läßt man es also weitere t Sekunden laufen, so legt es während dieser Zeit den Weg $G t^2$ zurück, d. h. doppelt so viel als in den ersten t Sekunden (vgl. §. 7).

§. 33.

Aufgabe. Wir beschließen die Aufgaben über die durch ihre gegenseitige Attraction hervorgerufene geradlinige Bewegung zweier Atomengruppen mit der Untersuchung, wo dieselben endlich zusammentreffen müssen, wenn sich ihrer beiderseitigen unbegrenzten Annäherung kein Hinderniß entgegenstellt. Dabei setzen wir ein ganz beliebiges Attractionsgesetz voraus, da das Resultat durch die besondere Natur desselben nicht alterirt wird.

Das System M (Fig. 22) bestehe aus μ, M' aus μ' Atomen; ihre Entfernung sei r. In dieser Entfernung sei die Stärke eines Impulses zwischen zwei einzelnen Atomen λ, die Stärke des folgenden Impulses, den sie sich schon in geringerer Entfernung von einander ertheilen, λ_1, des darauf folgenden, in noch geringerer Entfernung, λ_2 u. s. f. λ_3, λ_4, ... Die Impulse, die daher M der Reihe nach von M' empfängt, sind

$$\mu'\lambda,\ \mu'\lambda_1,\ \mu'\lambda_2,\ \mu'\lambda_3,\ \ldots$$

und die M' von M aus empfängt:

$$\mu\lambda,\ \mu\lambda_1,\ \mu\lambda_2,\ \mu\lambda_3,\ \ldots$$

Daher sind nach

1 2 3 4 ... ν Impulsen

die Geschwindigkeiten entsprechend

von M: $\mu'\lambda, \mu'(\lambda+\lambda_1), \mu'(\lambda+\lambda_1+\lambda_2), \mu'(\lambda+\cdots+\lambda_3), \ldots \mu'(\lambda+\lambda_1+\cdots+\lambda_{\nu-1})$,

von M': $\mu\lambda, \mu(\lambda+\lambda_1), \mu(\lambda+\lambda_1+\lambda_2), \mu(\lambda+\cdots+\lambda_3), \ldots \mu(\lambda+\lambda_1+\cdots+\lambda_{\nu-1})$.

Der Abkürzung wegen wollen wir sie aber der Reihe nach

von M mit $\mu'\gamma,\ \mu'\gamma_1,\ \mu'\gamma_2,\ \mu'\gamma_3,\ \ldots,\ \mu'\gamma_{\nu-1}$

und

von M' mit $\mu\gamma,\ \mu\gamma_1,\ \mu\gamma_2,\ \mu\gamma_3,\ \ldots,\ \mu\gamma_{\nu-1}$

bezeichnen. Die Impulse erfolgen alle n^{tel} Sekunden, daher die beiden Atomgruppen mit den obigen Geschwindigkeiten je $\frac{1}{n}$ Sekunde fortgehen, also die von ihnen in diesen Zeiträumen durchlaufenen Wege immer den n^{ten} Theil der zugehörigen Geschwindigkeit betragen. Treffen sie mithin nach ν Impulsen in S zusammen, so hat M den Weg

$$x = \frac{\mu'}{n}\Sigma\gamma$$

und M' den Weg

$$r - x = y = \frac{\mu}{n}\Sigma\gamma$$

zurückgelegt. Durch Division dieser beiden Gleichungen erhält man

$$(1')\qquad \frac{x}{y} = \frac{\mu'}{\mu}$$

oder

$$(1)\qquad \mu x = \mu y,$$

während man auch noch

$$(2)\qquad x + y = r$$

hat. Diese beiden Gleichungen liefern

$$x = \frac{\mu' r}{\mu+\mu'},\qquad y = \frac{\mu r}{\mu+\mu'},$$

und lösen unsere Aufgabe.

Der durch sie bestimmte Punkt S wird der **Schwerpunkt** des aus den beiden Gruppen M und M′ bestehenden Systems genannt, und ist, wie die (1′) lehrt, der Punkt, durch welchen die Entfernung zwischen beiden Gruppen umgekehrt proportional den Anzahlen ihrer Atome getheilt wird. Zwei sich nach irgend welchem Gesetze anziehende Atomengruppen treffen also endlich in ihrem Schwerpunkte zusammen.

Vom Stoße.

§. 34.

Wenn sich Atome bis auf eine gewisse Strecke einander genähert haben, so treten in ihnen abstoßende Kräfte auf, mit denen sie sich einer noch größeren gegenseitigen Annäherung widersetzen (vgl. §. 19). Die Wirkungen, welche diese sogenannten **Elasticitäts-** oder **Molecularkräfte** hervorrufen, bilden den Gegenstand der nächsten Untersuchungen.

Die Atomgruppe B (Fig. 23), aus μ Atomen bestehend, bewege sich mit der gleichförmigen Geschwindigkeit γ in der Richtung BC, und werde von der Gruppe A, welche m Atome enthalte, verfolgt, indem diese in derselben Richtung mit der größeren Geschwindigkeit g fortschreite. So lange die Entfernung zwischen A und B noch nicht bis auf *die* Strecke vermindert ist, in der die abstoßende Wirkung zwischen beiden Systemen eintritt, herrscht eigentlich eine Anziehung zwischen ihnen, von der wir jedoch hier abstrahiren. Die Entfernung der beiden Gruppen wird zunächst immer kleiner, da die verfolgende A eine größere Geschwindigkeit als B besitzt. Wenn A nach A′ und B nach B′ gekommen ist, wo dann A′B′ kleiner als AB sein muß, mögen sie sich so weit genähert haben, daß die Abstoßung zwischen den beiderseitigen Atomen beginnt. Ist in dieser Entfernung die Stärke eines abstoßenden Impulses zwischen je einem Atom der beiden Gruppen λ, so wird vermöge desselben durch die μ Atome des voranschreitenden Systems die Geschwindigkeit von A um $\mu\lambda$ vermindert, wogegen aus gleicher Ursache die Geschwindigkeit von B um $m\lambda$ zunimmt. Dieses hindert nichtsdestoweniger, daß noch immer die Entfernung zwischen den beiden Gruppen abnehme, weil *ein* abstoßender Impuls noch nicht im Stande ist, die endliche Differenz zwischen den Geschwindigkeiten der beiden Systeme aufzuheben, dieses vielmehr erst durch eine unendliche Anzahl von Impulsen erreicht werden kann, die, alle n^{tel} Sekunden erfolgend, einerseits γ fortwährend vermehren, andererseits g verringern. Die Geschwindigkeiten der beiden Systeme mögen auf diese Weise gleich geworden sein, wenn A nach M, B nach N gekommen ist; da sich bis dahin A der Gruppe B fortwährend genähert hat, so muß MN kleiner als alle früheren Distanzen zwischen den beiden Gruppen sein. In dieser Zeit seien die ν abstoßenden Impulse

$$\lambda, \lambda_1, \lambda_2, \ldots, \lambda_{\nu-1}$$

erfolgt, die von verschiedener Stärke sind, weil sie in verschiedenen Entfernungen wirksam waren. Dadurch hat A in M die Geschwindigkeit

$$g - \mu(\lambda + \lambda_1 + \lambda_2 + \cdots + \lambda_{\nu-1})$$

oder der Abkürzung wegen

$$g - \mu\Sigma\lambda,$$

und ebenso B in N die Geschwindigkeit

$$\gamma + m\Sigma\lambda$$

erlangt. Nach der Voraussetzung sollen diese beiden Geschwindigkeiten gleich sein; nennt man sie G, so hat man also die beiden Gleichungen

$$G = g - \mu\Sigma\lambda$$
$$G = \gamma + m\Sigma\lambda,$$

aus denen sich durch Elimination von $\Sigma\lambda$

$$\text{(I)} \qquad G = \frac{mg + \mu\gamma}{m + \mu}$$

und durch Elimination von G

$$\text{(II)} \qquad \Sigma\lambda = \frac{g - \gamma}{m - \mu}$$

ergiebt.

Auch weiterhin unterliegen noch A und B der abstoßenden Kraft, die eine jede Gruppe durch die andere erfährt. Doch bewirken die nunmehr erfolgenden Impulse, indem sie fortgesetzt die Geschwindigkeit von A vermindern und von B vermehren, daß jetzt A eine kleinere Geschwindigkeit als B annimmt. Folge davon ist, daß die Entfernung zwischen den beiden Systemen ununterbrochen vergrößert wird, und endlich wieder so weit anwächst, daß die abstoßenden Kräfte zu wirken aufhören. Geschieht dieses, wenn A nach A_1 und B nach

B_1 gekommen ist, so muß A_1B_1 natürlich gleich A'B' sein. Während also die Gruppe m den Weg MA_1 und μ den Weg NB_1 zurücklegte, waren die successiven Entfernungen zwischen ihnen genau dieselben, nur in umgekehrter Reihe, wie die, welche sie zwischen den Strecken A'M und B'N inne hatten; daher müssen sie sich auch in dem ersteren Intervall genau und nur in umgekehrter Reihenfolge dieselben abstoßenden Impulse ertheilen, wie in dem letztern. Mithin ist die Geschwindigkeit von A in A_1, welche wir mit g' bezeichnen wollen:

$$(1)\qquad g' = G - \mu(\lambda_{\nu-1} + \lambda_{\nu-2} + \cdots + \lambda_1 + \lambda) = G - \mu\,\Sigma\lambda = g - 2\mu\,\Sigma\lambda,$$

und ebenso die Geschwindigkeit von B in B_1

$$(2)\qquad \gamma' = G + m\,\Sigma\lambda = \gamma + 2m\,\Sigma\lambda.$$

Vermöge der obigen Resultate erhält man also

$$(\mathrm{III})\qquad g' = g - \frac{2\mu}{m+\mu}(g-\gamma) \quad \text{oder} \quad = \frac{(m-\mu)g + 2\mu\gamma}{m+\mu},$$

$$(\mathrm{IV})\qquad \gamma' = \gamma + \frac{2m}{m+\mu}(g-\gamma) \quad \text{oder} \quad = \frac{(\mu-m)\gamma + 2mg}{m+\mu}.$$

Da jetzt, in A_1 und B_1, die abstoßende Wirkung erlischt, so sind unter der Voraussetzung, daß von einer Anziehung der beiden Systeme abgesehen werde, g' und γ' die durch den Stoß erlangten Geschwindigkeiten, mit denen sich nun die beiden Atomengruppen gleichförmig weiter bewegen. Das Phänomen des Stoßes begann in den Punkten A' und B', culminirte gewissermaßen in M und N, und erreichte sein Ende in A_1 und B_1.

Die obige Entwicklung setzt voraus, daß die Gruppe B von der anderen Gruppe verfolgt werde, weshalb auch g größer als γ sein mußte. Indessen würden die angestellten Betrachtungen in nichts geändert werden, wenn die beiden Atomgruppen in entgegengesetzten Richtungen sich gegen einander bewegten, daher die Resultate auch für diesen Fall ihre Gültigkeit behalten, wenn man nur die eine Anfangsgeschwindigkeit, γ, negativ in Rechnung bringt; damit fällt natürlich die Beschränkung, daß g größer als γ sein muß. Schreiben wir also, um das Zutreffen der eben besprochenen Annahme zu bezeichnen, $-\gamma$ für γ, so daß die absoluten Werthe von g und γ dieselbe Richtung angeben, so gestalten sich die obigen Resultate auf folgende Weise:

$$(\mathrm{I}')\qquad G = \frac{mg-\mu\gamma}{m+\mu},$$

$$(\mathrm{II}')\qquad \Sigma\lambda = \frac{g+\gamma}{m+\mu},$$

$$(\mathrm{III}')\qquad g' = g - \frac{2\mu}{m+\mu}(g+\gamma) \quad \text{oder} \quad = \frac{(m-\mu)g-2\mu\gamma}{m+\mu},$$

$$(\mathrm{IV}')\qquad \gamma' = -\gamma + \frac{2m}{m+\mu}(g+\gamma) \quad \text{oder} \quad = \frac{(m-\mu)\gamma+2mg}{m+\mu}.$$

§. 35.

Die Formeln des vorstehenden §. sind sämmtlich nur für Atomgruppen, d. i. Körpertheilchen von verschwindend kleinen Dimensionen (Molecülen §. 1) entwickelt, für die sie also zunächst auch allein Gültigkeit haben. Für den Stoß von ausgedehnten Körpern gelten sie im Grunde nicht; auch gehen bei demselben in dem Innern der Körper die complicirtesten Veränderungen vor, die man nicht zu übersehen, viel weniger der Rechnung zu unterwerfen vermag, so daß mit Strenge die Formeln hier gewiß keine Anwendung finden; als angenäherte Resultate indeß kann man sie für den centralen Stoß bestehen lassen, d. h. für den Stoß runder Körper auf einander, die sich in der Richtung der ihre beiden Centren verbindenden Geraden bewegen. Nach den obigen Auseinandersetzungen müßten daher die Körper nach beendigtem Stoße vollständig ihre früheren Zustände wiedererlangt haben, und nur mit veränderter Geschwindigkeit fortgehen: der vordere, der den Stoß erlitten hat, mit einer größeren als der nachfolgende, der ihn ausgeführt hat, so daß sich nach dem Stoße die Entfernung zwischen beiden Körpern immer mehr vergrößert.

Allein nicht alle Körper erfüllen diese Bedingungen, welche die Theorie an sie stellt, sondern die einen mehr, die anderen weniger. Diejenigen, die nahezu denselben genügen, und deren resultirende Geschwindigkeiten also die entwickelten Werthe von g' und γ' besitzen, nennt man elastische Körper (z. B. Elfenbein, Gummi, Metallfedern); diejenigen aber, welche durch den Stoß eine innere, dauernde Veränderung in der gegenseitigen Lage ihrer Atome erfahren, heißen unelastische Körper, z. B. Blei. Die durch den

Stoß alterirten Atomgruppen derselben nehmen nach dem Stoße nicht wieder ihre ursprünglichen Entfernungen von einander ein, sondern bleiben bei einander, d. h. in der kleinsten Entfernung, welche der Zusammenstoß bewirkte, und schreiten mit der derselben entsprechenden gemeinsamen Geschwindigkeit G fort. Freilich bietet diese Erscheinung kein Körper mit absoluter Genauigkeit, sondern nur ein und der andere Körper annähernd dar; die Vorstellung eines völlig entsprechenden Herganges gewährte etwa eine Metallkugel, die man in eine Holzkugel hineingeschossen denkt.

Für die zahlreichen Folgerungen und Anwendungen der erhaltenen Resultate unterscheiden wir den Fall der unelastischen von dem der elastischen Körper.

§. 36.

1) Die unelastischen Körper. Beide Körper erlangen also (§. 35) durch den Stoß die Geschwindigkeit (§. 34, (I))

$$G = \frac{mg + \mu\gamma}{m + \mu},$$

mit der sie, möglichst wenig von einander entfernt, gemeinsam fortschreiten.

Sind die Massen gleich ($m = \mu$), so ist

$$G = \frac{g + \gamma}{2},$$

das arithmetische Mittel aus den beiden Einzelgeschwindigkeiten.

Treffen die beiden Körper in entgegengesetzten Richtungen auf einander, so erlangen sie die durch die Formel (I') des §. 34 ausgedrückte Geschwindigkeit

$$G = \frac{mg - \mu\gamma}{m + \mu},$$

gelangen also in Folge des Stoßes zur Ruhe, wenn

$$mg = \mu\gamma,$$

d. h. wenn die Größe der Bewegung (§. 25) für beide dieselbe ist, folglich für gleiche Massen ($m = \mu$), wenn auch ihre Geschwindigkeiten gleich sind ($g = \gamma$).

Im Allgemeinen geht aber in diesem Falle nach dem Stoße die Bewegung in der Richtung der Gruppe weiter fort, für welche die Quantität der Bewegung größer ist, während die andere Gruppe, indem sie gleichsam von jener fortgeschoben wird, eine ihrer ursprünglichen Richtung gerade entgegengesetzte einschlägt. Die resultirende Geschwindigkeit ist stets kleiner, als die ursprüngliche der ersteren Gruppe.

Wenn $\gamma = 0$ ist, so hat man noch

$$G = \frac{mg}{m+\mu}.$$

§. 37.

2) Der Stoß elastischer Körper. Hier bewegen sich beide Gruppen nach beendeter Wirkung des Stoßes mit den Geschwindigkeiten g' und γ' fort, deren Werthe in §. 34 entwickelt worden sind. Aus ihnen fließen zunächst einige Formeln, die für den Stoß elastischer Körper characteristisch sind. Multiplicirt man nämlich (1) und (2) §. 34 entsprechend mit m und μ, und addirt sie, so erhält man:

$$(3) \qquad mg' + \mu\gamma' = mg + \mu\gamma;$$

diese Gleichung besagt, daß die Summe der Größen der Bewegung des ganzen Systems durch den Stoß nicht geändert wird.

Die Subtraction der beiden Gleichungen (III) und (IV) ebendaselbst liefert leicht

$$(4) \qquad \gamma' + \gamma = g' + g,$$

woraus folgt, daß die Summe der Geschwindigkeiten vor und nach dem Stoße für beide Gruppen gleich groß ist.

Wenn man endlich die aus der (3) hervorgehende Gleichung

$$\mu(\gamma' - \gamma) = m(g - g')$$

mit der Gleichung (4) multiplicirt, so findet man

$$(5) \qquad \mu\gamma'^2 + mg'^2 = \mu\gamma^2 + mg^2,$$

und da man dem Producte aus dem Quadrat der Geschwindigkeit eines Körpers in die Anzahl seiner Atome — seiner Masse — den Namen der lebendigen Kraft *) beigelegt hat, so lehrt diese Gleichung, daß auch die Summe der lebendigen Kräfte des ganzen

*) Man darf aber, will man sich vor Irrthümern bewahren, in diesem Namen nichts weiter erblicken, als eben eine willkürlich gewählte Bezeichnung für einen in der Mechanik häufig vorkommenden Größenausdruck.

Systems durch den Stoß ungeändert bleibt, daß also „kein Verlust an lebendiger Kraft Statt findet.“

Unelastische Körper erleiden hingegen durch den Stoß einen solchen Verlust, denn man findet für die lebendige Kraft des Systems vor dem Stoße

$$mg^2 + \mu\gamma^2 = \frac{m^2g^2 + \mu^2\gamma^2 + m\mu(g^2 + \gamma^2)}{m + \mu},$$

nach dem Stoße

$$(m + \mu)G^2 = \frac{m^2g^2 + \mu^2\gamma^2 + 2m\mu g\gamma}{m + \mu},$$

deren Differenz die stets positive Größe

$$\frac{m\mu}{m + \mu}(g - \gamma)^2$$

ist, die nur dann zu Null wird, wenn in dem Falle, wo die Gruppe m die Gruppe μ verfolgt, $g = \gamma$ ist; alsdann kann aber auch von einem Zusammenstoßen beider Körper gar keine Rede sein.

§. 38.

Wir untersuchen jetzt die Wirkung des Stoßes zweier elastischen Körper für einige specielle Fälle.

Haben die Körper gleiche Masse ($m = \mu$), so findet man

$$g' = \gamma, \quad \gamma' = g;$$

es vertauschen also dann beide Körper ihre Geschwindigkeit, so daß der den Stoß erleidende, falls er ruhte, mit der Geschwindigkeit des anderen fortschreitet, während dieser augenblicklich zur Ruhe gelangt.

Der Apparat ist bekannt, welcher diese Eigenschaft elastischer Körper durch gleich große Elfenbeinkugeln, die an Schnüren in gerader Linie neben einander aufgehängt sind, zur Anschauung bringt. Zieht man nur zwei der Kugeln in den Versuch hinein, indem man die eine erhebt und gegen die andere herabfallen läßt, so bleibt sie, sobald sie diese in ihrer verticalen Ruhelage trifft, selbst in Ruhe, während letztere die Bewegung der ersteren fortsetzt, bis sie wieder herabfällt, und sich so das Spiel wiederholt. Wendet man mehr als zwei Kugeln zu demselben Versuche an, so fliegt nur die letzte ab, während die anderen in Ruhe verbleiben. Auch hiervon ist die Erklärung leicht und sicher. Jede Kugel schlägt an die nächstfolgende, von gleicher Masse, an, und ertheilt ihr, indem sie sich dadurch selbst zur Ruhe setzt, ihre eigene Geschwindigkeit, welche diese sofort wieder an die folgende abgiebt, bis endlich die letzte in der Reihe mit der ihr mitgetheilten Geschwindigkeit, d. i. mit der Geschwindigkeit der ersten, sich fortbewegt. Hebt man mehr als eine Kugel ab, so fliegen nach ihrem Anprallen an die anderen eben so viele vom Ende ab, wie man aufhob, auch wenn die Anzahl dieser die Hälfte aller Kugeln überstiege. Sind deren z. B. 7 da, und man erhebt die zwei ersten, so fliegen nur die zwei letzten ab. Die Kugel 2 (Fig. 24) kommt nämlich einen Augenblick früher als die Kugel 1 herab und zur Berührung mit 3, wodurch die Kugel 7 abfliegt; während 2 bis 6 ruhen. Nun trifft die Kugel 1 an 2 und die 6 fliegt ab. Ebenso erklärt sich die Erscheinung, daß drei Kugeln abfliegen, wenn drei aufgehoben werden u. s. w.

§. 39.

In dem Falle, daß $\gamma = 0$ ist, hat man bei verschiedenen Massen m und μ

$$g' = \frac{m-\mu}{m+\mu} g, \quad \gamma' = \frac{2m}{m+\mu} g$$

$$\frac{\gamma'}{g'} = \frac{2m}{m-\mu}.$$

Ist also dann μ größer als m, so wird g' negativ, d. h. A prallt zurück, während B (Fig. 25) sich vorwärts bewegt, aber mit um so geringerer Geschwindigkeit, je größer μ gegen m ist; ist es unendlich viel mal größer, d. h. $\frac{\mu}{m} = \infty$, so wird $\gamma' = 0$; dann bleibt also B in Ruhe.

Ist μ kleiner als m, so bewegen sich A (Fig. 26) und B beide vorwärts in der Richtung des stoßenden Körpers A. Die Geschwindigkeit, die B durch den Stoß in diesem Falle erlangt, ist um so größer, je kleiner μ im Vergleich gegen m ist; ist dieses Verhältniß verschwindend klein, so ginge B mit einer Geschwindigkeit ($\gamma' = 2g$) fort, die doppelt so groß ist als die Geschwindigkeit, mit der es von A getroffen wurde. Läßt man daher eine geradlinige Reihe von Kugeln (Fig. 27) von immer kleineren Massen der Reihe nach auf einander stoßen, indem man nur die erste, größte, in Bewegung gegen die zweite setzt, so kann man bei einer hinlänglichen Anzahl von Kugeln eine beliebig große Geschwindigkeit in der letzten hervorrufen. —

Wenn die beiden elastischen Körper in entgegengesetzter Richtung einander treffen, so hat man die Formeln (III') und (IV') des §. 34 anzuwenden. Für gleiche Massen ($m = \mu$) ist alsdann:

$$g' = -\gamma, \quad \gamma' = g,$$

d. h. es vertauschen die beiden Körper Geschwindigkeit und Richtung, prallen also beide zurück. Sind auch noch die Geschwindigkeiten gleich ($g = \gamma$), so kehren sie mit derselben Geschwindigkeit um, die sie vor dem Stoße hatten.

Ist μ (Fig. 28) sehr groß gegen m, so daß nahezu

$$\frac{\mu}{m+\mu} = 1, \qquad \frac{m}{m+\mu} = 0$$

gesetzt werden kann, so erhält man für beliebige Werthe von g und γ

$$g' = -(g+2\gamma), \qquad \gamma' = -\gamma;$$

B behält alsdann seine Geschwindigkeit unverändert bei, und A prallt mit einer Geschwindigkeit zurück, die seine frühere noch um die doppelte Geschwindigkeit von B übertrifft.

§. 40.

3) Unvollkommen elastisch nennt man diejenigen Körper, die einen gewissen Zwischenzustand zwischen den elastischen und unelastischen Körpern besitzen, und durch den Stoß ihre Elasticitätskräfte weder ganz verlieren, noch mit derselben Intensität beibehalten. Wenn also unter übrigens völlig gleichen Umständen die beiden Massensysteme ihre größte Annäherung erreicht haben, so ist genau wie oben (§. 34) ihre gemeinsame Geschwindigkeit

$$\text{(I)} \qquad G = \frac{mg + \mu\gamma}{m+\mu}$$

und

$$\text{(II)} \qquad \Sigma\lambda = \lambda + \lambda_1 + \lambda_2 + \cdots + \lambda_{\nu-1} = \frac{g-\gamma}{m+\mu}.$$

Wären nunmehr in Folge dieser größten Annäherung und dadurch bewirkter Umwandelung der Atomengruppirung die abstoßenden Kräfte zwischen den Atomen der beiden Systeme vernichtet, so würden sie eben in unveränderter Entfernung von einander mit der gemeinsamen Geschwindigkeit G fortschreiten; hätte sich aber durch den Stoß nichts in der innern Structur der Gruppen geändert, so würden genau nach dem oben beschriebenen Hergang (§. 34) dieselben Impulse λ bis $\lambda_{\nu-1}$ in umgekehrter Reihenfolge auftreten, und die Entfernung beider Systeme so lange vergrößern, bis sie aus der Wirkungssphäre der Elasticität herausgetreten sind, um mit den constanten Geschwindigkeiten g' und γ', deren Werthe wir (§. 34) entwickelt haben, fortzugehen.

Im vorliegenden Falle sollen aber vom Augenblicke der größten Annäherung an, wo den Gruppen die gemeinsame Geschwindigkeit G beiwohnt, zwar auch ferner abstoßende Impulse thätig sein, ohne jedoch in ihrer Intensität mit der früheren Reihe von Impulsen übereinzustimmen. Auch durch sie ist die Entfernung zwischen beiden Systemen im Wachsen begriffen, und wird die Geschwindigkeit von A immer kleiner, von B größer (Fig. 23); ihre Stärke sei in den verschiedenen aufeinanderfolgenden Distanzen

$$\lambda', \quad \lambda'_1, \quad \lambda'_2, \quad \lambda'_3, \quad \ldots, \quad \lambda'_{\nu'-1},$$

ihre Anzahl ν'; nach dem letzten, $\lambda'_{\nu'-1}$, mögen A und B die Entfernung gewonnen haben, in der die gegenseitige Abstoßung ihr Ende erreicht. Die alsdann erlangten Geschwindigkeiten behalten also die beiden Gruppen unverändert in ihrer weiteren Bewegung bei; ihre Werthe g'' und γ'' sind

$$g'' = G - \mu\Sigma\lambda' = g - \mu(\Sigma\lambda + \Sigma\lambda'),$$
$$\gamma'' = G + m\Sigma\lambda' = \gamma + m(\Sigma\lambda + \Sigma\lambda').$$

Zwischen $\Sigma\lambda$ und $\Sigma\lambda'$ muß irgend ein bestimmtes Verhältniß obwalten, durch welches der Grad der Elasticität bestimmt wird; setzt man demnach

$$\Sigma\lambda' = \alpha\Sigma\lambda,$$

so giebt der Elasticitätscoefficient α, der offenbar nur ein positiver echter Bruch sein kann, jenen Grad an; je mehr sich sein Werth der Einheit nähert, um so mehr nähert sich die Beschaffenheit der Systeme der vollkommenen Elasticität, und ist er gleich Null, so hat man den Fall der unelastischen Körper. Mit Hülfe dieser Constanten gehen die obigen Formeln in die anderen

$$(\text{III}'') \quad g'' = g - \mu(1+\alpha)\Sigma\lambda = g - \frac{\mu(g-\gamma)}{m+\mu}(1+\alpha),$$

$$(\text{IV}'') \quad \gamma'' = \gamma + m(1+\alpha)\Sigma\lambda = \gamma + \frac{m(g-\gamma)}{m+\mu}(1+\alpha)$$

über, durch welche also die Geschwindigkeiten dargestellt werden, mit denen nach dem Stoße sich die unvollkommen elastischen Massen A und B gleichförmig fortbewegen.

Für $\alpha = 1$ d. i. für vollkommen elastische Massen gehen die Werthe von g'' und γ'' in die früheren g' und γ' über, und für $\alpha = 0$, für unelastische Gruppen, werden beide zu G, so daß diese Formeln als die allgemeinsten die früheren sämmtlich in sich schließen.

§. 41.

Aufgabe. Eine unvollkommen elastische Kugel fällt von der Höhe $Ab = h$ (Fig. 29). Wie lange fällt sie und einen wie großen Weg legt sie zurück?

Die Geschwindigkeiten, welche die Kugel durch das wiederholte Aufschlagen auf die Ebene CD erlangt, seien γ', γ'', γ''', ... Sie werden wegen der unvollkommenen Elasticität der Kugel immer kleiner, weshalb diese auch zu immer geringeren Höhen A', A'', A''' ... zurückprallt. Die Geschwindigkeit γ, mit welcher sie das erste Mal CD trifft, ist (§. 7)

$$\gamma = \sqrt{2gh};$$

die Geschwindigkeiten γ', γ'', ... sind aus den obigen Formeln für den Stoß unvollkommen elastischer Körper im letzten §. abzuleiten. In der Formel (III') daselbst ist die Geschwindigkeit von CD, $\gamma = 0$, ebenso $\frac{m}{\mu} = 0$ zu setzen, weil CD als ruhende und daher mit der Erde fest verbundene Ebene von unendlich großer Masse gegen die Kugel μ ist. Man erhält also, indem man noch γ für g, γ' für g'' zu setzen hat,

$$\gamma' = \gamma - \gamma - \gamma\alpha = -\gamma\alpha,$$

oder, ohne Rücksicht auf die Richtung,

$$\gamma' = \gamma\alpha.$$

Da nun jede folgende Geschwindigkeit aus der vorhergehenden auf dieselbe Weise wie γ' aus γ entspringt, so hat man

$$\gamma' = \gamma\alpha, \quad \gamma'' = \gamma\alpha^2, \quad \gamma''' = \gamma\alpha^3, \quad \dots$$

Die zu den Wegen AB, BA'B, BA''B, BA'''B, ... zugehörigen Zeiten sind entsprechend, wenn $g = 31',2649$ die Schwerkraft der Erde bezeichnet, nach §. 6 und 10

$$t = \frac{\gamma}{g},\ 2t' = \frac{2\gamma\alpha}{g},\ 2t'' = \frac{2\gamma\alpha^2}{g},\ 2t''' = \frac{2\gamma\alpha^3}{g},\ \ldots,$$

also ist die Gesammtzeit, während welcher sich die Kugel bewegt,

$$T = t + t' + t'' + \cdots = \frac{2\gamma}{g}(1 + \alpha + \alpha^2 + \cdots) - \frac{\gamma}{g},$$

was nach der bekannten Summe der Reihe

$$1 + \alpha + \alpha^2 + \cdots = \frac{1}{1-\alpha}$$

$$T = \frac{1+\alpha}{1-\alpha}\sqrt{\frac{2h}{g}} = \frac{1+\alpha}{1-\alpha} \cdot t$$

ergiebt.

Die entsprechenden oben genannten Räume seien

$$h,\ 2h',\ 2h'',\ 2h''',\ \ldots$$

oder nach dem angeführten §.

$$h,\ \frac{\gamma'^2}{g},\ \frac{\gamma''^2}{g},\ \frac{\gamma'''^2}{g},\ \ldots$$

also ihre Summe H, d. h. der ganze zurückgelegte Weg mit Hülfe der obigen Werthe von γ, γ', γ'' etc.

$$H = 2h(1 + \alpha^2 + \alpha^4 + \alpha^6 + \cdots) - h$$

$$= \frac{1+\alpha^2}{1-\alpha^2} \cdot h.$$

Durch diese beiden Werthe für T und H ist die Aufgabe gelöst.

Wenn es möglich wäre, diesen Versuch im luftleeren Raume anzustellen, und dabei die Zeit genau zu messen, so gäbe der Werth von T ein Mittel an die Hand, α und folglich den Grad der Elasticität der Körper zu bestimmen, indem man

$$\alpha = \frac{T-t}{T+t}$$

ableitet.

§. 42.

Aufgabe. Die Höhe zu bestimmen, von welcher man eine vollkommen elastische Kugel fallen lassen muß, damit sie in kürzester Zeit bis zu einem bestimmten Punkte B (Fig. 30) zurückspringe.

Man wird finden, daß diese Höhe größer als BA = h selbst ist. Die gesuchte Höhe CA sei gleich x, dann fällt die Kugel von C bis A in der Zeit (§. 7 (2))

$$t = \sqrt{\frac{2x}{g}},$$

während sie zu der Strecke CB = x—h die Zeit $\sqrt{\frac{2(x-h)}{g}}$ gebrauchte; um von A bis B zu gelangen, verstreicht daher (§. 18) noch die Zeit

$$\tau = \sqrt{\frac{2x}{g}} - \sqrt{\frac{2(x-h)}{g}},$$

und die ganze Zeit, welche ein Minimum werden soll, ist

$$t + \tau = \sqrt{\frac{2}{g}}\left(2\sqrt{x} - \sqrt{x-h}\right).$$

Soll aber ein Ausdruck von der Form

$$u = a\sqrt{x} - b\sqrt{y}$$

zu einem Minimum gemacht werden, so kann dasselbe auf folgende Weise ermittelt werden. Es ist

$$\begin{aligned} u^2 &= a^2x + b^2y - 2ab\sqrt{xy} \\ &= a^2(x-y) - b^2(x-y) + a^2y + b^2x - 2ab\sqrt{xy} \\ &= (a^2 - b^2)(x-y) + (a\sqrt{y} - b\sqrt{x})^2. \end{aligned}$$

In dem Falle, daß x—y constant ist, wird dieser letzte Ausdruck für u^2 und damit auch u ein Minimum, wenn das quadratische Glied verschwindet.

In unserer Aufgabe ist x—y = h, und den Werth von x, welchem das Minimum entspricht, liefert die Bedingungsgleichung

$$4(x-h) = x.$$

Daher ist

$$x = \frac{4h}{3},$$

und das Minimum selber

$$t + \tau = \sqrt{\frac{6h}{g}} \text{ Sekunden.}$$

Fiele die Kugel von B selbst herab, so gebrauchte sie zu dem Wege BAB die längere Zeit von $2\sqrt{\frac{2h}{g}}$ oder $\sqrt{\frac{8h}{g}}$ Sekunden.

Zweites Kapitel.

Das Parallelogramm der Kräfte. Geradlinige Bewegung auf schiefer Ebene und parabolische Bewegung.

Das Parallelogramm der Kräfte.

§. 43.

Zu den beiden Grundsätzen der geradlinigen Bewegung, daß jede Kraft proportional der Masse ist, von der sie ausgeht (§. 5), und daß sich verschiedene in derselben oder in entgegengesetzten Richtungen ertheilte Geschwindigkeiten zu einer einzigen durch Addition oder Subtraction zusammensetzen (§. 3), gesellt sich als drittes und wichtigstes Postulat der Mechanik das, welches unter dem Namen des Parallelogramms der Kräfte bekannt ist.

Wenn einem Atome A gleichzeitig zwei beliebig große und beliebig gerichtete Impulse AB und AC (Fig. 31) ertheilt werden, so ist die Bewegung, welche es in Folge davon annimmt, der Größe und Richtung nach durch die Diagonale AD des aus AB und AC construirten Parallelogramms ausgedrückt; so daß es thatsächlich so erscheint, als ob A von dem einzigen Impulse AD afficirt worden wäre. AB und AC nennt man die Seitengeschwindigkeiten oder die Componenten, AD hingegen die Resultante. Wirken keine weiteren Impulse auf A ein, und ist die Resultante AD von der Stärke γ, so wird sich nun A nach dem Trägheitsgesetz immerfort mit der Geschwindigkeit γ in der Richtung AD weiter bewegen. Wird aber A in D von einem neuen Impulse ergriffen, so ist derselbe wieder nach dem Parallelogramm der Kräfte mit der schon vorhandenen Resultante γ zu einer neuen Geschwindigkeit zusammenzusetzen.

Wiewohl viele selbst scharfsinnige Beweise von diesem Satze versucht worden sind, glauben wir dennoch seine Begründung unterlassen zu müssen, weil dadurch weder ein inneres Verständniß desselben noch überhaupt eine größere Klarheit über die mechanischen Vorgänge gewonnen würde. Jenes Axiom muß an sich einleuchten, so wie Jeder einsieht, daß eine Billardkugel, die, ruhend, vermöge der Bewegung eines Schiffes, auf dem sie sich befindet, in einer Sekunde von A nach B (Fig. 31) gelangt, am Ende dieses Zeitraums nach D kommen wird, wenn sie gleichzeitig einen Stoß erhalten hat, der sie in einer Sekunde von A nach C getrieben hätte.

§. 44.

Durch wiederholte Anwendung des Parallelogramms der Kräfte kann auch der Größe und Richtung nach die resultirende Geschwindigkeit ausgemittelt werden, welche ein Atom in Folge von beliebig vielen, beliebig großen und beliebig gerichteten es gleichzeitig angreifenden Kräften annimmt, und zwar nicht allein durch geometrische Construction, sondern auch durch einfache trigonometrische Berechnungen. Wenn z. B. (Fig. 31^a) das Atom M gleichzeitig die drei Impulse MA, MB, MC erfährt, so würden die zwei Impulse MA und MB nach dem Parallelogramm der Kräfte durch den einen Impuls MD ersetzt werden können; dieser giebt mit dem dritten Impuls MC den aus allen drei resultirenden ME, so daß also das Atom sich nach einer Sekunde in E befindet.

Von großer Bedeutung ist auch der umgekehrte Gebrauch, den man von dem Parallelogramm der Kräfte macht. Wenn man nämlich ein Atom mit irgend welcher Geschwindigkeit behaftet sieht, so ist es oft zum Verständniß oder zur Erklärung seiner Bewegung nothwendig, diese Geschwindigkeit in zwei Componenten zu zerlegen, selbst abgesehen davon, ob dieselben thatsächlich die Ursachen bezeichnen, aus denen jene hervorgegangen ist. Man sieht, daß eine solche Zerlegung auf unendlich viele Weisen bewerkstelligt werden kann, aus denen jedesmal die für den besonderen Fall geeignete auszuwählen ist. Am gewöhnlichsten wird die vorhandene Geschwindigkeit auf zwei gegen einander senkrechte Componenten zurückgeführt, deren Lage zu der Resultante wiederum durch die besondere Natur der Aufgabe bestimmt ist. Stellt also MA (Fig. 32) die Geschwindigkeit des Atomes M dar, so kann man für dieselbe die beiden zu einander senkrechten Componenten MB und MC substituiren, deren eine den beliebigen Winkel α mit MA bildet, und deren Größe man erhält, wenn man von A aus auf ihre Richtungen Lothe fällt. Es finden dann, wenn man noch $\beta = \frac{\pi}{2} - \alpha$ setzt, die einfachen Relationen Statt:

$$MB = MA \cos \alpha, \quad MC = MA \sin \alpha = MA \cos \beta,$$
$$MB^2 + MC^2 = MA^2.$$

Die geradlinige Bewegung auf der schiefen Ebene.

§. 45.

Da alle Körper auf der Erdoberfläche der Erdschwere unterliegen, welche im Mittelpunkt der Erde wirksam gedacht werden muß, so sind sie auch sämmtlich von einer Kraft afficirt, die nach jenem Centrum, also vertical nach unten, gerichtet ist. Die Wirkung dieser Kraft ist der Fall der Körper, wenn denselben kein Hinderniß entgegentritt. Jeder ruhende und undurchdringliche Gegenstand aber, den der angezogene Körper trifft, muß ein Hinderniß für seine Bewegung werden, und kann diese entweder ganz hemmen oder wenigstens aufhalten. Jenes geschieht, wenn eine horizontale Ebene sich der Bewegung widersetzt, indem sie in verticaler Richtung nach oben dem fallenden Körper Impulse ertheilt, welche gerade ausreichen, seine Geschwindigkeit zu vernichten. Die noch andauernde Anziehung der Erde auf den Körper manifestirt sich dann nur in dem Drucke, welchen er auf die Ebene ausübt.

§. 46.

Ist hingegen ein schweres Atom auf einer schiefen Ebene befindlich, d. h. auf einer Ebene, welche gegen den Horizont geneigt ist, so wird es sich zwar die Ebene hinabbewegen, aber mit geringerer Geschwindigkeit, als wenn es frei fallen könnte.

Die schiefe Ebene AO (Fig. 33) sei unter dem Winkel α gegen den Horizont geneigt. Die Zeichnung liege in der Ebene des Neigungswinkels α, in welcher sich das Atom A befindet, und in der die Bewegung desselben erfolgt. Auf A wirkt allein die vertical nach unten gerichtete Erdschwere $g = 31',2649$ ein; AB stelle ihren

Impuls $\frac{g}{n}$ dar. Denselben zerlege man (§. 44) in zwei Componenten, deren eine AC in der schiefen Ebene liegt, die andere AD senkrecht darauf gerichtet ist. Diese letztere erzeugt keine Geschwindigkeit in A, da ihre Richtung normal zur Ebene ist, sie also von dem Widerstand derselben aufgehoben wird. Denn jede feste Fläche oder Linie ist als ein System von Atomen zu denken, welche in normaler Richtung gegen diese Fläche oder Linie Impulse ertheilen, die das Eindringen jedes fremden Atoms hemmen. In diesem Sinne ist jede feste Fläche oder Linie als ein System abstoßender Kräfte zu betrachten. AD giebt daher die Größe des Druckes an, den das Atom in Folge seiner Schwere auf die Ebene ausübt; er ist, da Winkel BAD $= \alpha$ ist,

$$AD = \frac{g}{n}\cos\alpha.$$

Die andere Componente hingegen verleiht dem Atom eine Geschwindigkeit

$$AC = \frac{g}{n}\sin\alpha,$$

mit welcher es in der Richtung der schiefen Ebene, AO, seine Bewegung beginnt. Da aber alle n^{tel} Sekunden Impulse von derselben Stärke $\frac{g}{n}\sin\alpha$ erfolgen, so gelten auch hier die in §. 6 f. entwickelten allgemeinen Formeln, indem man in ihnen für g nur den eben erhaltenen Werth $g\sin\alpha$ zu setzen braucht. Man hat daher, wenn dieselben Buchstaben ihre frühere Bedeutung beibehalten,

$$\text{(I)}\quad v = gt\sin\alpha$$
$$\text{(II)}\quad s = \tfrac{1}{2}gt^2\sin\alpha$$
$$\text{(III)}\quad v^2 = 2gs.\sin\alpha.$$

Die nach der ersten Sekunde der Wirkung erlangte Geschwindigkeit von A oder die seine Bewegung bestimmende Kraft (§. 8) ist $g\sin\alpha$, so wie der in dieser Zeit auf der schiefen Ebene zurückgelegte Weg $\frac{1}{2}g\sin\alpha$.

Aus demselben Grunde behalten auch die Formeln des §. 10 für die Bewegung auf der schiefen Ebene ihre Gültigkeit für den Fall, wo dem Atom eine ursprüngliche Geschwindigkeit γ in der Richtung der Bahn ertheilt wird, so daß alsdann die Gleichungen

$$(\mathrm{I}') \qquad \varphi = \gamma \pm g t \sin\alpha$$
$$(\mathrm{II}') \qquad \sigma = \gamma t \pm \tfrac{1}{2} g t^2 \sin\alpha$$
$$(\mathrm{III}') \qquad \varphi^2 = \gamma^2 \pm 2 g \sigma \sin\alpha$$

Statt finden, in denen das obere oder untere Zeichen zu wählen ist, je nachdem γ die Richtung AO oder OA hat (Fig. 33).

Im letzteren Falle hat man noch für die Zeit, die die Bewegung des Atoms in der ursprünglichen Richtung (die Ebene aufwärts) andauert, indem man $\varphi = 0$ setzt:

$$(1) \qquad t_1 = \frac{\gamma}{g \sin\alpha}$$

und für den dabei zurückgelegten Weg aus der (III')

$$(2) \qquad \sigma_1 = \frac{\gamma^2}{2 g \sin\alpha}.$$

§. 47.

Da $s.\sin\alpha$ die verticale Höhe des zurückgelegten Weges darstellt (z. B. für $s = AA'$ ist $s.\sin\alpha = AB'$), (Fig. 33), mithin die Formel (III), wenn man diese Höhe mit h bezeichnet, die für den freien Fall gültige Form

$$(\mathrm{III})_0 \qquad v^2 = 2gh$$

annimmt, so folgt, daß das auf der schiefen Ebene herabgleitende Atom an jeder Stelle seiner Bahn gleiche Geschwindigkeit mit einem Körper hat, der aus derselben Höhe frei herabgefallen ist. Ebenso gilt von der Höhe, die ein Körper erreicht, wenn er eine schiefe Ebene mit der Geschwindigkeit γ hinaufgestoßen wird, daß sie gleich derjenigen ist, bis zu welcher ein mit derselben Geschwindigkeit vertical geworfener Körper aufsteigt, denn aus der (2) des §. 46 folgt

$$\sigma_1 \sin\alpha = h_1 = \frac{\gamma^2}{2g} \text{ (vgl. §. 10.)};$$

und den einzigen Unterschied bildet die dazu verwendete Zeit, welche im ersten Falle $\left(\frac{\gamma}{g \sin\alpha}\right)$ größer als im zweiten $\left(\frac{\gamma}{g}\right)$ ist.

Hierbei ist wohl zu beachten, daß diese Resultate von der Neigung α der schiefen Ebene gegen den Horizont völlig unabhängig sind. Wenn man also von einem Orte A (Fig. 35) im Raume aus verschiedene Atome, die gezwungen sind, in den ganz beliebigen Richtungen AB, AC, AD, AE, AF herabzugleiten, der Schwere überläßt, so gelangen sie sämmtlich zu derselben Horizontalebene mit gleicher Geschwindigkeit, und zwar mit derjenigen, welche ein von A frei herabfallendes Atom beim Durchgange durch diese Horizontalebene besitzt. Nicht aber gelangen diese verschiedenen Atome, wenn sie zu gleicher Zeit von A ausgegangen sind, auch gleichzeitig in dieselben Horizontalebenen, sondern ein jedes um so später, je weniger seine Bahn gegen den Horizont geneigt ist, d. h. je kleiner α ist. Denn mit diesem Winkel nimmt auch die das Atom beschleunigende Kraft $g \sin \alpha$ ab, und wächst zugleich der Weg, den die Atome zurückzulegen haben, um in eine gewisse Horizontalebene zu kommen. Dieses lehrt auch die Gleichung $t = \frac{v}{g \sin \alpha}$, welche aus der (I) folgt, wenn man in ihr v als constant, α als variabel ansieht.

§. 48.

Wenn in dem Dreieck ABC (Fig. 34), das bei B rechtwinklig sei, und dessen Hypotenuse AC vertical stehe, von der oberen Spitze A aus gleichzeitig zwei Atome ausgehen, von denen das eine in der Richtung AC frei herabfällt, das andere aber auf der Ebene AB seinen Weg nehmen soll, so kommen beide Atome zu gleicher Zeit in C und B an; denn nennt man den Neigungswinkel ABD der schiefen Ebene gegen den Horizont α, und die Hypotenuse AC gleich h, so hat man für das frei fallende Atom

$$h = \tfrac{1}{2} g t^2,$$

für das andere aber

$$AB = \tfrac{1}{2} g \sin \alpha . t^2,$$

oder, weil $AB = h \sin \alpha$

$$h = \tfrac{1}{2} g . t^2.$$

Ein Körper gleitet also auf der Kathete eines rechtwinkligen Dreiecks in derselben Zeit herab, in welcher seine vertical gerichtete Hypotenuse von ihm durchfallen würde. Dieser Satz leuchtet auch ohne alle Rechnung ein. Man sieht auf der verticalen Hypotenuse des rechtwinkligen Dreiecks (Fig. 34ª) die Wege, welche ein frei fallendes Atom in den einzelnen n^{tel} Secunden zurücklegt, und welche $\frac{g}{n^2}$, $\frac{2g}{n^2}$, $\frac{3g}{n^2}$, etc. sind. Zieht man nun von den Endpunkten dieser Wege auf die Kathete AB die unter sich parallelen Lothe, so schneiden dieselben auf ihr die Stücke $\frac{g}{n^2}\sin\alpha$, $\frac{2g}{n^2}\sin\alpha$, $\frac{3g}{n^2}\sin\alpha$ etc. ab, d. h. die Wege, welche das Atom auf der schiefen Ebene AB in den einzelnen Zeittheilchen durchläuft.

Während bei dem oben besprochenen Versuche (Fig. 35), wo von einem Orte im Raume gleichzeitig in verschiedenen Richtungen beliebig viele Atome ausgesandt werden, dieselben in jede Horizontalebene zwar zu ungleichen Zeiten aber mit gleichen Geschwindigkeiten anlangen, befinden sie sich nach der eben entwickelten Eigenschaft sämmtlich in jedem Moment auf einer Kugelfläche (Fig. 36), welche zum Durchmesser die von dem frei fallenden Atom in dieser Zeit zurückgelegte Strecke hat.

§. 49.

Geht ein Atom von einer schiefen Ebene, die mit dem Horizont den Winkel α bildet, auf eine andere weniger geneigte, AB (Fig. 37), über, für welche dieser Winkel α_1 also kleiner als α ist, so hat es, wenn es nach einem Falle von t Sekunden auf der ersteren Ebene die zweite betritt, eine Geschwindigkeit $AC = gt\sin\alpha$ oder $\sqrt{2gh}$ in der Richtung AA′ erlangt, von welcher es aber nur die Componente $AD = \sqrt{2gh}.\cos(\alpha - \alpha_1)$ auf der Ebene AB beibehalten kann, da die andere Componente AE senkrecht dagegen ist. Daher ist die Geschwindigkeit des Atoms im Punkte B, wenn die zu AB gehörige verticale Höhe gleich k ist, nach der Formel (III′) in §. 46 gleich

$$\sqrt{2gh\cos^2(\alpha - \alpha_1) + 2gk}.$$

Hätte das Atom auf der ersten Ebene verbleiben können, so würde es auf den Horizont in A′ mit der Geschwindigkeit

$$\sqrt{2g(h+k)}$$

ankommen, welche größer als jene ist. Das Atom erleidet also durch die Richtungsänderung der Bahn einen Verlust an Geschwindigkeit.

§. 50.

Wenn aber das Atom eine krummlinige Bahn zu durchlaufen hat, so findet kein Verlust an Geschwindigkeit Statt.

Da man nämlich eine Kurve als ein Sehnenvieleck von unendlich vielen unendlich kleinen Seiten zu betrachten hat, deren aufeinanderfolgende Richtungen unendlich kleine Winkel bilden, so ist in diesem Falle die Bahn des Atoms aus einer unendlichen Anzahl von schiefen Ebenen zusammengesetzt, auf deren jeder es aber nur eine unendlich kleine Strecke zurücklegt.

Der Weg des Atoms sei demgemäß ABCDEFG (Fig. 38); die Neigungswinkel der verschiedenen Bahnelemente (schiefen Ebenen) gegen den Horizont seien α, α', α'', ..., $\alpha^{(\nu)}$, die verticalen Höhen dieser Ebenen h, h′, h″, ..., $h^{(\nu)}$, die ganze Höhe aber $AG' = H$. Das Atom habe schon in A eine Anfangsgeschwindigkeit γ, so kommt es in B mit der Geschwindigkeit φ an, welche die Gleichung (§. 46 Nr. (III′))

$$\varphi^2 = \gamma^2 + 2gh$$

giebt. Weil es hier aber seine Richtung verändert, verliert es auch einen Theil von seiner Geschwindigkeit (§. 49), und behält auf BC nur den Theil $\varphi \cos(\alpha - \alpha')$ bei, so daß seine Geschwindigkeit φ_1 in C durch

$$\varphi_1^2 = \varphi^2 \cos^2(\alpha - \alpha') + 2gh'$$

erhalten wird. Auf ähnliche Weise ergiebt sich für die Geschwindigkeit φ_2 in D

$$\varphi_2^2 = \varphi_1^2 \cos^2(\alpha' - \alpha'') + 2gh''.$$

Für die nächste schiefe Ebene DE sei der Neigungswinkel gegen den Horizont (α''') größer als für die vorhergehende (α''); das Atom sei aber trotzdem gezwungen, unmittelbar auf sie überzugehen, indem es sich z. B. in einer engen Röhre bewege. Auch hier verliert es von seiner Anfangsgeschwindigkeit φ_2, und behält nur die auf DE liegende Componente derselben bei, so daß seine Geschwindigkeit φ_3 in E durch die Gleichung

$$\varphi_3^2 = \varphi_2^2 \cos^2(\alpha''' - \alpha'') + 2gh'''$$

gefunden wird, und so überall.

Es ist nun gestattet, die Sehnen in der Weise in die Bahncurve beschrieben zu denken, daß ihre auf einander folgenden Richtungsunterschiede constant sind, also

$$\alpha - \alpha' = \alpha' - \alpha'' = \alpha''' - \alpha'' = \cdots$$

und jeder gleich $\frac{\delta}{\nu}$ ist, wenn δ den Winkel zwischen der Anfangs- und Endtangente der Kurve und $\nu + 1$ die Anzahl der Sehnen bezeichnet. Dann hat man also folgendes System von Gleichungen:

$$\varphi^2 = \gamma^2 \quad + 2gh,$$
$$\varphi_1^2 = \varphi^2 \quad + 2gh' \quad - \varphi^2 \sin^2 \frac{\delta}{\nu},$$
$$\varphi_2^2 = \varphi_1^2 \quad + 2gh'' \quad - \varphi_1^2 \sin^2 \frac{\delta}{\nu},$$
$$\cdots\cdots\cdots\cdots\cdots\cdots$$
$$\varphi_\nu^2 = \varphi_{\nu-1}^2 + 2gh^{(\nu)} - \varphi_{\nu-1}^2 \sin^2 \frac{\delta}{\nu},$$

deren Summe

$$(1) \quad \varphi_\nu^2 = \gamma^2 + 2gH - \sin^2 \frac{\delta}{\nu} (\varphi^2 + \varphi_1^2 + \cdots + \varphi_{\nu-1}^2)$$

ist.

Ist die größte von den Geschwindigkeiten φ bis $\varphi_{\nu-1}$ gleich v, so ist die Reihe in dieser Gleichung kleiner als $\nu v^2 \sin^2 \frac{\delta}{\nu}$; und da ν unendlich groß und der Sinus eines unendlich kleinen Winkels durch den Winkel selbst ersetzt werden kann, so ist dieser Ausdruck gleich

$$\nu v^2 \frac{\delta^2}{\nu^2} = \frac{v^2 \delta^2}{\nu},$$

also unendlich klein; um so mehr ist es das letzte Glied der Gleichung (1), die daher in

$$\varphi_\nu^2 = \gamma^2 + 2gH$$

übergeht. D. h.: das schwere Atom hat an jeder Stelle seiner krummlinigen Bahn dieselbe Geschwindigkeit wie ein Körper, der von einer gleichen Höhe frei herunterfällt, oder der nur eine schiefe Ebene von derselben Höhe durchläuft. Ein schweres Atom erleidet also auf einer beliebigen krummen Bahn keinen Verlust an Geschwindigkeit.

§. 51.

Reibung. Der Bewegung eines Körpers auf einer Ebene wirkt, wegen der Unebenheit der Fläche, welche stets mehr oder minder in der Wirklichkeit vorhanden ist, die Reibung entgegen. Wir haben oben gesehen (§. 46), daß während die Kraft, mit welcher die Erde einen Körper auf einer schiefen Ebene antreibt, $g \sin \alpha$ ist, der Druck, den er in Folge seiner Schwere auf die Ebene ausübt, gleich $g \cos \alpha$ ist. Die Erfahrung lehrt, daß die Größe der

Reibung ein Bruchtheil dieses Druckes, also gleich

$$\varrho g \cos\alpha$$

ist, wo ϱ einen echten Bruch bezeichnet, dessen Werth nach der Substanz und nach der Beschaffenheit der Oberfläche der Ebene sehr verschieden sein kann. Da die Reibung die Bewegung hindert, so wirkt sie immer der Richtung derselben entgegen und vermindert jede n^{tel} Sekunde die Geschwindigkeit um die angegebene Größe $\frac{\varrho g}{n}\cos\alpha$. Daher ist nach Verlauf der ersten Sekunde die Geschwindigkeit, mit welcher der Körper die Ebene hinabgleitet, d. i. die Kraft, welche seine Bewegung bestimmt,

$$(1) \qquad g \sin\alpha - \varrho g \cos\alpha.$$

Nur wenn die Ebene so stark gegen den Horizont geneigt ist, daß dieser Ausdruck positiv ist, bewegt sich der Körper auf der schiefen Ebene; für kleinere Werthe von α bleibt er in Ruhe. Nennt man den Winkel α, bei welchem die Bewegung eintritt, ε, so liefert die Gleichung

$$g \sin\varepsilon - \varrho g \cos\varepsilon = 0$$

den Werth des Reibungscoëfficienten

$$(\mathrm{IV}) \qquad \varrho = \operatorname{tg}\varepsilon;$$

so daß die Tangente des betreffenden Neigungswinkels zum Maße für die Größe der Reibung dient. Substituirt man diesen Werth statt ϱ, so nimmt der Ausdruck (1) für die Kraft die Form

$$(1)_0 \qquad g \sin\alpha - g \cos\alpha . \operatorname{tg}\varepsilon$$

oder

$$\frac{g \sin(\alpha - \varepsilon)}{\cos\varepsilon}$$

an, und die verschiedenen Bewegungsgleichungen werden alsdann (§. 46)

$$(\mathrm{I})_0 \quad v = gt\frac{\sin(\alpha-\varepsilon)}{\cos\varepsilon}, \qquad (\mathrm{II})_0 \quad s = \tfrac{1}{2}gt^2\frac{\sin(\alpha-\varepsilon)}{\cos\varepsilon},$$

$$(\mathrm{III})_0 \quad v^2 = 2gs\frac{\sin(\alpha-\varepsilon)}{\cos\varepsilon},$$

ferner:

$$(\mathrm{I}')_0 \quad \varphi = \gamma \pm gt\frac{\sin(\alpha\mp\varepsilon)}{\cos\varepsilon},$$

$$(\mathrm{II}')_0 \quad \sigma = \gamma t \pm \tfrac{1}{2}gt^2\frac{\sin(\alpha\mp\varepsilon)}{\cos\varepsilon},$$

$$(\mathrm{III}')_0 \quad \varphi^2 = \gamma^2 \pm 2g\sigma\frac{\sin(\alpha\mp\varepsilon)}{\cos\varepsilon},$$

wo immer alle oberen oder unteren Zeichen zu wählen sind, je nachdem die Anfangsgeschwindigkeit γ die Ebene herunter oder hinauf gerichtet ist; denn für den letzten Fall ist zu bemerken, daß die Reibung ϱ die Schwerkraft g unterstützt, mithin die $(1)_0$ zu

$$(1'')_0 \quad g\,\frac{\sin(\alpha+\varepsilon)}{\cos\varepsilon}$$

wird. In diesem Falle gelten auch noch die Gleichungen, welche als allgemeinere an die Stelle der (1) und (2) §. 46 treten:

$$(\varphi=0), \quad (1')_0 \quad t_1 = \frac{\gamma\cos\varepsilon}{g\sin(\alpha+\varepsilon)},$$

$$(2')_0 \quad \sigma_1 = \frac{\gamma^2\cos\varepsilon}{2g\sin(\alpha+\varepsilon)}, \quad h_1 = \frac{\gamma^2\sin\alpha\cos\varepsilon}{2g\sin(\alpha+\varepsilon)}.$$

Alle diese Formeln gehen natürlich in die früheren über, sobald man $\varepsilon = 0$ setzt, d. i. wenn keine Reibung vorhanden ist.

§. 52.

Aufgabe. Aus der Höhe AB = a (Fig. 39) sollen Körper auf einer schiefen Ebene AC nach irgend einem Punkte der Ebene BD herabgleiten, welche mit der Verticalen den Winkel ABD gleich α bildet. Die Neigung der schiefen Ebene AC zu bestimmen, für welche die Körper am schnellsten nach BD gelangen.

Der Winkel BAC = x ist zu ermitteln.

Der bekannte Reibungscoëfficient sei $\varrho = \operatorname{tg}\varepsilon$, so ist die Geschwindigkeit, welche der Körper auf der schiefen Ebene am Ende der ersten Sekunde besitzt, nach der $(1)_0$ des §. 51

$$\frac{g\cos(x+\varepsilon)}{\cos\varepsilon},$$

folglich der Weg AC, wenn er in t Sekunden zurückgelegt wird,

$$\frac{g\cos(x+\varepsilon)}{2\cos\varepsilon}\,t^2.$$

AC ist aber auch, wie aus dem Dreieck ABC folgt, gleich

$$\frac{a\sin\alpha}{\sin(x+\alpha)},$$

folglich ist

$$t^2 = \frac{2\dfrac{a}{g}\sin\alpha\cos\varepsilon}{\sin(x+\alpha)\cos(x+\varepsilon)}.$$

Dieses wird, wie verlangt, ein Minimum, wenn der Nenner zu einem Maximum wird; denn der Zähler ist constant. Nach der Formel

$$2\sin u \cos v = \sin(u+v) + \sin(u-v)$$

ist

$$\sin(x+\alpha)\cos(x+\varepsilon) = \frac{\sin(2x+\alpha+\varepsilon)+\sin(\alpha-\varepsilon)}{2};$$

dieser Ausdruck hat seinen größten Werth, wenn

$$\sin(2x+\alpha+\varepsilon) = 1$$

also

$$x = \frac{\pi}{4} - \frac{\alpha+\varepsilon}{2}$$

ist. Jene kleinste Zeit selber beträgt mithin

$$2\sqrt{\frac{\frac{a}{g}\sin\alpha\cos\varepsilon}{1+\sin(\alpha-\varepsilon)}} = \frac{\sqrt{2\frac{a}{g}\sin\alpha\cos\varepsilon}}{\cos\left(\frac{\pi}{4}-\frac{\alpha-\varepsilon}{2}\right)}$$

Sekunden.

Findet keine Reibung Statt (ϱ und $\varepsilon = 0$), so ist

$$x = \frac{\pi}{4} - \frac{\alpha}{2}.$$

Ist z. B. $\alpha = 45^0$, so muß $x = 22\frac{1}{2}^0$ sein.

Auch kann man unter diese Aufgabe den Fall subsummiren, wo BD parallel AB ist, indem dann nur Winkel $\alpha = 0$ zu setzen ist, was für x den Werth

$$x = \frac{\pi}{4} - \frac{\varepsilon}{2}$$

und ohne Reibung

$$x = 45^0$$

ergiebt. Da nämlich $a\sin\alpha$ das von A auf BD (Fig. 40) gefällte Loth darstellt, welches für den Fall, daß die beiden Ebenen parallel sind, ihre Entfernung, b, (z. B. die Breite der Straße) angiebt, so verwandelt sich alsdann der obige Ausdruck für t^2 in

$$t^2 = \frac{4\frac{b}{g}\cos\varepsilon}{\sin(2x+\varepsilon)-\sin\varepsilon}$$

u. s. f.

§. 53.

Aufgabe. Zwei schiefe Ebenen BA und BA' (Fig. 41), deren Neigungswinkel mit dem Horizont entsprechend α und α' sind, sind auf die Weise, wie es die Figur zeigt, zusammengestellt, so daß ihre Durchschnittslinie B horizontal ist. Der schwerlose unausdehnbare Faden MBM' ist über die Ebene gelegt, und trägt an seinen Enden zwei Gruppen von μ entsprechend μ' Atomen, die also in der unveränderlichen Entfernung MBM' von einander gehalten werden. Es fragt sich, mit welcher Geschwindigkeit sich das System bewegen, und wann es in Ruhe bleiben wird.

Die constante Entfernung zwischen M und M' werde nur durch Impulse $\frac{\lambda}{n}$ erhalten gedacht, welche zwischen zwei einzelnen Atomen der beiden Gruppen thätig sind. Auch abstrahiren wir zunächst von der Reibung der beiden Gruppen auf den schiefen Ebenen. Die Geschwindigkeit, welche das System annimmt, sei G, und erfolge auf der Ebene BA nach unten, so daß sich M' auf seiner Ebene nach oben bewegt. Der Gruppe M wird nun durch die Erdschwere in der Richtung der Bewegung des Systemes die Geschwindigkeit $g \sin \alpha$ mitgetheilt, der Gruppe M' aber die Geschwindigkeit $g \sin \alpha'$ in der Richtung BA', welche für die auf der Ebene BA gehaltene Gruppe M als ihrer eigenen Bewegung entgegengesetzte Richtung auftritt. Man sieht also, indem man sich die gebrochene Linie M'BM zu einer geraden Linie ausgezogen denkt (Fig. 42), wie diese Aufgabe unter die allgemeine des §. 25 fällt, mithin der Ausdruck für die Geschwindigkeit nach der Formel (I) daselbst

$$G = \frac{\Sigma a \alpha}{\Sigma \alpha}$$

d. i. hier durch

$$G = \frac{\mu \sin \alpha - \mu' \sin \alpha'}{\mu + \mu'} g$$

erhalten wird, während die Spannung aus dem Werth $\lambda = \frac{a - a'}{\alpha + \alpha'}$, der in §. 22 abgeleitet ist, berechnet werden kann und sich

$$\lambda = \frac{\sin \alpha + \sin \alpha'}{\mu + \mu'} g = \frac{2 \sin \frac{\alpha + \alpha'}{2} \cos \frac{\alpha - \alpha'}{2}}{\mu + \mu'} g$$

findet.

Das System bleibt also in Ruhe, wenn

$$\mu \sin\alpha = \mu' \sin\alpha$$

ist.

Für $\alpha' = \alpha$ hat man

$$G = \frac{\mu - \mu'}{\mu + \mu'} g \sin\alpha$$

$$\lambda = \frac{2 g \sin\alpha}{\mu + \mu'}.$$

Ist auch noch $\mu' = \mu$, so ist $G = 0$.

Für $\mu' = \mu$ hat man

$$G = \sin\frac{\alpha - \alpha'}{2} \cos\frac{\alpha + \alpha'}{2} \cdot g$$

$$\lambda = \sin\frac{\alpha + \alpha'}{2} \cos\frac{\alpha - \alpha'}{2} \cdot \frac{g}{\mu}.$$

Die Bewegung selbst erfolgt natürlich in allen Fällen nach den Formeln

$$v = G t, \qquad s = \tfrac{1}{2} G t^2.$$

Sind die beiden Ebenen vertical $\left(\alpha' = \alpha = \frac{\pi}{2}\right)$, so erhält man die Atwoodsche Fallmaschine (§. 32), und daher stimmt das zugehörige Resultat

$$G = \frac{\mu - \mu'}{\mu + \mu'} g$$

mit dem dort entwickelten überein, denn setzt man $\mu = \mu' + \nu$, so geht es in

$$G = \frac{g}{1 + \frac{2\mu'}{\nu}}$$

über. Die Spannung ist in diesem Falle

$$\lambda = \frac{2g}{\mu + \mu'}.$$

Berücksichtigt man noch die Reibung, die auf beiden Ebenen AB und A'B entsprechend durch die Constanten

$$\varrho = \operatorname{tg}\varepsilon, \qquad \varrho' = \operatorname{tg}\varepsilon'$$

bestimmt sei, und bedenkt, daß sie stets der Richtung der Bewegung entgegen wirkt, so erhält man nach §. 51 nach einer kurzen Transformation

$$G = \left(\frac{\mu \sin(\alpha - \varepsilon)}{\cos\varepsilon} - \frac{\mu' \sin(\alpha' + \varepsilon')}{\cos\varepsilon'}\right) \frac{g}{\mu + \mu'},$$

oder auch in der Form

$$G = \frac{\mu \sin\alpha - \mu' \sin\alpha'}{\mu+\mu'} g - \frac{\mu \cos\alpha \operatorname{tg}\varepsilon + \mu' \cos\alpha' \operatorname{tg}\varepsilon'}{\mu+\mu'} g,$$

welche erkennen läßt, welcher Theil der Geschwindigkeit durch die Reibung aufgehoben wird.

Ist die Reibung auf beiden Ebenen gleich ($\varepsilon' = \varepsilon$), so ist

$$G = \frac{\mu \sin(\alpha - \varepsilon) - \mu' \sin(\alpha' + \varepsilon)}{(\mu+\mu')\cos\varepsilon} g.$$

Sind die Massen gleich ($\mu' = \mu$), so ist

$$G = \left(\frac{\sin(\alpha - \varepsilon)}{\cos\varepsilon} - \frac{\sin(\alpha' + \varepsilon')}{\cos\varepsilon'}\right) \cdot \frac{g}{2},$$

und findet beides gleichzeitig Statt, so hat man

$$G = \frac{\sin\left(\frac{\alpha - \alpha'}{2} - \varepsilon\right) \cdot \cos\frac{\alpha + \alpha'}{2}}{\cos\varepsilon} \cdot g.$$

Für $\alpha = \frac{\pi}{2}$ (Fig. 43), wo dann $\varepsilon = 0$ sein muß, da hier von keiner Reibung die Rede sein kann, ist

$$G = \frac{\mu \cos\varepsilon' - \mu' \sin(\alpha' + \varepsilon')}{(\mu + \mu')\cos\varepsilon'} \cdot g,$$

und ist hier $\alpha' = 0$ (Fig. 44), so kommt

$$G = \frac{\mu - \mu' \operatorname{tg}\varepsilon'}{\mu + \mu'} \cdot g,$$

also für gleiche Massen ($\mu' = \mu$)

$$G = \frac{1 - \operatorname{tg}\varepsilon'}{2} \cdot g = \frac{\sin\left(\frac{\pi}{4} - \varepsilon'\right)}{\sqrt{2}.\cos\varepsilon'} g.$$

Für $\mu' = 0$ wird $G = g$, wie es sein muß. Wenn auf der horizontalen Ebene keine Reibung vorhanden ist ($\varepsilon' = 0$), so erhält man

$$G = \frac{\mu}{\mu + \mu'} \cdot g,$$

welches Resultat sich auch direct ableiten ließe, wie das analoge bei der Atwoodschen Maschine.

§. 54.

Bewegung einer materiellen Linie auf vorgeschriebener Bahn. AA_v (Fig. 41^a) ist eine materielle Linie, welche gezwungen ist, auf der beliebigen Kurve LL' in allen ihren Punkten zu verbleiben; die einzelnen Gruppen A, A_1, ... A_ν enthalten α, α_1, ... α_ν Atome, und werden gleichzeitig von ganz beliebigen Kräften angegriffen, deren Componenten nach der Bewegungsrichtung der Atome (den Richtungen der Kurvenelemente) von der Größe a, a_1, ..., a_ν seien. Aus den Entwickelungen des §. 25 ist nun ohne Weiteres klar, daß der Zuwachs an Geschwindigkeit, den das gesammte System in dem betrachteten Momente erfährt, d. h. der gemeinsame Impuls des Systems zu dieser Zeit, durch den Ausdruck

$$\text{(I)} \qquad \frac{G}{n} = \frac{1}{n} \frac{\Sigma a \alpha}{\Sigma \alpha}$$

dargestellt wird. Natürlich sind hier alle diejenigen Kräfte a negativ in Rechnung zu bringen, welche in der der Richtung des Impulses $\frac{G}{n}$ entgegengesetzten Richtung erfolgen, also, wenn sich das System nach L' hin bewegt, diejenigen, welche in den nach L gehenden Tangentenrichtungen wirken.

Beispiel. Bewegung einer homogenen materiellen Linie (Kette), die über zwei zusammengestellte schiefe Ebenen gelegt ist. Die homogene Linie MBM' (Fig. 41) habe die Länge l; das Stück BM, welches auf der Ebene BA liegt, sei x, so ist BM' $= l - x$; die beiden schiefen Ebenen bilden mit der Verticalen die Winkel θ und θ'; alle $\nu+1$ Atomgruppen der Linie, die die Entfernung δ von einander haben und aus je α Atomen bestehen mögen, sind von der Erdschwere g erfaßt; daher wirken nach der Richtung der Ebenen die Componenten $g\cos\theta$, entsprechend $g\cos\theta'$. Da ferner

$$\nu\delta = l, \qquad \nu'\delta = x, \qquad \nu''\delta = l - x,$$

$$\nu = \frac{l}{\delta}, \qquad \nu' = \frac{x}{\delta}, \qquad \nu'' = \frac{l-x}{\delta}$$

ist, wenn ν' und ν'' die Anzahl der Gruppen auf jeder Ebene bezeichnen, so wird die (I), indem die Bewegung nach A zu erfolgen soll:

$$\frac{G}{n} = \frac{g}{n} \cdot \frac{\alpha}{(\nu+1)\alpha} (\nu' \cos\theta - \nu'' \cos\theta'),$$

oder

$$\frac{G}{n} = \frac{g}{n} \cdot \frac{\delta}{l} \cdot \frac{1}{\delta} (x\cos\theta - (l-x)\cos\theta'),$$

also

$$\frac{1}{n} G = \frac{1}{n} \left(\frac{g}{l} x (\cos\theta + \cos\theta') - g\cos\theta' \right).$$

Setzt man

$$(1') \quad \frac{g}{l}(\cos\theta + \cos\theta') = a^2,$$

und

$$(1'') \quad g\cos\theta' = b,$$

so ist

$$(1) \quad G = a^2x - b.$$

Wenn zu einer anderen Zeit ein Stück x' der Kette auf der Ebene AB befindlich ist, so ist der neue Impuls

$$\frac{G'}{n} = \frac{a^2x' - b}{n}.$$

So legt das System z. B. während der ersten n^{tel} Sekunde vermöge des Impulses $\frac{G}{n}$ die Strecke $\frac{G}{n^2} = \frac{a^2x - b}{n^2}$ zurück, so daß nun

$$(2) \quad x_1 = x + \frac{a^2x - b}{n^2} = x + \frac{a^2}{n^2}\left(x - \frac{b}{a^2}\right)$$

ist, und wenn der Impuls unendlich klein, d. h. n unendlich groß ist, um so mehr die Zunahme der Strecke x unendlich wenig beträgt.

Die Formel (1) lehrt, in welchem Falle die über die Ebenen gelegte Kette keine Bewegung annimmt, indem dieses für $G = 0$ eintritt, also wenn

$$x = \frac{b}{a^2} = \frac{l\cos\theta'}{\cos\theta + \cos\theta'}$$

ist.

§. 55.

Es soll nun die vollständige Bewegung des Systems bestimmt, d. h. ermittelt werden, welchen Weg es zu jeder beliebigen Zeit zurückgelegt hat und welche Geschwindigkeit es dann besitzt. Dies könnte zwar direct bewerkstelligt werden, indem man auf die am Schluß des vorigen §. angedeutete Weise die successiven Vergrößerungen berechnet, welche das auf der Ebene AB befindliche Kettenstück durch die auf einander folgenden Impulse erfährt, und alsdann nur diese einzelnen Elemente des Weges zu addiren hat. Auf gleiche Weise wird die Geschwindigkeit als die Summe aller Impulse erhalten. Diese Summationen sind aber umständlich, und wir schlagen daher einen Weg ein, der schneller zum Ziele führt. Es bedarf dazu einiger Vorbemerkungen, die nicht bloß für unseren gegenwärtigen Zweck wesentlich sind, sondern überhaupt den einfachen Zusammenhang aufklären, der zwischen unserer Behandlungsweise der Mechanik und derjenigen besteht, welche sich der höheren Analysis bedient.

Hat nämlich ein Atom oder ein Körper zu irgend einer Zeit, zu welcher es die Geschwindigkeit v besitzt, den Weg s zurückgelegt, und durchläuft es in den beiden nächsten Zeittheilchen von je einer n^{tel} Sekunde die Strecken σ, bezüglich σ', indem es zu Anfang derselben Zeitintervalle noch die Impulse φ und φ' erfährt, so führen nach den früher entwickelten Principien diese Bestimmungen zu folgenden Relationen:

$$\sigma = \frac{v+\varphi}{n}, \quad \sigma' = \frac{v+\varphi+\varphi'}{n},$$

und wenn man

$$s+\sigma = s_1, \quad s_1+\sigma' = s_2, \quad v+\varphi = v_1, \quad v_1+\varphi' = v_2$$

setzt:

$$\text{(II)} \quad \sigma'-\sigma = (s_2-s_1)-(s_1-s) = s_2-2s_1+s = \frac{\varphi'}{n} \text{ *)}.$$

Eine andere analoge Gleichung dient zur Bestimmung der Geschwindigkeit v_{nt}, welche nach t Sekunden oder nt Impulsen ein Atom besitzt. Denn die Strecke σ_{nt}, welche das Atom im letzten Zeittheilchen mit dieser Geschwindigkeit zurücklegt, ist

$$\sigma_{nt} = \frac{v_{nt}}{n},$$

woraus

$$\text{(III')} \quad v_{nt} = n\sigma_{nt}$$

---

*) Man pflegt die Differenz zwischen zwei auf einander folgenden Werthen y und y_1 einer Größe, nämlich y_1-y, mit Δy, ebenso y_2-y_1 mit Δy_1 zu bezeichnen, und schreibt entsprechend die Differenz dieser beiden Differenzen oder die sogenannte zweite Differenz $\Delta y_1 - \Delta y = \Delta^2 y$, so daß $\Delta^2 y = y_2 - 2y_1 + y$ ist. Mit Hülfe dieser Bezeichnung geht die Gleichung (II) in

$$\text{(II')} \quad \Delta^2 s = \frac{\varphi'}{n}$$

über, welche also ganz allgemein eine Grundgleichung aller mechanischen Probleme ist, und sehr häufig, sobald nur φ' bekannt ist, zur Bestimmung von s ausreicht. φ' ist als ein Impuls selbst außerordentlich klein, etwa gleich $\frac{k}{n}$; dann wird die (II') $\Delta^2 s = \frac{k}{n^2}$, und indem man den Zeitraum von $\frac{1}{n}$ Sekunde mit Δt bezeichnet:

$$\frac{\Delta^2 s}{\Delta t^2} = k,$$

die bekannte Fundamentalgleichung der analytischen Mechanik.

folgt, oder, wenn die ganzen zurückgelegten Wege zu Anfang und am Schluß der letzten n^{tel} Sekunde s_{nt-1} und s_{nt}, also

$$\sigma_{nt} = s_{nt} - s_{nt-1}$$

sind:

$$\text{(III)} \quad v_{nt} = n(s_{nt} - s_{nt-1}).$$

In unserer gegenwärtigen Aufgabe ist nun der Weg oder die Länge des auf der Ebene BA befindlichen Kettenstückes nach m Zeittheilchen x_m (§.54), und das sich darauf beziehende $\varphi' = \frac{a^2 x_{m+1} - b}{n}$; die (II) wird also

$$(3) \quad x_{m+2} - 2x_{m+1} + x_m = \frac{a^2 x_{m+1} - b}{n^2}.$$

Wir setzen hier noch der Abkürzung wegen

$$(3') \quad \begin{cases} a^2 x_m \quad - b = z_m, \\ a^2 x_{m+1} - b = z_{m+1}, \\ a^2 x_{m+2} - b = z_{m+2}, \end{cases}$$

so wie

$$(4') \quad \frac{a^2}{n^2} = \alpha^2.$$

Multiplicirt man also die (3) mit a^2, so nimmt sie die einfachere Form

$$(4) \quad z_{m+2} - 2z_{m+1} + z_m = \alpha^2 z_{m+1},$$

oder

$$(4)_0 \quad z_{m+2} - (2+\alpha^2) z_{m+1} + z_m = 0$$

an.

Aus dieser Gleichung läßt sich nun z_m bestimmen.

Denn hat man eine Gleichung von der Form

$$(5) \quad z_{m+2} + P z_{m+1} + Q z_m = 0,$$

wo P und Q beliebige Constanten sind, so läßt sich leicht beweisen, daß aus ihr für z_m der Werth

$$(5)_0 \quad z_m = Ap^m + Bq^m$$

folgt, wenn A und B ganz willkürliche Constanten, aber p und q die beiden Wurzeln der quadratischen Gleichung

$$(5)'_0 \quad u^2 + Pu + Q = 0$$

bezeichnen. Es ist nämlich alsdann

$$(5)_0 \quad \begin{cases} z_m \quad = Ap^m \quad + Bq^m, \\ z_{m+1} = Ap^{m+1} + Bq^{m+1}, \\ z_{m+2} = Ap^{m+2} + Bq^{m+2}, \end{cases}$$

folglich

$$z_{m+2}+Pz_{m+1}+Qz_m = Ap^m(p^2+Pp+Q)+Bq^m(q^2+Pq+Q).$$

Die rechte Seite dieser Gleichung wird aber in der That, wie es sein soll, zu Null, wenn p und q die beiden Wurzeln der Gleichung $(5)'_0$ sind.

In unserer Gleichung $(4)_0$ ist nun

$$P = -(2+\alpha^2), \quad Q = 1,$$

folglich die Bedingungsgleichung $(5)'_0$

$$(4)'_0 \quad u^2-(2+\alpha^2)u+1 = 0,$$

welche

$$u = 1+\frac{\alpha^2}{2}\pm\sqrt{\alpha^2+\frac{\alpha^4}{4}} = 1\pm\alpha,$$

d. h.

$$p = 1+\alpha, \quad q = 1-\alpha$$

ergiebt, da man die höheren Potenzen der unendlich kleinen Größe α vernachlässigen muß. Daher ist nach der $(5)_0$

$$(6) \quad z_m = A(1+\alpha)^m+B(1-\alpha)^m.$$

Ist $m = nt$, und schreibt man für α seinen Werth $\frac{a}{n}$, so ist also das der Zeit t entsprechende z

$$(7) \quad z_{nt} = A\left(1+\frac{a}{n}\right)^{nt}+B\left(1-\frac{a}{n}\right)^{nt}.$$

Da nun bekanntlich

$$(7') \quad \left(1\pm\frac{a}{n}\right)^n = e^{\pm a}, \quad e = 2{,}7182818\ldots$$

ist, so ist

$$(7)_0 \quad z_{nt} = Ae^{at}+Be^{-at}.$$

Um die Geschwindigkeit v_{nt} zu ermitteln, bedient man sich der Gleichung (III). Es ist $nt-1 = n\left(t-\frac{1}{n}\right)$, also

$$z_{nt-1} = Ae^{at}.e^{-\frac{a}{n}}+Be^{-at}e^{\frac{a}{n}},$$

und die Differenz

$$z_{nt}-z_{nt-1} = Ae^{at}\left(1-e^{-\frac{\alpha}{n}}\right)+Be^{-at}\left(1-e^{\frac{\alpha}{n}}\right).$$

Nun ist

$$e^{\pm\frac{a}{n}} = 1\pm\frac{1}{1!}\frac{a}{n}+\frac{1}{2!}\frac{a^2}{n^2}\pm\frac{1}{3!}\frac{a^3}{n^3}+\cdots,$$

in welchen Reihen jedes folgende Glied unendlich klein gegen das vorhergehende ist, und deshalb nur die ersten noch endlich bleibenden Glieder zu berücksichtigen sind. So erhält man

$$(8)\quad n(z_{nt}-z_{nt-1}) = a^2.n(x_{nt}-x_{nt-1}) = a^2 v_{nt} = Aae^{at}-Bae^{-at}.$$

Die an sich willkürlichen Constanten A und B sind nun nach den besonderen Bedingungen der vorliegenden Aufgabe zu bestimmen. Nämlich zu Anfang der Zeit, d. h. für $t=0$, werden die Exponentialgrößen $e^{\pm at}=1$, $z_0 = z(=a^2x-b)$, $v_0=0$; es werden also dann die Gleichungen $(7)_0$ und (8) entsprechend:

$$z = A+B$$
$$0 = (A-B)a,$$

woraus

$$A = B = \frac{z}{2}$$

folgt, und man schließlich

$$z_{nt} = \frac{z}{2}(e^{at}+e^{-at})$$

$$v_{nt} = \frac{z}{2a}(e^{at}+e^{-at})$$

erhält, während

$$z = a^2x-b$$

ist, a und b aber durch die (1′) und (1″) näher angegeben werden. Weil endlich $z_{nt} = a^2x_{nt}-b$ ist, so ist der wirkliche Weg

$$x_{nt} = \frac{z}{2a^2}(e^{at}+e^{-at})+\frac{b}{a^2}.$$

Diese letzten Resultate enthalten die vollständige Lösung unserer Aufgabe.

Man kann aus ihnen leicht die besonderen Eigenthümlichkeiten specieller Fälle ableiten. Wir bemerken nur, daß für $\theta = \theta' = 0$, d. h. wenn eine homogene Kette über die Rolle der Atwoodschen Fallmaschine gelegt ist (§. 32),

$$a^2 = \frac{2g}{l},\quad b = g$$

ist, und Gleichgewicht für $x = \frac{l}{2}$ Statt findet.

§. 56.

Aufgabe. Die homogene Kette A′BA (Fig. 41^b) sei über die beiden Ebenen C′BC gelegt, und habe die Länge l; das auf der

Ebene BC befindliche Stück BA sei $= x$, so ist $BA' = l - x$. Auf alle Atome des Stückes BA wirke die Atomgruppe M, welche aus m Atomen besteht und sich in der Verlängerung von BA befinde; ebenso wirke auf die Atome des Stückes BA' die Atomgruppe M', welche m' Atome enthalte und auf der Verlängerung von BA' liege. MA sei gleich a, $M'A' = a'$. Wenn die Atome der Kette auf ν Theilpunkten gleichmäßig vertheilt sind, und die Kräfte, welche auf ihre einzelnen Gruppen wirken, mit k bezeichnet werden, so wird die (I) des §. 54, welche die Stärke des ersten Impulses ergiebt:

$$\frac{G}{n} = \frac{1}{n}\frac{\Sigma k}{\nu}.$$

Die einzelnen Atomgruppen der Kette mögen die Entfernung δ von einander haben; dann ist $\nu\delta = l$, und $\nu = \frac{l}{\delta}$; ebenso sei $\nu'\delta = x$, $\nu''\delta = l - x$, indem $\nu' + \nu'' = \nu$. Nun sei die Kraft, die ein Atom der Gruppen M und M' in der Einheit der Entfernung ausübt, γ, und die Kette von so beträchtlicher Länge, daß die Entfernungen ihrer einzelnen Atome von M, bezüglich M', nicht mehr als constant angesehen werden dürfen. Dann ist der Werth von G:

$$G = \frac{1}{l}\Big(m\gamma.\delta\Big(\frac{1}{a^2} + \frac{1}{(a+\delta)^2} + \frac{1}{(a+2\delta)^2} + \cdots + \frac{1}{(a+\nu'\delta)^2}\Big)$$
$$- m'\gamma.\delta\Big(\frac{1}{a'^2} + \frac{1}{(a'+\delta)^2} + \frac{1}{(a'+2\delta)^2} + \cdots + \frac{1}{(a'+\nu''\delta)^2}\Big)\Big).$$

Die beiden mit dem Factor δ versehenen Reihen sind im §. 28 summirt worden; mit Hülfe der daselbst erhaltenen Werthe ist

$$G = \frac{1}{l}\Big(m\gamma\cdot\frac{x}{a(a+x)} - m'\gamma\cdot\frac{l-x}{a'(a'+l-x)}\Big).$$

Dieses ist also die Geschwindigkeit, mit der sich das System A'BA zu bewegen beginnt. Es bleibt in Ruhe, wenn

$$\frac{mx}{a(a+x)} = \frac{m'(l-x)}{a'(a'+l-x)}.$$

Setzt man hier zur Abkürzung die Zahl

$$\frac{a'}{a}\cdot\frac{m}{m'} = c,$$

und die Länge

$$a' + l = l',$$

so findet man als Bedingung der Ruhelage:

$$x = \frac{l-a-cl'}{2(1-c)} \pm \sqrt{\Big(\frac{l-a-cl'}{2(1-c)}\Big)^2 + \frac{al}{1-c}}.$$

Die Bewegung geworfener Körper.

§. 57.

Wir untersuchen jetzt die Bewegung, welche ein Atom annimmt, wenn ihm in beliebiger Richtung eine Anfangsgeschwindigkeit ertheilt wird, und es der Anziehung durch die Erde unterliegt. Ist die Richtung der ihm ertheilten Geschwindigkeit eine verticale, so kommt man auf die schon oben behandelte Aufgabe (§. 10, §. 17 ff.) zurück.

Wie bei dem freien Falle und in den anderen Beispielen, welche wir bisher der Betrachtung unterzogen haben, werde auch bei dem vorliegenden Problem die Abwesenheit jedes widerstehenden Mittels vorausgesetzt, und angenommen, daß die Attraction der Erde in allen verschiedenen Höhen über dem Horizont, zu welchen sich das Atom erhebt, constant gleich g(31′2649) ist. Endlich sollen die Richtungen der von der Erde ausgehenden Impulse sämmtlich als parallel betrachtet werden, wiewohl sie sich im Erdmittelpunkte schneiden. Man ist zu den beiden letzten Annahmen dadurch berechtigt, daß gewöhnlich die größten Dimensionen der Bahn des bewegten Atoms gegen die Entfernungen vom Mittelpunkte der Erde nicht in Betracht kommen.

Es sei nun AB (Fig. 45) Größe und Richtung des Weges, welchen in Folge der ihm ertheilten Geschwindigkeit γ das Atom A in der ersten n^{tel} Sekunde zurücklegt, also gleich $\frac{\gamma}{n}$. Nach dem Trägheitsgesetze würde daher das Atom in der folgenden n^{tel} Sekunde in derselben Richtung um eine gleiche Strecke BC fortschreiten; weil ihm aber, wenn es in B angelangt ist, die alle n^{tel} Sekunden pulsirende Erde einen vertical nach unten gerichteten Impuls $\frac{g}{n}$ ertheilt, vermöge dessen es in diesem Zeittheilchen die Strecke $BD = \frac{g}{n^2}$ zurücklegen würde, so stellt nach dem Parallelogramm der Kräfte die Diagonale BE des aus den beiden Seitenwegen BC und BD construirten Parallelogramms Größe und Richtung des Weges dar, welchen das Atom in der zweiten n^{tel} Sekunde wirklich verfolgt. Ebenso sind die Seitenwege des Atoms, für das nächste Zeittheilchen, $EF = EB$, und EG gleich und parallel BD, in Folge deren sein wirklicher Weg EH wird. Auf dieselbe Weise erhält man für die einzelnen in den folgenden Zeitintervallen durchlaufenen Strecken HL, LO, OR, ...; dabei sind BD, EF, HK, LN, OQ, RT alle parallel und gleich, und jedes von der Größe $\frac{g}{n^2}$, und eben so groß sind CE, FH, IL, MO, PR .... Die gebrochene Linie BEHLORU... ist also die Bahn des Atoms, die, wie wir zeigen werden, ein in eine Parabel eingeschriebenes Sehnenvieleck ist. Zunächst ist aber klar, daß die verticalen Richtungen BD, EG, HK, LN, ..., in denen die Impulse der Erde erfolgen, alle gleiche horizontale Entfernungen von einander haben. Z. B. ist, wenn BB', EK, HL die Entfernungen zwischen den ersteren derselben sind, BB' = EK, weil $\triangle$BEB' $\cong$ EKF, und EK = HL, weil $\triangle$EHK $\cong$ HLI ist, u. s. f. Daraus ergiebt sich, daß geworfene Körper in horizontaler Richtung in gleichen Zeiten stets um gleiche Strecken fortschreiten, oder ihre Geschwindigkeit in dieser Richtung constant ist.

Die Gleichung der Parabel, auf senkrechte Coordinaten und auf ihren Scheitel bezogen, ist bekanntlich

$$y^2 = 2px,$$

wo die beliebige positive Zahl 2p den Parameter der Kurve, d. h. die Länge der auf ihrer Axe senkrechten und durch den Focus $\left(x = \frac{p}{2}\right)$ gehenden Sehne darstellt. Es seien nun in eine Parabel eine Anzahl von Ordinaten (Fig. 46) in solchen Abständen von einander gezogen, daß die Differenz zwischen jeden zwei aufeinanderfolgenden constant gleich einer beliebig gewählten Größe a sei. Zieht man ferner die Sehnen AB, BE, EH, HL, LO, ... zwischen diesen Ordinaten, und verlängert eine jede bis zum Durchschnittspunkt mit den zur Axe XX' parallelen Linien BA', CB', FE', IH', ..., so entstehen lauter Paare congruenter Dreiecke:

$$BAA' \cong CBB', \quad EBB' \cong FEE', \quad HEE' \cong IHH', \quad \ldots,$$

woraus folgt, daß die Verlängerungen der Sehnen ihnen selbst gleich sind, und daß ferner die über die Parabel herausragenden Stücke der mit ihrer Axe parallelen Linien immer gleich der Differenz der Abstände sind, welche die drei nächsten Ordinaten von einander haben, z. B.

$$CE = BA' - EB', \quad FH = EB' - HE', \ldots$$

Wenn man also mit y, y′, y″ drei beliebige aber aufeinanderfolgende Ordinaten der Parabel, und mit x, x′, x″ ihre zugehörigen Abscissen bezeichnet, so ist das über y herausragende Stück (in der Figur z. B. IL) gleich

$$x''-x'-(x'-x),$$

ferner wegen der Gleichung der Parabel und aus der Construction:

$$y^2 = 2px$$
$$(y+a)^2 = 2px'$$
$$(y+2a)^2 = 2px''.$$

Aus diesen Gleichungen erhält man durch Subtraction der ersten von der zweiten, und dieser von der dritten:

$$2ay+a^2 = 2p(x'-x)$$
$$2ay+3a^2 = 2p(x''-x'),$$

und durch Subtraction dieser beiden Gleichungen

$$x''-x'-(x'-x) = \frac{a^2}{p}.$$

a und p sind unveränderliche Werthe, daher ist diese Differenz constant, auf welche Ordinaten der Parabel sie sich auch bezieht. Die über die Parabel herausragenden Spitzen CE, FH, IL, ... sind also gleich und von der Größe $\frac{a^2}{p}$. Endlich bemerke man noch, daß die Sehnen AB, BE, EH, ... sämmtlich die Diagonalen von Parallelogrammen CD, FG, IK, ... sind, in denen BD, EG, HK, ... ebenfalls gleich und von der Größe $\frac{a^2}{p}$ sind.

Wenn demnach angenommen wird, daß ein Atom A mit einer Anfangsgeschwindigkeit γ ausgesandt wird, die es in der ersten n^{tel} Sekunde durch die Linie $AB = \frac{\gamma}{n}$ treibt, und daß alsdann alle n^{tel} Sekunden gleich große und parallel gerichtete Impulse von der Stärke $\frac{na^2}{p}$ auf dasselbe einwirken, so folgt, daß das Atom die der Parabel eingeschriebene gebrochene Linie BEHLORU ... zur Bahn hat. Dieses ist folglich auch die Bahn eines schweren in beliebiger Richtung ausgesandten Atoms, wenn die Schwere in der Richtung der Axe XX′ der Parabel wirkt, also ihre Ordinaten die horizontale Richtung angeben, und die Strecken BD, EG etc. die n^{ten} Theile der Erdimpulse repräsentiren. Daß die Bewegung des Atoms in derjenigen Verticalebene vor sich geht, die durch seine anfängliche Richtung gelegt, also durch BA und BD bestimmt ist, bedarf kaum der Erwähnung. Da die in den einzelnen Zeittheilchen zurückgelegten Strecken, so wie die Impulse der Erde selbst außerordentlich klein sind, so fällt in der Wirklichkeit das Sehnenvieleck mit der Parabel zusammen.

§. 58.

Es sind nun die Geschwindigkeit und die characteristischen Merkmale dieser Bewegung überhaupt auszumitteln.

Wenn die gegebene Anfangsgeschwindigkeit γ des Atoms mit der Horizontalen den Winkel α bildet, so hat man (s. Fig.) für den horizontalen Weg des Atoms in jeder n^{tel} Sekunde

$$a = \frac{\gamma}{n} \cdot \cos\alpha$$

und weil

$$\frac{a^2}{p} = \frac{g}{n^2}$$

ist, für den halben Parameter

$$(I)_0 \qquad p = \frac{\gamma^2 \cos^2\alpha}{g}.$$

Das Atom kommt mithin in horizontaler Richtung jede Sekunde um die gleiche Strecke

$$(1) \qquad \varphi' = \gamma \cos\alpha$$

vorwärts, und legt in t Sekunden auf diese Weise den Weg

$$(1') \qquad \xi = \gamma t \cos\alpha$$

zurück. Ein Körper also, der sich mit derselben Geschwindigkeit φ' gleichförmig auf dem Horizonte und in der Bahnebene bewegte, würde die fliegende Kugel stets senkrecht über sich haben, wenn beide zu gleicher Zeit und von demselben Orte aus ihre Bewegung beginnen.

Betrachten wir jetzt den Weg des geworfenen Körpers in Bezug auf seine verticale Richtung, so sind die Strecken, um die er sich in den einzelnen Zeittheilchen erhebt, EB′, HE′, LH′, ..., von denen jede folgende, wie oben bewiesen wurde, um $\frac{g}{n^2}\left(\text{d. i. } \frac{a^2}{p}\right)$ kleiner als die vorhergehende ist. Der Körper erreicht im Scheitel der Parabel seine größte Höhe und geht dann auf ihre andere Hälfte über, wo die auf einander folgenden Strecken, welche er in den einzelnen Zeittheilchen in verticaler Richtung zurücklegt, immer um das gleiche Stück $\frac{g}{n^2}$ zunehmen. Die verticale Geschwindigkeit des Körpers wird also in der ersten Hälfte seiner Bahn gleichmäßig verzögert, in der zweiten Hälfte gleichmäßig beschleunigt. Zu beiden Hälften gebraucht der Körper nach dieser Entwickelung offenbar gleiche Zeit, so wie er auch jede zwei symmetrische Stücke der beiden Parabelzweige beim Auf- und Niedersteigen in gleichen Zeiten zurücklegt.

Da EB' selbst gleich $BA' - \frac{g}{n^2}$, und $BA' = \frac{\gamma}{n}\sin\alpha$ ist, so sind die den einzelnen Zeittheilchen zugehörigen Verticalhöhen

$$\frac{\gamma}{n}\sin\alpha,\quad \frac{\gamma}{n}\sin\alpha - \frac{g}{n^2},\quad \frac{\gamma}{n}\sin\alpha - \frac{2g}{n^2},\quad \frac{\gamma}{n}\sin\alpha - \frac{3g}{n^2},\quad \ldots$$

folglich die ganze Höhe η, welche der Körper in t Sekunden (nt Zeittheilchen) erreicht, indem man auf dieselbe Weise wie in §. 7 bei dem analogen Falle verfährt:

$$(2') \qquad \eta = \gamma t \sin\alpha - \tfrac{1}{2} g t^2.$$

Ebenso hat man für die den einzelnen Zeittheilchen entsprechenden verticalen Geschwindigkeiten des Atoms

$$\gamma\sin\alpha - \frac{g}{n},\quad \gamma\sin\alpha - \frac{2g}{n},\quad \gamma\sin\alpha - \frac{3g}{n},\quad \ldots,$$

also ist seine verticale Geschwindigkeit nach t Sekunden

$$(2) \qquad \varphi'' = \gamma\sin\alpha - gt.$$

Er würde also ohne die Anziehung der Erde in t Secunden eine um so viel größere Höhe erreichen, als der Weg beträgt, den ein frei fallendes Atom in dieser Zeit zurücklegt, so daß die Erde auch den geworfenen Körper um dieselbe Strecke herabzieht. Eine horizontal abgeschossene Kanonenkugel schlägt deshalb in derselben Zeit auf den Erdboden auf, in welcher sie von der Mündung des Kanonenrohres senkrecht zur Erde herabgefallen wäre. —

Die wahre Geschwindigkeit φ, welche das Atom zur Zeit t besitzt, wird nach §. 43 durch Quadrirung und Addition der Gleichungen (1) und (2) bestimmt, und ist daher

$$\varphi^2 = \gamma^2 - 2g\left(\gamma t \sin\alpha - \frac{g t^2}{2}\right)$$

oder

$$(3) \qquad \varphi^2 = \gamma^2 - 2g\eta.$$

Es ist also die Geschwindigkeit, welche das Atom an jeder Stelle seiner Bahn besitzt, nur von seiner Erhebung über den Horizont und seiner Anfangsgeschwindigkeit abhängig, aber weder von seiner horizontalen Coordinate, noch von seiner ursprünglichen Richtung. Wenn also Atome in den verschiedensten Richtungen von einem Orte ausgeworfen werden, so werden sie durch jede Horizontalebene mit derselben Geschwindigkeit gehen, mögen sie nun aufsteigen oder herabsinken. Dieselbe Erscheinung, die wir bei vertical geworfenen Körpern und bei der Bewegung auf schiefer Ebene wahrgenommen haben, bleibt mithin auch hier bestehen, wie sie überhaupt ganz allgemein für jede krummlinige Bewegung eines schweren Atoms schon oben (§. 50) bewiesen worden ist. Die Größe der Geschwindigkeit ist für alle diese Bewegungen in jeder Horizontalebene gleich der, welche ein Atom in ihr besitzt, das aus der Höhe $\frac{\gamma^2}{2g}$ frei und ohne Anfangsgeschwindigkeit herabfällt.

So wie die Gleichung $(I)_0$ zur Construction der Parabel ausreicht, in welcher ein mit der Anfangsgeschwindigkeit γ in der Richtung α ausgeworfenes Atom seine Bahn beschreibt, kann man auch mit Hülfe der beiden Gleichungen

$$(4) \quad \xi = \gamma t \cos\alpha$$

$$(5) \quad \eta = \gamma t \sin\alpha - \tfrac{1}{2} g t^2$$

angeben, wo sich jederzeit das Atom auf der Parabel befindet, d. h. die einzelnen Punkte derselben construiren. Auch erhält man die Gleichung der Kurve, auf ihre senkrechten Coordinaten und den Ausgangspunkt der Bewegung bezogen, wenn man t aus (4) und (5) eliminirt; man findet sie

$$(I') \quad \eta = \xi . \operatorname{tg}\alpha - \frac{g\xi^2}{2\gamma^2 \cos^2\alpha},$$

oder wenn man

$$\frac{\gamma^2}{2g} = h$$

setzt, als die Höhe, welche ein mit derselben Geschwindigkeit γ vertical nach oben ausgesandtes Atom erreichen würde (§. 18),

$$(I) \quad \eta = \xi \operatorname{tg}\alpha - \frac{\xi^2}{4h\cos^2\alpha}.$$

Stellt nun AOA' (Fig. 47) diese Parabel vor, und ist O ihr Scheitel, OO' ihre Axe, AX der Horizont, AC die anfängliche Richtung des geworfenen Atoms oder die Tangente am Ausgangspunkte der parabolischen Bahn, und ist der Körper nach der Zeit t in D angelangt, so ist die Abscisse von D, AB, gleich $\xi = \gamma t \cos\alpha$, folglich die Länge der Tangente bis zum Durchschnittspunkt mit der verlängerten Ordinate BD

$$AC = \gamma t,$$

oder der Weg, welchen das Atom mit gleichförmiger Geschwindigkeit beschrieben hätte, wenn nicht die Erdschwere seine Bahn gekrümmt und seine Geschwindigkeit verzögert hätte. Ferner ist

$$CB = \gamma t \sin\alpha,$$

oder die verticale Höhe, bis zu der ohne die Schwerkraft das Atom aufgestiegen wäre; und da

$$\eta = \gamma t \sin\alpha - \tfrac{1}{2} g t^2,$$

so ist

$$CD = \tfrac{1}{2} g t^2.$$

Das Atom hat seine größte Höhe erreicht, wenn seine verticale Geschwindigkeit φ'' gleich Null ist, also für

$$\gamma \sin\alpha = g t,$$

woraus sich für die zugehörige Zeit

$$(6)_0 \qquad t_1 = \frac{\gamma \sin\alpha}{g}$$

ergiebt. Die beiden Coordinaten ξ_1 und η_1 des höchsten Punktes der Bahn, des Scheitels der Kurve, sind daher

$$(4)_0 \qquad \xi_1 = \frac{\gamma^2}{2g} \sin 2\alpha = h \sin 2\alpha,$$

$$(5)_0 \qquad \eta_1 = \frac{\gamma^2}{2g} \sin^2\alpha = h \sin^2\alpha.$$

Noch ist die Relation $\frac{\eta_1}{\xi_1}$ oder (Fig. 47) $\operatorname{tg} OAO' = \tfrac{1}{2} \operatorname{tg}\alpha$ also $\eta_1 = \tfrac{1}{2} \xi_1 \operatorname{tg}\alpha$ bemerkenswerth, mit deren Hülfe aus der bekannten Abcisse ξ_1 des Scheitels seine Ordinate η_1 construirt werden kann.

Da an dieser Stelle das Atom die Hälfte seiner Bahn vollendet hat, so folgt, daß es nach der doppelten Zeit T

$$(6) \qquad T = \frac{2\gamma}{g} \sin\alpha$$

wieder auf den Erdboden gelangt, und daß dieses in der Entfernung

$$(4')_0 \qquad \Xi = \frac{\gamma^2}{g} \sin 2\alpha = 2h \sin 2\alpha$$

von seinem Ausgangspunkte geschieht, wie es sich auch direct ergeben würde, wenn man in (I) η gleich Null setzt. Ohne den Einfluß der Erde hätte in diesem Moment das Atom den Weg (Fig. 47)

$$AC' = \frac{2\gamma^2}{g}\sin\alpha = 4h\sin\alpha$$

zurückgelegt, und die verticale Höhe

$$A'C' = \frac{2\gamma^2}{g}\sin^2\alpha = 4h\sin^2\alpha$$

erreicht.

Man sieht aus $(4')_0$, daß die Kugel am weitesten fliegt, wenn α 45° beträgt; der zurückgelegte Weg ist dann $\frac{\gamma^2}{g}$ oder 2h (z. B. für $\gamma = 2000$ Fuß, $127909',56 = 5,32956$ Meilen), ihre größte Höhe aber nur $\frac{h}{2}$ ($31977',39 = 1,33239$ Ml.). Die Zeit, die sie zu dem ganzen Wege gebraucht, beträgt nach (6) $\frac{\gamma\sqrt{2}}{g}$ Sekunden (für das angeführte Beispiel 90,46654 Sek.).

Ist die Anfangsgeschwindigkeit γ horizontal gerichtet, also $\alpha = 0$, so behält das Atom auch während seiner ganzen Bewegung in dieser Richtung dieselbe Geschwindigkeit bei; seine verticale Geschwindigkeit ist anfangs gleich Null, wird aber dauernd durch den Einfluß der Erde vermehrt. Da das Atom gleich zu sinken beginnt, so ist es natürlich, in der nach unten gehenden Verticalrichtung Geschwindigkeit und Wege positiv zu zählen; darnach hat man:

$$\varphi' = \gamma, \quad \varphi'' = gt, \quad \xi = \gamma t, \quad \eta = \tfrac{1}{2}gt^2,$$
$$\varphi^2 = \gamma^2 + 2g\eta, \quad \eta = \frac{\xi^2}{4h};$$

die Bewegung beginnt also im Scheitel der Parabel, und vollzieht sich nur auf einer der herabgehenden Hälften derselben.

Wenn endlich die Anfangsgeschwindigkeit γ des Atoms abwärts gerichtet ist, indem sie mit dem Horizonte einen spitzen Winkel α bildet, und als positive Axenrichtung die nach unten gehende Verticale angenommen wird, so sind seine Bahnelemente (Fig. 47^a)

$$\varphi' = \gamma\cos\alpha, \quad \varphi'' = \gamma\sin\alpha + gt,$$
$$\xi = \gamma t\cos\alpha, \quad \eta = \gamma t\sin\alpha + \tfrac{1}{2}gt^2 = \xi\operatorname{tg}\alpha + \tfrac{1}{2}gt^2,$$
$$\varphi^2 = \gamma^2 + 2g\eta, \quad \eta = \xi\operatorname{tg}\alpha + \frac{\xi^2}{4h\cos^2\alpha}.$$

§. 59.

Bisher nahmen wir fast immer an, daß das Atom von einer Horizontalebene ausgesandt wurde, und seine Bewegung mit dem Niederfallen auf derselben beendigt war. Wir wollen jetzt die Wurfbewegung in parabolischer Bahn unter der allgemeineren Voraussetzung untersuchen, daß dieselbe über einer beliebig gegen den Horizont geneigten Ebene vor sich gehe, und in einer willkürlichen Höhe über derselben beginne.

U'U (Fig. 48) sei die schiefe Ebene, ihre Neigung gegen den Horizont Winkel $XFU = \varphi$; von A aus, in der verticalen Erhebung $AE = b$ über der schiefen Ebene, werde das Atom in der Richtung AD mit der Anfangsgeschwindigkeit γ ausgesandt, und der Winkel dieser Richtung mit dem Horizont DAX sei gleich α. X'X sei die durch A gedachte Horizontalebene, so ist mit b und φ auch $FA = a$ bekannt, indem man

$$b = a \operatorname{tg} \varphi$$

hat. ARC sei nun die Parabel, welche das Atom beschreibt. Es läßt sich nicht bloß ermitteln, in welchem Punkte C die schiefe Ebene getroffen wird, sondern auch die umgekehrte Frage beantworten, unter welchem Winkel α das Atom ausgesandt werden muß, um in dem auf der Ebene bestimmten Punkte C niederzufallen.

Man errichte zu diesem Behufe in C bis zum Durchschnittspunkte mit der Anfangstangente AD eine Verticale CD, welche den Horizont X'X in B schneidet, und dadurch die beiden Coordinaten des Ziels C bestimmt, nämlich

$$AB = x, \quad BC = y.$$

Das Atom lange nach t Sekunden in C an, so daß (§.58)

$$DC = \tfrac{1}{2} g t^2$$

ist. Man hat demnach (ebend.)

$$x = \gamma \cos \alpha . t$$

$$y + x \operatorname{tg} \alpha = \tfrac{1}{2} g t^2,$$

aber auch

$$y = (a + x) \operatorname{tg} \varphi,$$

folglich, wenn man y und t aus diesen drei Gleichungen eliminirt, um α als Function von x zu erhalten, und die Werthe von b und h

(§.58 (II)) einführt:

$$b + x\,\mathrm{tg}\,\varphi + x\,\mathrm{tg}\,\alpha = \frac{x^2}{4h}(1 + \mathrm{tg}^2\alpha),$$

und geordnet, um α zu berechnen:

$$(1) \quad \mathrm{tg}^2\alpha - \frac{4h}{x}\mathrm{tg}\,\alpha + 1 - \frac{4h(b + x\,\mathrm{tg}\,\varphi)}{x^2} = 0,$$

und hieraus auf dem gewöhnlichen Wege

$$(2) \quad \mathrm{tg}\,\alpha = \frac{2h}{x} \pm \frac{2h}{x}\sqrt{1 + \frac{b}{h} + \frac{x\,\mathrm{tg}\,\varphi}{b} - \frac{x^2}{4h^2}},$$

oder, durch einfache Aenderungen,

$$(2') \quad \mathrm{tg}\,\alpha = \frac{2h}{x} \pm \frac{2h}{x}\sqrt{\frac{1}{\cos^2\varphi} + \frac{b}{h} - \left(\frac{x}{2h} - \mathrm{tg}\,\varphi\right)^2}.$$

Dies Resultat lehrt, daß man im Allgemeinen das Ziel $C = (x, y)$ auf zwei Weisen, d. h. durch zwei verschiedene Elevationswinkel α erreichen kann. Die Geschwindigkeit, mit der das Atom in C ankommt, ist aber nach dem vorigen §. in beiden Fällen dieselbe. Die Discussion der Gleichung (1) führt auf eine geometrische Construction der zu jedem Zielpunct C zugehörigen beiden Winkel α.

Bezeichnet man nämlich die beiden Wurzeln der Gleichung (1) mit $\mathrm{tg}\,\alpha$ und $\mathrm{tg}\,\alpha'$, sind also α und α' die beiden Winkel, welche der Aufgabe entsprechen, so ist bekanntlich

$$(1') \quad \mathrm{tg}\,\alpha + \mathrm{tg}\,\alpha' = \frac{4h}{x}$$

und

$$(1'') \quad \mathrm{tg}\,\alpha \cdot \mathrm{tg}\,\alpha' = 1 - \frac{4h(b + x\,\mathrm{tg}\,\varphi)}{x^2}.$$

Aus (1') folgt:

$$\frac{x}{2}(\mathrm{tg}\,\alpha + \mathrm{tg}\,\alpha') = 2h.$$

Stellt in der Figur D'AB den anderen Winkel α' vor, so ist $x\,\mathrm{tg}\,\alpha = BD$, $x\,\mathrm{tg}\,\alpha' = BD'$, also, wenn DD' in M halbirt wird,

$$BM = AN = 2h,$$

mithin constant für jedes Ziel C, welches erreicht werden soll.

Die Verbindung von (1') und (1'') führt ferner zu der Gleichung

$$\left(\frac{\mathrm{tg}\,\alpha - \mathrm{tg}\,\alpha'}{2}\right)^2 = \frac{4h^2}{x^2} - 1 + \frac{4h(b + x\,\mathrm{tg}\,\varphi)}{x^2},$$

daher, wenn man $\frac{DD'}{2}$ oder $\frac{x\,\mathrm{tg}\,\alpha - x\,\mathrm{tg}\,\alpha'}{2}$ oder

$$MD = z$$

setzt,

$$z^2 = 4h^2 + 4hb + 4h^2 tg^2 \varphi - (x - 2h\, tg\varphi)^2$$

und

$$z^2 + (x - 2h\, tg\varphi)^2 = 2h\left(\frac{2h}{\cos^2\varphi} + 2b\right) = \left(\frac{2h}{\cos\varphi}\right)^2 + 2h.2b.$$

Nun ist NM gleich und parallel x; fällt man also von A auf die schiefe Ebene U′U ein Loth, dessen Verlängerung MN in O schneidet, so ist Winkel NAO $= \varphi$, folglich NO = NA $tg\varphi$, oder

$$(I') \quad NO = 2h.tg\varphi,$$

und

$$OM = x - 2h.tg\varphi.$$

Ferner ist

$$AO = \frac{2h}{\cos\varphi},$$

und, wenn das in O auf AO errichtete und der schiefen Ebene U′U parallele Perpendikel die Verlängerung von AN in G trifft, $AG = \frac{AO}{\cos\varphi} = \frac{2h}{\cos^2\varphi}$. Durch diese Werthe verwandelt sich die letzte Gleichung in

$$OM^2 + z^2 = 2h(AG + 2b).$$

Da $\xi^2 + \eta^2 = \varrho^2$ die Mittelpunktsgleichung eines Kreises vom Radius ϱ ist, so bestimmt obige Gleichung einen Kreis, der seinen Mittelpunkt in O, den Radius $r = \sqrt{2h(AG + 2b)}$ hat, und durch D und D′ geht. Der Ort des Mittelpunkts O und die Größe des Radius r dieses Kreises ist unabhängig von der Lage des Punktes C. Weil aber die beiden Punkte D und D′, nach welchen hin die ursprüngliche Geschwindigkeit des Atoms gerichtet sein muß, um das gewählte Ziel C zu treffen, sowohl stets auf jenem Kreise als auf der durch C gezogenen Verticale liegen, so bestimmen die beiden Durchschnittspunkte der letztern Linie mit dem Kreise die beiden zulässigen Richtungen der Anfangsgeschwindigkeit γ.

Wenn man also das durch die Aufgabe gegebene $2h = \frac{\gamma^2}{g}$ auf der verticalen AG vom Ausgangspunkte A des Atoms bis N abträgt, in N auf AG ein Loth NM errichtet, und durch A das Perpendikel OT auf die schiefe Ebene U′U fällt, so ist der Durchschnitt O desselben mit NM der Mittelpunkt des Kreises. Um seinen Radius

$$(I) \quad r = \sqrt{2h(AG + b)} = \sqrt{\frac{4h^2}{\cos^2\varphi} + 4hb}$$

zu erhalten, verlängere man OK, das gleich und parallel GE, also gleich AG+b ist, um KQ = b, dann ist OQ = AG+2b. Ueber dieser Linie als Durchmesser beschreibe man einen Halbkreis, und verbinde den Durchschnittspunkt P desselben auf dem Horizont X'X mit O, so ist $OP = \sqrt{2h(AG+2b)}$, also der verlangte Radius r. Wir wollen die Punkte D und D' die Richtungspunkte, so wie den Kreis selbst den Richtungskreis nennen, da seine Peripherie der geometrische Ort für die jedem beliebigen Ziele entsprechenden Richtungspunkte ist. Die schiefe Ebene U'U liegt immer ganz außerhalb des Richtungskreises, denn das Quadrat von OT, der Entfernung seines Mittelpunktes von derselben, ist

$$(AO+AT)^2 = 2h\left(\frac{2h}{\cos^2\varphi}+2b\right)+b^2\cos^2\varphi,$$

also größer als r^2 (s. (I)). Der Kreis geht also stets zwischen A und T hindurch.

§. 60.

Die ausgeführte Construction giebt auch, außer der doppelten Lösung der Aufgabe, sofort das Maximum der Schußweite an, und zeigt zugleich, daß dieses Maximum nur auf eine Weise erreicht werden kann. Die beiden verticalen Tangenten des Kreises bestimmen für dasselbe C_0 und C'_0 auf der schiefen Ebene, und für die zugehörigen Richtungspunkte S und S'. Die Gleichung (2), in der nun das irrationale Glied verschwinden muß, liefert dazu den Elevationswinkel

$$\operatorname{tg}\alpha = \frac{2h}{x},$$

während das zugehörige x sich aus der Figur gleich NS oder NS', d. i. gleich

$$r \pm NO$$

also gleich (§. 59 (I') und (I))

$$(1)_0 \quad 2h\left(\pm\operatorname{tg}\varphi \pm \sqrt{\frac{1}{\cos^2\varphi}+\frac{b}{h}}\right)$$

mithin

$$(2)_0 \quad \operatorname{ctg}\alpha = \pm\operatorname{tg}\varphi + \sqrt{\frac{1}{\cos^2\varphi}+\frac{b}{h}}$$

ergiebt. In diesen Ausdrücken ist das obere oder untere Zeichen zu wählen, je nachdem die Bewegung die Ebene hinunter oder hinauf geht; im ersteren Falle kann daher eine größere Schußweite als im zweiten erzielt werden.

Die Gleichung $(2)_0$, aus der man

$$(2')_0 \qquad \operatorname{tg}\alpha = \frac{1}{\sqrt{\frac{b}{h}+\frac{1}{\cos^2\varphi}}\pm\operatorname{tg}\varphi}$$

folgert, ist noch für die Berechnung des Winkels α unbequem. Man giebt ihr aber leicht eine geschicktere Form, denn aus der letzten Gleichung erhält man:

$$\left(1+\frac{b}{h}\right)\operatorname{tg}\alpha = \sqrt{\frac{b}{h}+\frac{1}{\cos^2\varphi}}\mp\operatorname{tg}\varphi,$$

und wenn man hiervon die $(2)_0$ abzieht, und mit $\sqrt{1+\frac{b}{h}}$ dividirt:

$$\operatorname{tg}\alpha\cdot\sqrt{1+\frac{b}{h}}-\frac{1}{\operatorname{tg}\alpha\sqrt{1+\frac{b}{h}}} = \mp\frac{2\operatorname{tg}\varphi}{\sqrt{1+\frac{b}{h}}}.$$

Setzt man nun

$$\operatorname{tg}\alpha\sqrt{1+\frac{b}{h}} = \operatorname{ctg}\psi,$$

so wird die vorstehende Gleichung

$$\operatorname{ctg}2\psi = \mp\frac{\operatorname{tg}\varphi}{\sqrt{1+\frac{b}{h}}},$$

wo das obere oder untere Zeichen zu wählen ist, je nachdem man die schiefe Ebene hinunter (nach C_0) oder hinauf (nach C'_0) schießt.

Diese Gleichung läßt durch leichte logarithmische Berechnung ψ finden, worauf alsdann

$$\operatorname{tg}\alpha = \frac{\operatorname{ctg}\psi}{\sqrt{1+\frac{b}{h}}}$$

ist.

§. 61.

Sowohl die Resultate als die Construction für das vorliegende Problem vereinfachen sich unter specielleren Voraussetzungen. Ist z. B. die Ebene (U'U), auf welche die Bewegung bezogen wird, horizontal, also $\varphi = 0$ zu setzen, so erhält man statt der (2) des §. 59

$$\operatorname{tg}\alpha = \frac{2h}{x} \pm \frac{2h}{x}\sqrt{1 + \frac{b}{h} - \frac{x^2}{4h^2}},$$

und für die $(2)_0$ und $(1)_0$ des §. 60, in Beziehung auf das Maximum, das jetzt zwei gleiche Werthe darbietet:

$$\operatorname{cotg}\alpha = \sqrt{1 + \frac{b}{h}}, \quad x = 2h\sqrt{1 + \frac{b}{h}}.$$

Für die Construction fällt alsdann TO (Fig. 48) in die Richtung von EG, also der Mittelpunkt O des Kreises in N. Dann hat man NE um b zu verlängern, bis Q′, und über NQ′ den Halbkreis zu beschreiben, durch welchen die Länge des Radius des Richtungskreises bestimmt wird.

Ist außer $\varphi = 0$ auch noch $b = 0$, d. h. steht das Geschütz auf der horizontalen Ebene selbst, so werden die Resultate noch einfacher: im Allgemeinen

$$\operatorname{tg}\alpha = \frac{2h}{x}\left(1 \pm \sqrt{1 - \frac{x^2}{4h^2}}\right),$$

für das Maximum

$$\operatorname{ctg}\alpha = 1 \quad \text{also} \quad \alpha = 45^0, \; x = 2h = \frac{\gamma^2}{g}$$

(vgl. §. 58). Auch in diesem Falle ist der Mittelpunkt des Richtungskreises N, aber NA = 2h sein Radius (cf. (I) §. 59). In der Figur ist dieser dem Horizont X′X zugehörige Richtungskreis mitgezeichnet. Fällt man von den auf ihm gelegenen Richtungspunkten D_0 und D'_0, welche den Richtungspunkten D und D′ des auf die schiefe Ebene U′U bezogenen Kreises entsprechen, Lothe auf X′X, so erhält man die Punkte R und R′, in welchen die das Ziel C erreichenden beiden Parabeln durch diejenige Horizontalebene gehen, von der das Atom ausgesandt wurde. Mit Hülfe der Werthe AR und AR′ kann man also auch durch die einfache in §. 58 angedeutete Construction die Scheitel der Parabeln oder die höchsten Punkte der Bahnen bestimmen, deren horizontale Coordinaten die Hälften von AR und AR′ sind.

Wenn die Aufgabe gestellt ist, von einem Punkt A aus mit einer bestimmten Anfangsgeschwindigkeit γ ein Ziel C′ (Fig. 49) zu treffen, ohne daß die Lage von A und C′ durch eine schiefe Ebene bestimmt ist, so wird man diesen Fall dadurch auf das allgemeine Problem zurückführen, daß man durch A die Horizontalebene X′X und die schiefe Ebene V'V legt, die gleichzeitig durch C' geht. Der Neigungswinkel φ beider Ebenen, und die senkrechten Coordinaten x und y des Punktes C' sind mit der Lage von A und C' bestimmt. Nun hat man den speciellen Fall der allgemeinen Aufgabe, wo a und b = 0 ist, weil der Ausgangspunkt der Bewegung auf der schiefen Ebene selbst liegt. Wenn man in A die Verticale AN = 2h, und die Normale zur schiefen Ebene AO construirt, bis zu ihrem Durchschnitt mit der durch N gelegten Horizontalebene, so bestimmt O den Mittelpunkt des Richtungskreises, und OA selber seinen Radius, der jetzt $\frac{2h}{\cos\varphi}$ ist. Der Kreis berührt also die schiefe Ebene in A. Die dem Ziele C' angehörigen Richtungspunkte D und D' bestimmen die beiden möglichen Ausgangswinkel α. Ihre Werthe liefert die Gleichung (2') des §. 59

$$\operatorname{tg}\alpha = \frac{2h}{x} \pm \frac{2h}{x}\sqrt{\frac{1}{\cos^2\varphi} - \left(\frac{x}{2h} + \operatorname{tg}\varphi\right)^2}.$$

Nach den (1') und (1'') ebendaselbst hat man für diese beiden Winkel α und α' auch noch die Relationen:

$$\operatorname{tg}\alpha + \operatorname{tg}\alpha' = \frac{4h}{x},$$

$$\operatorname{tg}\alpha \operatorname{tg}\alpha' = 1 + \frac{4h\operatorname{tg}\varphi}{x};$$

vor $\operatorname{tg}\varphi$ ist das Zeichen verändert worden, weil das Ziel C' nach der Figur höher als A liegt. Man leitet aus diesen Werthen ab:

$$\operatorname{tg}(\alpha+\alpha') \text{ oder } \frac{\operatorname{tg}\alpha + \operatorname{tg}\alpha'}{1 - \operatorname{tg}\alpha\operatorname{tg}\alpha'}$$

$$= -\operatorname{ctg}\varphi = \operatorname{tg}\left(\frac{\pi}{2} + \varphi\right),$$

also

$$\alpha + \alpha' = \frac{\pi}{2} + \varphi,$$

oder

$$\frac{\pi}{2} - \alpha = \alpha' - \varphi,$$

d. i.

$$\angle DAN = \angle D'AC',$$

so daß die beiden Anfangsrichtungen stets gleich weit von der Halbirungslinie des Winkels NAO' abstehen. Da Bogen DS' = S'D', so ist AS' diese Halbirungslinie. AS' giebt aber auch (§. 60) die Anfangsrichtung an, unter der man das Maximum der Schußweite erreicht. Daraus folgt, daß diese Richtung den Winkel NAV' halbirt. Dies ergiebt auch die Rechnung; denn nach der $(2)_0$ des §. 60 hat man für den betreffenden Ausgangswinkel α

$$\operatorname{ctg}\alpha = -\operatorname{tg}\varphi + \frac{1}{\cos\varphi} = \frac{1-\sin\varphi}{\cos\varphi}$$

$$= \frac{1-\cos\left(\frac{\pi}{2}-\varphi\right)}{\sin\left(\frac{\pi}{2}-\varphi\right)} = \frac{2\sin^2\left(\frac{\pi}{4}-\frac{\varphi}{2}\right)}{2\sin\left(\frac{\pi}{4}-\frac{\varphi}{2}\right)\cos\left(\frac{\pi}{4}-\frac{\varphi}{2}\right)}$$

$$= \operatorname{tg}\left(\frac{\pi}{4}-\frac{\varphi}{2}\right) = \operatorname{ctg}\left(\frac{\pi}{4}+\frac{\varphi}{2}\right),$$

also

$$\alpha = \frac{\pi}{4}+\frac{\varphi}{2},$$

d. i. die Hälfte des Winkels OAX'.

§. 62.

Denkt man sich alle möglichen Parabeln, welche das von A (Fig. 48) mit der Geschwindigkeit γ ausgesandte Atom in Folge der verschiedenen Elevationswinkel α beschreiben kann, so werden jede zwei benachbarte von diesen Parabeln sich in einem Punkte schneiden, und der Ort aller dieser Punkte wird selbst eine Kurve sein, die man die Umhüllende der gegebenen Kurven nennt, weil sie jede derselben berührt, und wie wir zeigen werden, sie sämmtlich einschließt, weßhalb diese Kurven selbst die umhüllten Linien heißen. Wir wollen jetzt die Umhüllende näher bestimmen. Dabei nehmen wir die Ordinaten y in der Richtung von A nach N als positiv; dann hat man für den Punkt (x, y) der dem Winkel α entsprechenden Parabel, wenn das Atom nach der Zeit t dahin gelangt:

$$x = \gamma t\cos\alpha, \qquad y = x\operatorname{tg}\alpha - \tfrac{1}{2}gt^2,$$

und als Gleichung der Parabel

$$y = x\operatorname{tg}\alpha - \frac{x^2}{4h\cos^2\alpha},$$

aus der

$$y(1+\cos 2\alpha) = x\sin 2\alpha - \frac{x^2}{2h},$$

also

$$(1)\quad y+\frac{x^2}{2h}=x\sin 2\alpha-y\cos 2\alpha$$

folgt.

Ebenso hat man für die Parabel, welche dem Winkel $\alpha+\delta$ entspricht, die Gleichung

$$y+\frac{x^2}{2h}=x\sin(2\alpha+2\delta)-y\cos(2\alpha+2\delta).$$

Wenn man in diesen beiden Gleichungen x und y dieselben Werthe beilegt, so liefern sie den Durchschnittspunkt (x, y) der beiden Parabeln, welche sie darstellen. Die durch ihre Subtraction erhaltene Gleichung

$$0=2x\sin\delta\cos(2\alpha+\delta)+2y\sin(2\alpha+\delta)\sin\delta$$

oder

$$x\cos(2\alpha+\delta)+y\sin(2\alpha+\delta)=0$$

bezieht sich also auf diesen Punkt; setzt man hier δ unendlich klein, so hat man zwischen den beiden Coordinaten x und y desjenigen Punktes der Umhüllenden, welcher durch die umhüllte Parabel von dem Winkel α bestimmt wird, die Relation

$$x\cos 2\alpha+y\sin 2\alpha=0,$$

welche deshalb sowohl für die umhüllende Linie als für diese bestimmte Parabel gültig ist. Eliminirt man daher aus ihr und aus der Gleichung (1) der betreffenden Parabel den Winkel α, so erhält man eine Gleichung zwischen x und y, die sich auf die Umhüllende bezieht, aber unabhängig ist von den speciellen Werthen des Winkels α, die daher für jeden Punkt dieser Kurve gilt, und mithin ihre auf rechtwinklige Coordinaten und auf den Punkt A bezogene Gleichung selber darstellt. Sie findet sich, indem man die beiden genannten Gleichungen quadrirt und addirt:

$$(\mathrm{II})\quad x^2=4h(h-y).$$

Wählt man zum Ausgangspunkt der Coordinaten H, welches $AN=2h$ halbirt, und nimmt die Richtung HA positiv, wodurch die Abscissen x nicht geändert werden, die neuen Ordinaten y' aber mit den früheren durch die Gleichung

$$y+y'=h$$

zusammenhängen, so wird die Gleichung der Umhüllenden

$$(\mathrm{II'})\quad x^2=4hy'.$$

Diese beweist aber, daß die Umhüllende gleichfalls eine Parabel ist, deren Scheitel in H, ihrem höchsten Punct, liegt, deren Axe HY, Parameter 4h, und folglich Brennpunkt A, so wie Directrix SS' ist.

Es ist noch zu zeigen, daß diese Parabel alle speciellen Parabeln einschließt, also keine derselben auf ihre convexe Seite hinausreicht.

Dieses ist aber deshalb der Fall, weil an jeder Stelle, d. i. für jedes x, die Ordinate y' der Umhüllenden größer ist als die Ordinaten y der anderen Parabeln; denn man erhält

$$y' - y = \frac{x^2}{4h}(\sec^2\alpha - 1) - x\,\mathrm{tg}\,\alpha + h$$
$$= \frac{1}{h}\left(\frac{x}{2}\,\mathrm{tg}\,\alpha - h\right)^2,$$

was stets positiv ist.

Die Umhüllende bestimmt nun gleichzeitig auf eine allgemeinere Weise als es oben geschah, das jedesmalige Maximum der Schußweite, das auf einer beliebig geneigten Ebene U'U erreicht werden kann; indem dieses offenbar der Durchschnittspunkt der umhüllenden Parabel und der Ebene selbst ist. Ferner folgt aus der bekannten Fundamentaleigenschaft der Parabel, daß dieses Maximum jedesmal von dem Brennpunkt A und der Leitlinie S'S gleich weit entfernt ist, daß also z. B. sowohl AC_0S als AC'_0S' gleichschenklige Dreiecke über den Grundlinien AS und AS' sind.

Diese letztere geometrische Eigenschaft ist von Sylvester, der Richtungskreis von Galbraid angegeben worden (cf. Philos. Magaz. 1856. I. p. 450, 538 und II. 112).

§. 63.

Dieselbe Eigenschaft der Parabel, welche uns dazu diente, sie als die Wurflinie zu erkennen (§. 57), und welche überhaupt für diese Kurve characteristisch ist, beweist auch, daß die Ketten einer Kettenbrücke Parabeln bilden. AB, BC, CD, DE, ... (Fig. 50) seien die einzelnen Kettenstücke, von deren Endpunkten die in gleichen Entfernungen von einander befindlichen Stangen AA_1, BB_1, CC_1, DD_1, ... herabgehen, um auf ihrer Verbindungslinie LM die Bohlen der Brücke zu tragen. Da diese alle gleiches Gewicht haben, so ziehen sie, wenn man die Verschiedenheit in dem Gewicht der Stangen vernachlässigt, auch mit gleicher Kraft AA'', BB'', CC'', DD'', ... die Kette KT herab.

Ferner sind die Spannungen, welche die Endpunkte A, B, C, D, ... der einzelnen Kettenstücke in den Richtungen derselben erfahren, ihren Längen proportional zu setzen; ihre aus dem Kräfteparallelogramm sich ergebenden Resultanten BB′ (von BA und BC), CC′ (von CB und CD), DD′ (von DC und DE) ... müssen, wenn Gleichgewicht im ganzen System bestehen soll, gleich und entgegengesetzt den herabziehenden Kräften BB″, CC″ etc. sein. Alles dieses wird, wie aus den früheren Betrachtungen (§. 57) hervorgeht, erfüllt, wenn ABCDE... ein in eine Parabel eingeschriebenes Sehnenvieleck bildet.

§. 64.

Ueberblicken wir noch einmal die drei Bewegungen, in denen sich die Wirkungen der Erdschwere je nach den anfänglichen Zuständen des ihr überlassenen Atoms manifestiren, nämlich die Bewegung des freien Falles, die auf der schiefen Ebene und die eines beliebig geworfenen Atoms; so finden wir merkwürdige Uebereinstimmungen, welche die gemeinsame Ursache dieser Bewegungen bekunden, aber auch Verschiedenheiten, welche von den eigenthümlichen Umständen einer jeden herrühren.

Das durchgehende Gesetz für sie alle ist: Wenn Atome aus derselben Horizontalebene mit gleicher Geschwindigkeit γ in irgend einer der angegebenen Bewegungsarten unter ganz beliebiger Neigung ausgesandt werden, so gehen sie sämmtlich durch jede horizontale Ebene mit gleicher Geschwindigkeit, und zwar mit derjenigen, welche in der betreffenden Ebene ein fallendes Atom besitzen würde, das auf seiner Bahn in die Ausgangsebene selber mit der Geschwindigkeit γ ankäme, dessen Bewegung also in einer Höhe $\frac{\gamma^2}{2g}$ über dieser Ebene begann. Die Zeiten aber, welche die Atome nöthig haben, gleiche Höhen zu erreichen, sind verschieden: in kürzester Zeit kommt am höchsten das vertical aufgeworfene Atom; eine gleiche Höhe mit ihm erreicht, wenn auch in späterer Zeit, das eine schiefe Ebene hinaufgestoßene Atom; gar nicht bis zu gleicher Höhe erhebt sich das Atom auf der parabolischen Bahn, das noch langsamer emporsteigt. Bei der abwärtsgehenden Bewegung legen ein horizontal mit beliebiger Geschwindigkeit ausgehendes und ein fallendes Atom in gleichen Zeiten stets gleiche verticale Strecken zurück; ist hingegen die Anfangsgeschwindigkeit auf der parabolischen Bahn schon abwärts gerichtet, so werden gleiche Verticalhöhen in um so kürzerer Zeit durchlaufen, je mehr sich jene Anfangsrichtung der verticalen nähert, denn hier ist $\eta = \gamma t \sin\alpha + \frac{1}{2} g t^2$; wird ein Atom mit derselben Anfangsgeschwindigkeit eine schiefe Ebene hinabgestoßen, die gegen den Horizont unter einem gleichen Winkel α geneigt ist, so geht seine verticale Bewegung langsamer von Statten, da hier die Gleichung (§. 47, (II')) $\eta = \gamma t \sin\alpha + \frac{1}{2} g t^2 \sin^2\alpha$ gilt. Endlich ist noch die constante Horizontalgeschwindigkeit für die parabolische Bewegung characteristisch, während sich diese Geschwindigkeit auf einer schiefen Ebene gleichmäßig ändert. Damit hängt zusammen, daß allein die Geschwindigkeit des eine Parabel beschreibenden Atoms nirgend Null ist.

Hieran knüpfen wir eine Bemerkung, die für die Erkenntniß der mechanischen Vorgänge in der Natur wesentlich ist, daß nämlich alle drei Bewegungen, deren Haupteigenschaften wir eben zusammengestellt haben, von der besonderen Art des Naturgesetzes unabhängig sind, daß ihre Gesetze ungeändert bestehen blieben, wenn auch statt des Newtonschen ein anderes Gravitations-Gesetz die Materie beherrschte. Das Einzige, was davon alterirt würde, wäre der numerische Werth der Erdschwere g.

Drittes Kapitel.

Die Schwungkraft.

---

§. 65.

Ein Atom durchlaufe mit der gleichförmigen Geschwindigkeit v die gleich großen Sehnen AB, BC, CD, DE, ... (Fig. 51) eines Kreises, dessen Mittelpunkt M und Radius AM = r ist. Es soll ermittelt werden, unter welchen Bedingungen das Atom die bezeichnete Bewegung annehmen wird.

Jede Sehne werde in einer n^{tel} Sekunde zurückgelegt, so daß

$$AB = BC = CD = \ldots = \frac{v}{n}$$

ist. Wenn nun das Atom nach der ersten n^{tel} Sekunde in B angekommen ist, so würde es wegen seiner Trägheit in der nächsten n^{tel} Sekunde in derselben Richtung um die Strecke $BB_1 = AB$ fortschreiten; weil es aber den Weg BC zurücklegen soll, so muß es in B einen Impuls erhalten, vermöge dessen es in diesem Zeitraume die Strecke BB′, gleich und parallel BC, durchlaufen würde; denn dann ist nach dem Parallelogramm der Kräfte der wirkliche Weg des durch die Impulse BB_1 und BB′ angetriebenen Atoms die Diagonale BC des aus beiden construirten Parallelogramms.

Nun ist aber $BB_1 = BC = BA$, folglich Winkel $B_1 = B_1CB = CBB'$, und da Winkel $ABC = B_1 + B_1CB = 2\,CBB'$ ist, so wird ABC durch BB′ halbirt.

Daraus folgt, daß BB′ auf dem Radius BM liegt, also der Impuls, den das Atom in B erhält, nach dem Mittelpunkt des Kreises gerichtet sein muß. Geht die Bewegung des Atoms auf dieselbe Weise fort, so wiederholt sich diese Construction immer von Neuem; daher gelten auch dieselben Schlüsse und Resultate, wenn das Atom am Ende des zweiten Zeittheiles in C, am Ende des dritten in D

u. s. f. angelangt ist. Das Atom muß also, um die auf einander folgenden gleich großen Sehnen AB, BC, CD, ... des Kreises mit der constanten Geschwindigkeit v zu durchlaufen, zu Ende eines jeden Zeitintervalles die gleich großen Impulse

$$BB' = CC' = DD' = \ldots$$

erfahren, deren Richtungen sämmtlich durch den Mittelpunkt M des Kreises gehen.

Alle Dreiecke in der Figur sind gleichschenklig, und da ihre Winkel bezüglich gleich sind, auch ähnlich. Daraus folgt

$$\frac{AM}{AB} = \frac{BC}{BB'},$$

oder vielmehr

$$\frac{r}{\frac{v}{n}} = \frac{\frac{v}{n}}{BB'},$$

folglich

$$BB' = \frac{v^2}{n^2 r}.$$

Diese Strecke würde in Folge eines Impulses das Atom in einer n^{tel} Sekunde durchlaufen; die Geschwindigkeit daher, die ihm ein Impuls mittheilt, oder die Stärke eines Impulses ist n mal so groß, also

$$\frac{v^2}{nr},$$

und die Geschwindigkeit, welche es durch n Impulse, d. h. am Ende der ersten Sekunde der fortdauernden Einwirkung dieser Kraft erhielte, wenn es ihr allein überlassen wäre, wiederum n mal so groß, also

$$\frac{v^2}{r}.$$

Dieser Ausdruck stellt mithin das Maß der constanten Kraft selbst dar (§. 8), welche zur Erzielung der bezeichneten Kreisbewegung alle n^{tel} Sekunden auftreten muß. Sie wird Schwungkraft genannt, und möge mit c bezeichnet werden, so daß für sie die Gleichung

$$\text{(I)} \qquad c = \frac{v^2}{r}$$

Statt findet.

§. 66.

Das hervorstechende Merkmal der Schwungkraft ist, daß ihre Impulse stets nach einem festen Punkte gerichtet sind; ihre Wirkung aber auf das von ihr erfaßte Atom ist die gleichförmige Bewegung desselben durch ein gleichseitiges Polygon hindurch, dessen sämmtliche Ecken in einem aus jenem festen Punkte beschriebenen Kreise liegen. Ist die Bahn des Atoms eine beliebige Kurve, so ist der Krümmungskreis (§. 139) des Punktes, in dem sich das Atom befindet, der Kreis, auf welchen sich die Vorstellung bezieht.

Es besteht also ein wesentlicher Unterschied zwischen den Wirkungen der Schwungkraft und den Wirkungen der Anziehungskraft, die wir in den beiden ersten Kapiteln betrachtet haben. Einem Körper, welcher von dieser Kraft afficirt war, wurde durch dieselbe eine wirkliche Geschwindigkeit verliehen, die mit der Zeit anwuchs, die Größe der Kraft selber — nach einer Sekunde — erreichte, und überhaupt jede Grenze durch die andauernde Wirkung überschreiten konnte. Hier aber ist das Resultat der Kraft gar nicht eine Geschwindigkeit: ihre Impulse summiren sich nicht zu einer Gesammtwirkung, sondern jeder erneuert nur den Erfolg des vorangehenden, der sonst durch die Eigenbewegung des Atoms wieder aufgehoben würde, und ruft sonach, so lange die Kraft wirksam ist, nur eine stete Richtungsänderung der Bahn hervor.

Die Länge der Kreissehnen, die das Atom durchläuft, ist ganz beliebig; sie können auch unendlich klein werden, so daß alsdann, indem der Kreis als Polygon von unendlich vielen Seiten zu betrachten ist, das Atom die Kreisperipherie selber zur Bahn hat. Pulsirt die Schwungkraft in der Sekunde unendlich oft ($n = \infty$), so müssen die beschriebenen Sehnen unendlich klein sein, weil anders die Geschwindigkeit des Atoms unendlich groß wäre, eine solche Geschwindigkeit aber undenkbar ist. Ohne daß sich die Stärke der Schwungkraft ändert, können doch die Zeitintervalle, in denen sie sich äußert, die verschiedensten sein; je kleiner sie sind, um so geringer sind auch die einzelnen Impulse der Kraft, um so kleinere Sehnen beschreibt auch das Atom. Mit der Länge der Sehnen hängt auch die ursprüngliche Richtung zusammen, die das Atom einzuschlagen hat; der Winkel, den die erste Sehne mit dem nach dem Ausgangspunkt der Bewegung gezogenen Radius bildet, nähert sich um so mehr einem Rechten, je kleiner die Sehnen sind, bis er an der Grenze genau gleich 90° wird. Immer ist er aber halb so groß wie der Polygonwinkel der beschriebenen Figur. Wird der Kreis selbst durchlaufen, so ist die Richtung der Bewegung von Anfang an stets tangentiell zum Kreise, d. h. senkrecht gegen den Radius.

Beispiel. $r = 1000'$, $v = 60'$, $n = 100$. Es findet sich
$$AB = \frac{v}{n} = 0',6, \quad c = 3',6, \quad BB' = \frac{c}{n^2} = 0',00036.$$

Wenn also eine Kugel in einer hundertel Sekunde eine Sehne von 0′,6 in einem Kreise, dessen Radius 1000′ beträgt, durchläuft, mithin eine Geschwindigkeit von 60′ besitzt, so muß sie alle 0,01 Sekunden Impulse von der Stärke 0′,036 erhalten, um ihre Bahn auf die angefangene Weise im Kreise fortzusetzen. Die auf sie einwirkende Schwungkraft ist alsdann 3′,6, d. h. diese Kraft muß, wenn sie eine ganze Sekunde lang immer aus derselben Entfernung auf ein Atom einwirkt, demselben eine Geschwindigkeit von 3′,6 verleihen können. Mit derselben Schwungkraft $c = 3',6$ und bei unveränderter Geschwindigkeit von 60′ kann das Atom auch andere Polygone in demselben Kreise durchlaufen; indem dieses nur von den Zeitintervallen abhängt, die zwischen den einzelnen Impulsen der Schwungkraft verstreichen. Z. B. für $n = 200$ sind die Impulse $= 0',018$, während die Sehnenlänge 0′,3 beträgt.

§. 67.

Eine zweite allgemeine Bemerkung von großer Wichtigkeit ist, daß eine Schwungkraft aus den verschiedenartigsten Anlässen entspringen kann. Nicht darf man daraus, daß ihre Impulse stets nach dem Mittelpunkt des beschriebenen Kreises gerichtet sind, diesen selbst als den nothwendigen Sitz der Kraft zu erkennen glauben. Wo eine gleichförmige Bewegung im Kreise Statt hat, stehet eben nur so viel fest, daß eine Schwungkraft zu ihrer Verwirklichung thätig ist; Ursprung und Sitz derselben sind aber erst zu ermitteln. Wenn man den Arm bewegt, wenn ein Pendel schwingt, so ist es die Cohäsion der einzelnen Theilchen eines Körpers, von der die Schwungkraft geleistet wird, und ohne welche die Theile bei der Drehung aus einander reißen würden. So lange ein Wassertropfen an einem rotirenden Schleifsteine festsitzt, wird er durch die Adhäsion an der Scheibe gehalten. Eine Kugel wird den Weg ABCDE... (Fig. 51) beschreiben, wenn sie durch eine Anfangsgeschwindigkeit v von A nach B gelangt ist, und nun in B, C, D, E, ... von außen her in der Richtung nach M zu Stöße von gleicher und geeigneter Stärke $\left(\frac{v^2}{n\,r}\right)$ empfängt. Wenn endlich die Planeten um die Sonne kreisen, so wird die Schwungkraft in diesem Falle durch die Anziehung der Sonne bewirkt, die sich im Centrum der beschriebenen Bahnen befindet.

Wir werden hinreichend Gelegenheit haben, diese verschiedenen Erzeugungsarten der Schwungkraft genauer kennen zu lernen, und wollen hier nur eine derselben durch ein Beispiel näher erläutern. Auf der Peripherie eines Kreises mit einem Radius von 2000′ sind in 2′ weiten Entfernungen von einander Personen aufgestellt. Eine Büchsenkugel fliegt mit der Geschwindigkeit von 1000′ vom Ersten zum Zweiten. Welche nach dem Mittelpunkt des Kreises gerichteten Schläge müssen ihr die Personen ertheilen, damit sie ihre Bewegung von einer zur folgenden Person der Reihe nach fortsetze? — Die Kugel durchläuft jede Sehne in 0,002 oder $\frac{1}{500}$ Sekunde; daher ist $n = 500$; die Schläge müssen also von der Stärke eines Fußes $\left(\frac{v^2}{nr}\right)$ sein, d. h. jeder einzeln ihr die Geschwindigkeit von einem Fuß mittheilen. Da aber nun solcher Schläge oder Impulse in einer Sekunde 500 erfolgen, und da man erst die Summe aller Impulse in diesem Zeitraume Kraft nennt (§. 8), so beträgt die Schwungkraft selbst 500 Fuß. Der Weg, den in Folge derselben die Kugel in jedem Zeitintervall zurücklegen würde, ist aber nur von der unbedeutenden Größe von $\frac{1}{500}$ Fuß oder 0,288 Linien.

§. 68.

Man kann außer der Formel

$$(\mathrm{I}) \qquad c = \frac{v^2}{r}$$

auch noch andere Ausdrücke für die Schwungkraft ableiten, welche häufig angewendet werden.

Ist nämlich t die **Umlaufszeit** des Atoms, d. h. die Anzahl der Sekunden, in welchen es den Kreis gerade einmal durchläuft, so hat man bei einer in der Sekunde unendlich oftmal pulsirenden Schwungkraft:

$$\text{(II')} \quad vt = 2\pi r,$$

mithin

$$\text{(II)} \quad c = \frac{4\pi^2 r}{t^2},$$

während

$$\pi = 3{,}14159265.$$

Wenn sich ferner eine ebene Figur um einen beliebigen aber festen Punkt ihrer Ebene dreht, so daß alle Punkte der Figur um denselben concentrische Kreise in gleichen Zeiten beschreiben, so versteht man unter **Winkelgeschwindigkeit** dieser rotirenden Figur die Geschwindigkeit derjenigen ihrer Punkte, welche von dem Centrum um die Längeneinheit abstehen, also Kreise mit dem Radius Eins beschreiben. Bezeichnet man die Winkelgeschwindigkeit mit θ, so ist, wenn t wiederum die Umdrehungszeit angiebt:

$$\text{(III')} \quad \theta = \frac{2\pi}{t},$$

$$v = \frac{2\pi r}{r} = \theta r,$$

$$\text{(III)} \quad c = \theta^2 r.$$

Aus diesen verschiedenen Ausdrücken für c ersieht man, daß die Schwungkraft proportional dem Quadrat der Geschwindigkeit oder der Winkelgeschwindigkeit ist, daß sie also bei doppelter Geschwindigkeit 4 mal, bei dreifacher 9 mal größer wird u. s. w.; daß sie ferner bei constanter Geschwindigkeit umgekehrt proportional dem Radius der Kreisbahn, also bei doppeltem Radius halb so groß, bei dreifachem nur $\frac{1}{3}$ so groß ist. Endlich ist sie bei gleichem Radius dem Quadrat der Umlaufszeit umgekehrt proportional, also bei halb so großer Umlaufszeit 4 mal, bei dreifacher aber nur $\frac{1}{9}$ so groß. Z. B. muß die Spannung eines drei Fuß langen Fadens, an welchem eine Kugel im Kreise herumgeschwungen wird, derselben eine Schwungkraft von $12\pi^2$ Fuß verleihen, wenn die Umlaufszeit gerade eine Sekunde beträgt, hingegen von $108\pi^2$ Fuß, wenn die Kugel drei mal in der Sekunde herumkommen soll.

Die Wirkungen der Schwungkraft bei astronomischen Erscheinungen.

§. 69.

Die Entfernung der Planeten und Monde von ihren Centralkörpern.

Die Planeten bewegen sich in Ellipsen, in deren einem Brennpunkte die Sonne steht, und auf gleiche Weise bewegen sich die Monde um ihre Planeten. In den folgenden Aufgaben setzen wir aber voraus, daß diese Bahnen Kreise sind, in deren Mittelpunkte das jedesmal umkreiste Gestirn sich befindet. Man kann diese Annahme in allen Fällen, wo es sich nicht um größere Genauigkeit handelt, als eine Annäherung an die Wahrheit betrachten, da jene Ellipsen sehr kleine Excentricitäten besitzen, sich also wenig von Kreisen unterscheiden. Ein Planet wird von der Sonne, ein Mond von seinem Planeten nach dem Newtonschen Gravitationsgesetze angezogen; er müßte auf das anziehende Gestirn stürzen, wenn er nicht eine eigene Geschwindigkeit besäße, die ihn in einer anderen Richtung forttriebe. Diese beiden Kräfte, die auf den Himmelskörper influiren, seine Eigenbewegung und die Attraction des Centralkörpers, rufen nun seine Kreisbewegung um den letzteren hervor. Hier tritt also die Attraction als Schwungkraft auf, so daß durch sie weder die Entfernung des Planeten von dem Centralgestirn noch seine Geschwindigkeit alterirt, sondern nur seine Bahn in einen Kreis gekrümmt wird.

Kennt man den Radius ϱ des kugelförmigen anziehenden Gestirnes, und die auf seiner Oberfläche Statt findende Schwerkraft g, so wie die Umlaufszeit t des angezogenen Himmelskörpers, so kann man daraus vermittelst der Formeln für die Schwungkraft die Entfernung x des letztern von dem Mittelpunkte des erstern in Einheiten des Radius ϱ berechnen. Denn die Größe der Attraction, welche der angezogene Stern alsdann erfährt, ist

$$\frac{g}{x^2},$$

und da dieselbe die seine Kreisbahn erhaltende Schwungkraft ist, so hat man die Gleichung

$$\frac{g}{x^2} = \frac{4\pi^2 x \varrho}{t^2},$$

aus der sich

$$x = \sqrt[3]{\frac{gt^2}{4\pi^2\varrho}}$$

ergiebt.

Um z. B. die Entfernung des Mondes von der Erde zu berechnen, muß man, indem man zum Längenmaß das Meter wählt,

$$g = 9{,}8126 \ (\S. 11),$$

$$\text{Erdumfang } 2\pi\varrho = 40000000,$$

$$t \,(27 \text{ Tage } 7^h\, 43'\, 12'') = 2360592''$$

setzen, und findet

$$x = 60{,}14442;$$

so daß die Entfernung des Mondes von der Erde etwa $60\frac{1}{10}$ Erdradien oder 51694,13 geogr. Meilen beträgt.

§. 70.

Entdeckung des Naturgesetzes. Aus trigonometrischen Betrachtungen war man schon zu der Kenntniß der Mondentfernung gelangt, bevor Newton das Naturgesetz entdeckt hatte. Sie führte ihn eben im Verein mit der Formel für die Schwungkraft auf diese Entdeckung. Denn nimmt man an, daß die Attractionskraft umgekehrt proportional der x^{ten} Potenz der Entfernung wirke, und daß die Entfernung des Mondes von dem Erdmittelpunkte m Erdradien betrage, so hat man unter Beibehaltung der übrigen Bezeichnungen des letzten §.

$$\frac{g}{m^x} = \frac{4\pi^2 m\varrho}{t^2},$$

woraus man

$$x = \frac{\log \frac{gt^2}{4\pi^2\varrho}}{\log m} - 1$$

herleitet.

Mit Hülfe der in §. 69 angegebenen Werthe für t und ϱ und für m = 60 (Erdradien) findet man

$$x = 2{,}00176.$$

Dieses Resultat drängt zu der Annahme, daß die Attractionskraft umgekehrt proportional dem Quadrat der Entfernung wirke.

§. 71.

Höhe der Erdatmosphäre. Es ist natürlich, nur diejenigen Körper als zur Erde gehörig anzusehen, welche an der täglichen Umdrehung der Erde Theil haben, also stets im Zenith desselben Ortes verharren. In diesem Sinne kann man unter der Höhe der Erdatmosphäre diejenige Höhe verstehen, bis zu welcher sich die Luftatome gleichzeitig mit der Erde in 24 Stunden einmal um die Erdaxe drehen. Den in der Ebene des Erdäquators befindlichen Luftatomen, die wir hierbei allein in's Auge fassen, wird die Schwungkraft, welche sie nöthigt, Kreise um die Erdaxe zu beschreiben, durch die Attractionskraft der Erde verliehen, die im Mittelpunkt der Erde und dieser Bahnen ihren Sitz hat. Mit der wachsenden Entfernung der Atome vom Sitze dieser Kraft verliert dieselbe, nach dem Newtonschen Gesetze, an Intensität; und da gleichzeitig die weiter entfernten Atome bei derselben Winkelgeschwindigkeit eine größere Schwungkraft erfassen muß (nach der (III) des §. 68), so ist klar, daß in einer bestimmten Höhe den Luftatomen nicht mehr die hinreichende Schwungkraft verliehen werden kann, damit sie ihre Kreisbahnen in gleicher Zeit wie die Erde durchlaufen. In dieser Höhe wird die ganze Attraction der Erde als Schwungkraft verbraucht; während in geringeren Höhen nur ein Theil von jener zur Erhaltung der Kreisbewegung aufgewendet wird, der Rest aber noch als Schwerkraft besteht, welche nur durch den Widerstand der darunter befindlichen Atome aufgehoben wird.

Setzt man also die gesuchte Entfernung gleich x Erdradien, so hat man unter Beibehaltung der zuletzt gebrauchten Bezeichnungen (§. 69)

$$\frac{4\pi^2 x \varrho}{t^2} = \frac{g}{x^2},$$

$$x = \sqrt[3]{\frac{g t^2}{4\pi^2 \varrho}}.$$

t ist hier die Umdrehungszeit der Erde, d. i. die Länge eines Sterntages in Sekunden, der nicht volle 24 Stunden oder 86400 Sekunden, sondern nur 86164 Sekunden beträgt. Es ist daher

$$x = \sqrt[3]{\frac{9{,}8126 \,.\, 86164^2}{80000000\,\pi}}$$

$$= 6{,}61808 \text{ Erdradien}$$

vom Mittelpunkte der Erde aus gerechnet.

Die Luftschicht, welche die Erde umhüllt, kann also nur bis zu einer Höhe von 5,61808 Erdradien oder 4828,739 geogr. Meilen die tägliche Axendrehung der Erde theilen. Man kann aber daraus mit Laplace nicht den Schluß ziehen, daß die Atmosphäre überhaupt nur so weit reicht; denn warum sollen nicht noch über diese Grenze hinaus sich Luftatome erstrecken, die, wie Monde, in längerer Zeit ihre kreisförmigen Bahnen um die Erde beschreiben?

Die bedeutende Luftmasse, mit welcher die Erde umgossen ist, übt durch ihr Gewicht, das, beiläufig bemerkt, ein Milliontel des Gewichts der ganzen Erde ausmacht (s. u. §. 106), einen Druck auf alle Körper aus, mit denen sie in Berührung kommt. Dieser Druck beträgt 14,13 ℔ auf den □″, wie man durch die Höhe des Barometerstandes mißt, der im Mittel einer Säule von 28″ Quecksilber oder 32′ Wasser enspricht. Wäre die Luft überall von derselben Dichte, welche sie an der Erdoberfläche besitzt, so müßte sie demnach nur etwas über eine Meile hoch sein, weil Quecksilber 10500 mal, Wasser 773 mal schwerer als Luft ist. (Das specifische Gewicht des Quecksilbers ist 13,59.) Da aber die Luft in immer größeren Höhen leichter wird, weil sie dort nicht mehr dem Druck der ganzen Luftmasse ausgesetzt ist, so berechnet man aus der Abnahme des Barometerstandes, die beiläufig bei einer Erhebung von 80′ über der Erdoberfläche eine Linie beträgt, die Höhe der Atmosphäre zu 10 Meilen; worunter man also nur zu verstehen hat, daß sie in dieser Höhe nicht mehr im Stande wäre, das Quecksilber im Rohre merklich zu heben.

Man kann natürlich mit Hülfe der in diesem §. entwickelten Formel auch die Höhe der Atmosphäre für jeden anderen Himmelskörper berechnen, dessen Winkelgeschwindigkeit, Radius und Schwerkraft auf der Oberfläche man kennt. Wir werden bald die letztere für die Sonne ermittelt haben, und wollen dann auch die Höhe ihrer Atmosphäre angeben (§. 74).

§. 72.

Die Masse der Sonne. Durch die Attractionskraft der Sonne, welche ebenfalls dem Newtonschen Gesetz unterworfen ist, wird die Erde in einer fast kreisförmigen Bahn um dieses Gestirn herumgeführt. Bei bekannter Entfernung der Erde von dem Mittelpunkt der Sonne kann man daher mit Hülfe der Ausdrücke für die Schwungkraft die Masse der Sonne ermitteln.

Beträgt jene Entfernung m Erdradien, und wird die Masse der Sonne, die der Erde zur Einheit gewählt, x gesetzt, so wird die Erde von der Sonne mit der Stärke

$$\frac{xg}{m^2}$$

angezogen; diese ganze Kraft dient nur dazu, die Erde in ihrer Kreisbahn zu erhalten. Man hat daher, wenn t noch die Umlaufszeit der Erde in Sekunden, und ϱ die Länge des Erdradius angiebt,

$$\frac{xg}{m^2} = \frac{4\pi^2 m\varrho}{t^2},$$

$$x = \frac{4\pi^2 m^3 \varrho}{g t^2}.$$

Das Jahr hat 365,2422 Tage zu 86400 Sekunden, m ist 24000; die übrigen Bestimmungen kommen in §. 69 vor; also ist

$$x = \frac{80000000\pi . 24000^3}{9,8126 . (365,2422 . 86400)^2}$$

$$= 355550.$$

So viele Erdkugeln müßte man zusammenballen, um die Sonnenmasse zu erhalten.

§. 73.

Dichtigkeit der Sonne. Der Radius der Sonne ergiebt sich ungefähr 112 mal größer als der Erdradius, ihr kubischer Inhalt übertrifft also das Volumen der Erde $112^3 = 1414000$ mal. Da dieser Körper aber nur die 355550fache Masse der Erde besitzt, so folgt, daß die Dichtigkeit der Sonne

$$\frac{355550}{1414000} = 0,25145,$$

also etwa $\frac{1}{4}$ von der Dichtigkeit der Erde beträgt, d. h. daß unter der Voraussetzung der Homogeneïtät beider Körper die Erde in demselben Raume vier mal mehr Atome enthält als die Sonne, oder daß vier gleich große Kugeln, aus der Masse der Sonne genommen, erst so viel wiegen würden, wie eine einzige Kugel von derselben

Größe aus der Erdmaterie. Das specifische Gewicht der Erde ist 5,46, das der Sonne also 1,372, mithin nur wenig größer als das des Wassers.

§. 74.

Schwerkraft auf der Sonnenoberfläche. Nehmen wir die Sonnenmasse gleich 355550 Erdmassen, den Sonnenradius gleich 112 Erdradien, und erinnern uns der schon früher (§. 11) gemachten Bemerkung, daß eine Kugel so anzieht, als ob alle ihre Atome in ihrem Mittelpunkt vereinigt wären, so hat man für die Anziehung, welche durch die Sonne Körper auf ihrer Oberfläche erfahren, wenn wir dieselbe mit G, die Schwerkraft der Erde aber mit g (= 31′,2649) bezeichnen:

$$G = \frac{355550}{112^2} g = 28,3442\, g = 886,1786 \text{ Fuß}.$$

Die Schwerkraft auf der Sonne ist also 28 mal größer als auf der Erde und gleich 886,1786 Fuß. Dies ist die Geschwindigkeit, welche ein fallender Körper auf ihr am Ende der ersten Sekunde erreicht; und er ist alsdann durch eine Höhe von 443′,0893 gefallen, während der entsprechende Raum auf der Erde nur 15′,6324 beträgt. Hier durchfällt in der ersten Sekunde ein Körper einen mäßig hohen Saal, dort fiele er in derselben Zeit vom Straßburger Münster herab. Alle Körper würden auf der Sonne ein 28,34 mal größeres Gewicht besitzen, der Mensch nicht etwa $1\frac{1}{2}$ Ctr., sondern 42,516 Ctr. wiegen.

§. 75.

Sonnenatmosphäre. Auch die Sonne hat eine eigene Axendrehung, die sie in $25\frac{1}{2}$ Tag vollendet. Man kann also auch, wie wir es oben (§. 71) für die Erde gethan haben, berechnen, wie weit die Sonnenatmosphäre reicht, welche derselben Bewegung unterworfen ist. Wenn wir diese Höhe vom Mittelpunkt der Sonne an gleich x Sonnenradien, die Schwerkraft derselben = G (§. 74), und den Erdradius = ϱ setzen, so gilt die Gleichung (vgl. §. 73)

$$\frac{4\pi^2 \varrho \,.\, 112 \,.\, x}{(25,5 \,.\, 86400)^2} = \frac{G}{x^2};$$

aus ihr folgt, wenn man die Längen in Metern ausdrückt:

$$x = \sqrt[3]{\frac{(25{,}5\,.\,86400)^2\,.\,28{,}3442\,.\,9{,}8126}{\pi\,.\,80000000\,.\,112}}$$

$$= 36{,}33284 \text{ Sonnenradien.}$$

Die Atmosphäre der Sonne hat also eine Höhe von 35,33284 Sonnenradien oder von 3401280 geogr. Meilen; sie erstreckt sich noch nicht bis zum nächsten Planeten, dem Merkur, der etwa 8 Millionen Meilen von ihr entfernt ist.

§. 76.

Das dritte Keplersche Gesetz. Wir werden weiter unten noch ausführlicher von den drei großen Gesetzen zu reden haben, welche die Wissenschaft Kepler verdankt. Das dritte derselben ist unter der Voraussetzung, daß die Planeten Kreisbahnen um die Sonne beschreiben, eine einfache Folgerung aus den Eigenschaften der Schwungkraft, und soll daher schon hier eine Stelle finden. Denn sind die Entfernungen zweier Planeten von der Sonne S (Fig. 52) gleich r und r_1, und ist die Anziehungskraft der Sonne in der Einheit der Entfernung k, so verleiht sie nach einer Sekunde Wirkung dem ersteren Planeten die Geschwindigkeit $\frac{k}{r^2}$, dem anderen die Geschwindigkeit $\frac{k}{r_1^2}$. Diese Kräfte treten aber als Schwungkraft auf, um die Planeten in Kreisen um die Sonne zu treiben. Wenn man folglich t und t_1 die entsprechenden Umlaufszeiten der beiden Gestirne nennt, so hat man die Gleichungen

$$\frac{k}{r^2} = \frac{4\pi^2 r}{t^2}, \quad \frac{k}{r_1^2} = \frac{4\pi^2 r}{t_1^2},$$

deren Division auf

$$\frac{r^3}{r_1^3} = \frac{t^2}{t_1^2}$$

führt, d. h. in Worten: **Die Quadrate der Umlaufszeiten zweier Planeten verhalten sich wie die Kuben ihrer (mittleren) Entfernungen von der Sonne.** Hierin ist das dritte Keplersche Gesetz ausgesprochen. Es lehrt aus den bekannten Elementen der Bewegung eines Planeten die Entfernungen der anderen finden, wenn man ihre Umlaufszeiten kennt, oder diese, wenn die ersteren gegeben sind. Die bezüglichen Gleichungen sind:

$$t_1 = t\sqrt{\frac{r_1^3}{r^3}}, \qquad r_1 = r\sqrt[3]{\frac{t_1^2}{t^2}}.$$

Beispiele. Bezieht man r und t auf die Erde, und wählt diese Größen zu Einheiten (r die mittlere Entfernung von der Sonne = 20682329 geogr. Meilen, t gleich einem Jahr), so werden die beiden Formeln

$$t_1 = \sqrt{r_1^3} \text{ Jahre,}$$

$$r_1 = \sqrt[3]{t_1^2} \text{ Erdentfernungen von der Sonne.}$$

Der Neptun, erst im Jahre 1846 entdeckt, hat seitdem noch nicht einen Umlauf vollendet; da man aber seine Entfernung von der Sonne kennt, die 30,036 mal größer als die der Erde ist, so erhält man seine Umlaufszeit gleich $\sqrt{30{,}036^3} = 164{,}61$ Jahre.

Die Entfernung des Jupiters von der Sonne wird aus seiner bekannten Umlaufszeit von 11,815 Jahren gleich 5,20115 Erdentfernungen = 107571900 G. Meilen gefunden.

Die Schwungkraft auf der Erdoberfläche.

§. 77.

Eine horizontal abgeschossene Kanonenkugel als Mond der Erde. So lange die Anfangsgeschwindigkeit eines in beliebiger Richtung geworfenen Körpers gering ist, wird seine parabolische Bahn (§. 57 ff.) die Erdoberfläche schneiden. Hingegen wird für eine bestimmte horizontale Anfangsgeschwindigkeit die ganze Schwerkraft der Erde als Schwungkraft aufgewendet, indem sie dann nur dazu dient, den Körper in gleicher Entfernung von ihrem Sitze zu erhalten, also ihn wie den Mond in einem Kreise um sich herumzuführen. Bei noch größerer Anfangsgeschwindigkeit, für welche die Erdschwere nicht mehr ausreicht, die erforderliche Schwungkraft darzubieten, würde sich der Körper, wie wir später sehen werden, in einer elliptischen oder hyperbolischen Bahn bewegen müssen.

Für die Geschwindigkeit v, mit welcher eine Kanonenkugel horizontal abgeschossen werden müßte, damit sie in einem größten Kreise um die Erdoberfläche ewig wie ein Mond rotirte, gilt demnach, wenn g die Schwerkraft der Erde, r den Radius derselben bezeichnet, die Gleichung

$$g = \frac{v^2}{r},$$

also

$$v = \sqrt{gr},$$

was, da $g = 31',2649$ und $r = 859,5$ G. Meilen zu 23642,1 Fuß Rhl. ist, $v = 25205',4$ oder $1\frac{1}{20}$ preuß. Meilen (à 24000′) od. 1,0661 G. Meilen ergiebt. Eine mit dieser Geschwindigkeit ausgesandte Kanonenkugel würde mithin, ohne den Luftwiderstand, zu einem Monde der Erde, und dieselbe in einer Zeit von 5065″,2 oder 1,407 Stunden umlaufen, da der Umfang der Erde 5400 G. Meilen beträgt. Diese Geschwindigkeit übersteigt die größte von 2000′, die man einer Kugel mitzutheilen im Stande ist, um das 12 bis 13fache.

§. 78.

Verminderung der Schwerkraft durch die Rotation der Erde. An der Rotation der Erde um ihre Axe nehmen alle Körper Theil, die sich auf der Erdoberfläche befinden, indem sie ebenfalls in 24 Stunden kleinere oder größere Parallelkreise beschreiben, je nachdem sie mehr oder weniger weit vom Aequator entfernt sind. Weil diese Kreisbewegung eine Schwungkraft erfordert, welche nur von der Schwerkraft der Erde zu entnehmen ist, so muß dadurch die Schwere der Körper auf der Erdoberfläche verringert werden, und zwar in einem um so höheren Grade, je näher sie am Aequator sind, wo sie in derselben Zeit größere Kreise zu beschreiben haben. Aus diesem Grunde sind die Fallräume an den Polen am größten, auf dem Aequator am kleinsten; und wird ein Körper immer leichter, wenn man ihn von den Polen nach dem Aequator bringt. Diese Erscheinung kann natürlich mit Hülfe einer Wage nicht nachgewiesen werden, wohl aber durch eine Spiralfeder AB (Fig. 52ª), welche durch ein passendes Gewicht B beschwert ist. Denn dieselbe würde sich ausdehnen, wenn man sie den Polen näher bringt, und sich im entgegengesetzten Falle zusammenziehen.

§. 79.

Größe der Schwungkraft unter dem Aequator. Wenn r den Radius und $t = 86164$ Sekunden die Umdrehungszeit der Erde bezeichnen, so ist die Schwungkraft c_0, der alle Körper auf dem Aequator unterworfen sind:

$$c_0 = \frac{4\pi^2 r}{t^2}$$

$$= \frac{80000000\pi}{86164^2} \text{ Meter,}$$

beträgt mithin nur 3,385 Centimeter oder 1,284 Rh. Zoll. Eine Kraft also, welche nach Verlauf einer Sekunde einem Körper die geringe Geschwindigkeit verleihet, welche durch die nebengezeichnete Linie AB

A B

dargestellt ist, würde hinreichen, denselben unter dem Aequator im Kreise zu erhalten.

Da die Schwerkraft g der Erde $9^m,8126$ ist, so findet sich:

$$c_0 = \frac{g}{289,79},$$

oder daß die Schwungkraft unterm Aequator ungefähr den 289sten Theil von der Erdschwere ausmacht. Um so viel wird hier die letztere vermindert, und so viel ist hier das Gewicht der Körper kleiner, als es sein würde, wenn die Erde keine Rotation besäße. Stellte man also längs eines Meridianquadranten vom Aequator bis zu einem Pole Stangen auf, zöge über sie eine Schnur, und befestigte an deren Enden gleiche Gewichte, so würde das ganze System trotzdem an dem Pole herabrollen. Man müßte unter dem Aequator 289 ℔ anbringen, wenn am Pole 288 ℔ aufgehängt sind, um Gleichgewicht zu erhalten. Die Abplattung der Erde an den Polen ist hierbei noch nicht berücksichtigt, und bewirkt, daß die Verminderung der Erdschwere von den Polen bis zum Aequator von $\frac{1}{289}$ bis auf $\frac{1}{200}$ steigt.

Da bei constantem Radius die Schwungkraft dem Quadrate der Geschwindigkeit proportional, und $289 = 17^2$ ist, so würde unter dem Aequator die ganze Schwerkraft der Erde zur Schwungkraft verwendet werden, wenn die Erde mit 17 mal größerer Geschwindigkeit rotirte, also ein Tag nur $\frac{86164}{17} = 5068'' = 1,408$ Stunden dauerte. Es würde dann auf dem Aequator keine Schwere mehr geben, und der Chimboraço z. B. keinen Druck auf die Erdoberfläche ausüben. Auf den anderen Punkten der Erde ist die Schwungkraft wegen des kleineren Radius der zu beschreibenden Kreise immer kleiner als unter dem Aequator, also würde auch in dem letzteren Falle daselbst noch, wenngleich in verringertem Maße, Schwere bestehen, wie sie an den Polen, die gar keine Rotation besitzen, überhaupt nicht vernichtet werden kann. Bei einer 17 mal größeren Umdrehungsgeschwindigkeit der Erde würde also die Schwere und damit der Druck der Körper auf ihre Unterlage unter dem Aequator aufgehoben. Da aber die Reibung dem Drucke proportional ist, so könnte auch keine Reibung mehr existiren, daher würden die Körper, wenn die Geschwindigkeit der Drehung noch mehr wächst, sich doch nur mit der zuletzt erhaltenen Geschwindigkeit, also in einer der Drehungsrichtung der Erde entgegengesetzten Richtung von Osten nach Westen bewegen.

§. 80.

Größe und Wirkungen der Schwungkraft unter der Breite von φ^0. NQSA (Fig. 53) stelle einen Erd-Meridian, AQ den in ihm liegenden Aequatorialdurchmesser und NS die Erdaxe vor. Der Winkel $BMA = \varphi$ giebt die geographische Breite aller Punkte auf dem Parallelkreise BB′ an; sein Radius BC ist gleich $r \cos\varphi$, wenn r der Erdradius ist. Bezeichnet t die Umdrehungszeit der Erde, so hat daher die Schwungkraft für B die Größe

$$c_\varphi = \frac{4\pi^2 r \cos\varphi}{t^2},$$

oder durch Einführung der Schwungkraft unter dem Aequator (§. 79),

$$c_0 = \frac{4\pi^2 r}{t^2},$$

den Werth

$$c_\varphi = c_0 \cos\varphi,$$

der um so kleiner ist, je größer φ ist, d. h. je näher B den Polen liegt. Diese Schwungkraft ist nach dem Mittelpunkt C des beschriebenen Kreises gerichtet, und muß von der Schwerkraft der Erde entnommen werden. Daraus folgt, daß die Schwerkraft nicht allein vermindert, sondern auch ihre Richtung verändert wird. Es stelle nämlich

BD, auf dem Radius BM der Kugel, einen Impuls der Erde für B dar, der natürlich unendlich klein $\left(=\frac{g}{n}\right)$ ist, und BE, auf dem Radius BC des Parallelkreises gelegen, die Stärke eines jeden Impulses der Schwungkraft, der also kleiner als der 289ste Theil von jenem Impulse der Erde ist (§. 79). Dann zeigt die Zerlegung von BD in zwei Componenten, deren eine BE ist, daß als eigentliche Schwerkraft BF, parallel und gleich DE, übrig bleibt, die nur in dem Falle, wo B auf dem Aequator oder unter den Polen liegt, nach dem Mittelpunkt der Erde gerichtet sein kann, sonst aber von dieser Richtung um den Winkel FBD abweicht. Um Größe und Ablenkung der restirenden Schwerkraft BF zu berechnen, beschreibe man mit BF um B einen Kreisbogen, der BD in K schneide. Wegen der außerordentlichen Kleinheit des Winkels FBK kann man das Bogenstückchen FK als geradlinig und den Winkel bei K als Rechten betrachten; da nun FDB $=\varphi$ ist, so hat man alsdann

$$DK = DF\cos\varphi, \quad FK = DF\sin\varphi,$$

oder $\left(DF = BE = \frac{c\varphi}{n}\right)$:

$$DK = \frac{c_0 \cdot \cos^2\varphi}{n}, \quad FK = \frac{c_0 \sin 2\varphi}{2n}.$$

Der erstere Werth giebt

$$BF = BK = DB - DK = \frac{g}{n} - \frac{c_0 \cos^2\varphi}{n},$$

d. h. für die Größe der wirklichen Schwerkraft unter einer Breite von φ Grad, welche wir mit g_φ bezeichnen wollen:

$$g_\varphi = g - c_0 \cos^2\varphi = g\left(1 - \frac{\cos^2\varphi}{289,79}\right).$$

Unter g ist die wahre Attractionskraft der Erde zu verstehen, die aber auf der rotirenden und abgeplatteten Erde nicht beobachtet werden kann.

Der Ausdruck für FK führt auf die Größe der Ablenkung oder des Winkels x = FBD, den die Richtung BF mit der Verticalen bildet. Denn als Kreisbogen ist FK = BF.x, folglich

$$x = \frac{c_0 \sin 2\varphi}{2 g_\varphi}$$

oder annäherungsweise, weil g_φ nur unbedeutend von g verschieden ist,

$$x = \frac{\sin 2\varphi}{579,58}.$$

Man sieht, daß die Ablenkung am größten unter einer Breite von 45° ist; sie ist Null am Aequator und an den Polen. Jenes Maximum selbst beträgt $\frac{1}{579,58} = 0,00172536$, also etwa 6' oder $\frac{1^{\circ}}{10}$ (arc. 6' = 0,0017453).

Dieses ist unter 45°, also an der Mündung des Po, die Abweichung eines fallenden Körpers von der Verticalen in der Richtung nach Süden, wie die Figur zeigt, die den Meridiandurchschnitt darstellt, in welchem die Bewegung vor sich geht. Um eben so viel hängen hier die Gebäude und alle Gegenstände, die für vertical gelten, nach Norden über; und stände die Erde plötzlich still, so würden sie, um in die wahre verticale Lage zu gelangen, einen Bogen von $\frac{1}{10}^{\circ}$ in südlicher Richtung beschreiben müssen, wenn ihr fester Zusammenhang mit dem Erdboden sie nicht hinderte. — Wäre die Erdoberfläche spiegelglatt, so würde ein Stein auf ihr nicht in Ruhe bleiben können, sondern in südlicher Richtung nach dem Aequator gleiten. Dieses zeigt ebenfalls die Figur. BF ist in die beiden Componenten BK und BH zerlegt, von denen erstere normal zur Oberfläche, letztere tangential wirkt, und den Körper in der bezeichneten Weise forttreiben müßte.

Auch kann man berechnen, wie weit der Stein am Mittelpunkt der Erde vorbeifallen würde, d. h. wie groß in dem rechtwinkligen Dreiecke BMG die Kathete MG ($= r \sin x$) ist, und findet dafür 1,48 G. Meilen.

Diese letzteren Erscheinungen fänden aber nur Statt, wenn die Erde wirklich eine Kugelgestalt besäße. Die Wissenschaft hat jedoch erwiesen, daß die Erde ursprünglich im flüssigen Zustande war, in welchem sich alle ihre Theile so lange gegen einander verschieben mußten, bis Gleichgewicht unter ihnen hergestellt war, d. h. bis die Attraction der ganzen Masse auf jedes Partikelchen ihrer Oberfläche normal zu derselben gerichtet war. Die Erde ist also eine solche Gleichgewichtsfigur (Rotationsellipsoid oder Sphäroid), so daß auf allen ihren Orten die Körper vollständig normal gegen ihre Oberfläche fallen, die Gebäude senkrecht auf ihr stehen, und ein beweglicher Stein auf ihr in Ruhe bleiben würde.

§. 81.

Anderer Ausdruck für die Schwerkraft. Da der oben erhaltene Werth für die Schwerkraft, welche den Körper unter φ^0 Breite antreibt,

$$g_\varphi = g\left(1 - \frac{\cos^2\varphi}{289{,}79}\right)$$

noch die absolute Schwerkraft g der Erde enthält, welche sich der Beobachtung entzieht, so führt man dafür lieber den Werth der Schwerkraft ein, die an einem bestimmten Orte wirklich beobachtet ist, und wählt dazu die unter 45° Breite herrschende. Ist dieselbe $g_{\frac{\pi}{4}}$, so hat man

$$(1) \quad g_{\frac{\pi}{4}} = g\left(1 - \frac{1}{579{,}58}\right),$$

also durch Division dieser beiden Gleichungen, wenn man noch auf den Nenner $1 - \frac{1}{579{,}58}$ die Entwickelung nach der Formel

$$\frac{1}{1-x} = 1 + x + x^2 + \text{etc.}$$

anwendet und die höheren Potenzen vernachlässigt:

$$\frac{g_\varphi}{g_{\frac{\pi}{4}}} = 1 - \frac{\cos^2\varphi}{289{,}79} + \frac{1}{579{,}58}$$

$$= 1 - \frac{\cos 2\varphi}{579{,}58},$$

mithin

$$(2) \quad g_\varphi = g_{\frac{\pi}{4}}(1 - 0{,}0017254 . \cos 2\varphi).$$

Darnach ist z. B. die Schwere am Aequator

$$g_0 = g_{\frac{\pi}{4}}(1 - 0{,}0017254),$$

an den Polen

$$g_{\frac{\pi}{2}} = g_{\frac{\pi}{4}}(1 + 0{,}0017254),$$

mithin

$$g_{\frac{\pi}{2}} - g_0 = 2 . 0{,}0017254\, g_{\frac{\pi}{4}} = \frac{g_{\frac{\pi}{4}}}{289{,}79}$$

oder annähernd

$$= \frac{g}{289{,}79},$$

wie es auch sein muß.

Das Resultat (2) stimmt aber nicht mit der Erfahrung überein; der Coefficient von $\cos 2\varphi$ ist noch um die Hälfte (0,0008627) größer, also

$$(3)\qquad g_\varphi = g_{\frac{\pi}{4}}(1-0{,}0025881\cos 2\varphi);$$

diese Abweichung ist in der Abplattung der Erde begründet, und zeigt, daß dadurch die Abnahme der Schwere von den Polen bis zum Aequator auf $2.0{,}0025881$ oder etwa auf $\frac{1}{200}$ $\left(\text{statt } \frac{1}{289}\right)$ steigt (vgl. §. 79).

Kreisbewegung eines Systems um seinen Schwerpunkt.

§. 82.

Wir haben gesehen, wie die Attraction der Sonne die Planeten in ihren Kreisbahnen erhält. Dabei wurde die Sonne selbst als unbeweglich im Raume gedacht. Während so die Bewegung der Planeten erklärt wird, bleibt es unerklärt, wie die Sonne, obwohl der Anziehung durch die Planeten unterworfen, selbst unbewegt beharren könne. Dies ist allerdings unmöglich, und wir wollen jetzt untersuchen, welche Bewegungen zwei sich gegenseitig anziehende Atomgruppen ausführen, oder mit welchen anfänglichen Geschwindigkeiten sie vielmehr begabt sein müssen, um nicht auf einander zu stürzen, sondern ihre Bahnen ewig zu verfolgen.

Die beiden Gruppen A und A_1 (Fig. 54) von μ und μ_1 Atomen haben die Entfernung $AA_1 = a$ von einander, und würden, wenn sie allein ihrer gegenseitigen Anziehung folgten, in der Linie AA_1 auf einander stürzen, und in ihrem Schwerpunkte M zusammentreffen (§. 33), für den zwischen $AM = x$ und $A_1M = x_1$ die Relation

$$\mu x = \mu_1 x_1$$

besteht, also, wegen $x + x_1 = a$,

$$x = \frac{\mu_1 a}{\mu + \mu_1}$$

sich ergiebt.

Man beschreibe nun um einen bestimmten Punkt M auf der Verbindungslinie AA_1, welcher sich in der weiteren Entwicklung als der Schwerpunkt des Systems herausstellen wird, zwei concentrische Kreise mit den Radien $AM = r$ und $A_1M = r_1$, ziehe durch M die

Strahlen AA_1, BB_1, CC_1, ..., so daß sie gleiche Winkel mit einander bilden, und construire die zugehörigen Sehnen. Nimmt man dann an, daß die Atomengruppe A die Sehne AB mit gleichförmiger Geschwindigkeit v, und auf dieselbe Weise A_1 die Sehne A_1B_1 mit einer Geschwindigkeit v_1 in einer n^{tel} Sekunde durchläuft, so lassen sich r und r_1 sowie v und v_1 in der Weise bestimmen, daß die μ Atome das Polygon ABC ... und die μ_1 Atome das Polygon $A_1B_1C_1$ ... durchlaufen. Da nämlich die anziehenden Impulse alle n^{tel} Sekunden erfolgen, und am Ende des ersten Zeitabschnitts die in B und B_1 befindlichen Gruppen wieder die ursprüngliche Entfernung $BB_1 = a$ von einander haben, so wird sowohl B die folgende Sehne BC durchlaufen, wenn es von B_1 aus einen Impuls $\frac{v^2}{nr}$ erhält, als B_1 die nächste Sehne B_1C_1, wenn es von B aus einen Impuls von der Stärke $\frac{v_1^2}{nr_1}$ empfängt. Nach Verlauf des zweiten Zeittheiles sind die Gruppen wiederum gleichzeitig in C und C_1 unter denselben Verhältnissen wie vordem; gleiche Impulse, am Schlusse jeder n^{tel} Sekunde ihnen mitgetheilt, treiben sie daher auf den Polygonalbahnen mit den ursprünglichen Geschwindigkeiten weiter fort.

Man sieht also, daß zur Realisirung dieser Bewegung des Systems den beiden Gruppen anfängliche Geschwindigkeiten in parallelen und entgegengesetzten Richtungen AB und A_1B_1 verliehen werden, und daß diese Geschwindigkeiten selbst den Radien der beiden Kreise proportional sein müssen; denn es ist $\frac{AB}{A_1B_1} = \frac{AM}{A_1M}$, also $\frac{v}{v_1} = \frac{r}{r_1}$. Ferner hat man zur Bestimmung des gemeinschaftlichen Mittelpunktes M der beiden Kreisbahnen, wenn γ die Kraft bezeichnet, mit welcher sich zwei Atome in der Entfernung a anziehen, und θ die gleiche Winkelgeschwindigkeit für beide Gruppen ist, die Gleichungen

$$r + r_1 = a,$$
$$r\theta^2 = \mu_1\gamma, \quad r_1\theta^2 = \mu\gamma.$$

Durch Division der beiden letzten Gleichungen erhält man

$$\frac{r}{r_1} = \frac{\mu_1}{\mu} \quad \text{oder} \quad \mu r = \mu_1 r_1,$$

woraus folgt, daß M, das Centrum der concentrischen Kreisbewegungen, der Schwerpunkt des Systems ist.

Die absoluten Größen von v und v_1 würden entweder durch θ, oder durch die Ausdrücke

$$\frac{v^2}{r} = \mu_1\gamma, \quad \frac{v_1^2}{r_1} = \mu\gamma$$

erhalten werden; in jedem Falle ist zu ihrer Berechnung die Kenntniß der Stärke des Elementarimpulses γ erforderlich.

Beispiel 1. $a = 22'$, $\mu = 1\mathfrak{g}$, $\mu_1 = 10\mathfrak{g}$.

Also

$$r + r_1 = 22', \quad r = 10 r_1,$$
$$r = 20', \quad r_1 = 2'.$$

v ist daher 10 mal größer als v_1.

Wenn nun die Voraussetzung gemacht wird, daß die auf die Entfernung AA_1 bezogene Kraft der ganzen Masse in A 2″ betrage, d. h. daß das der Wirkung von A in einer Entfernung von 22′ überlassene A_1 nach Verlauf der ersten Sekunde eine Geschwindigkeit von 2″ erlangen würde, also $\mu\gamma = 2''$ ist, so lassen sich die Geschwindigkeiten des Systems und seine Umlaufszeit ermitteln. Man hat $\theta^2 r_1 = \mu\gamma$, also

$$\theta^2 . 2' = \tfrac{1}{6}', \quad \theta = \sqrt{\tfrac{1}{12}} = 0{,}28868,$$
$$v = \theta . 20' = 5',7736, \quad v_1 = \theta . 2' = 0',57736.$$

Da $\theta = \frac{2\pi}{t}$, so ist die Umlaufszeit t endlich $= \frac{\theta}{2\pi} = 0{,}045945$ Sek.

§. 83.

Beispiel 2. Während die Planeten ihre Bahnen um die Sonne beschreiben, vollzieht also diese selbst eine Kreisbewegung. Da die Sonne z. B. die Erdmasse um das 355550fache übertrifft (§. 72), und ihre gegenseitige Entfernung 20682329 Meilen beträgt, so hat man zur Schwerpunktsbestimmung des aus diesen beiden Gestirnen gebildeten Systems, wenn x die Entfernung dieses Punktes von dem Sonnenmittelpunkte bezeichnet,

$$355550x = 20682329 - x,$$

also

$$x = 58{,}1698 \text{ Meilen}.$$

So viel Meilen liegt der Schwerpunkt des Systems vom Mittelpunkte der Sonne entfernt, tief in ihrem Innern, da ihr Radius

96300 Meilen beträgt. Um diesen festen Punkt im Raume müssen der Mittelpunkt der Erde und der Mittelpunkt der Sonne jährlich einmal rotiren, unter der Voraussetzung, daß sie allein vorhanden und ihre Bahnen Kreise sind, und daß beide Gestirne die gehörigen parallelen und entgegengesetzt gerichteten Anfangsgeschwindigkeiten erhalten haben.

§. 84.

Verallgemeinerung des Problems. Man kann der zuletzt behandelten Aufgabe noch dadurch eine größere Allgemeinheit verleihen, daß man beliebig viele Massen, die sämmtlich in gerader Linie stehen und bleiben sollen, auf einander einwirken läßt.

Auf der geraden Linie XX' (Fig. 55) seien die sich gegenseitig anziehenden vier Massen μ, μ_1, μ_2, μ_3 in A, A_1, A_2, A_3 befindlich, und mögen gleichzeitig in den parallelen Richtungen AB, A_1B_1, A_2B_2, A_3B_3 solche anfängliche Geschwindigkeiten besitzen, daß sie nach Verlauf von einer n^{tel} Sekunde in den Punkten B, B_1, B_2, B_3 anlangen, die auf einer geraden Linie BB_3 liegen und von dem Durchschnittspunkt M derselben mit AA_3 eben so weit entfernt sein sollen, wie die Ausgangspunkte A, A_1, A_2, A_3. Dann lassen sich um M concentrische Kreise beschreiben, in denen die einzelnen durchlaufenen Strecken AB, A_1B_1, u. s. w. Sehnen sind. M und die Anfangsgeschwindigkeiten sind nun so zu bestimmen, daß jede Gruppe vermöge des Gesammtimpulses, den sie durch die übrigen erfährt, in gleich großen Sehnen ihres Kreises fortschreitet, und sie sich alle mit gleicher Winkelgeschwindigkeit θ bewegen.

Es sei

$$AM = r, \quad A_1M = r_1, \quad A_2M = r_2, \quad A_3M = r_3,$$

und die Kraft der Anziehung zwischen zwei Atomen in der Entfernung $A_\nu A_{\nu'}$ gleich $\lambda_{\nu,\nu'}$, so hat man für μ, μ_1, μ_2, μ_3 nacheinander die Gleichungen:

$$\begin{aligned}
\theta^2 r &= \mu_1 \lambda_{0,1} + \mu_2 \lambda_{0,2} + \mu_3 \lambda_{0,3},\\
\theta^2 r_1 &= -\mu\, \lambda_{0,1} + \mu_2 \lambda_{1,2} + \mu_3 \lambda_{1,3},\\
\theta^2 r_2 &= -\mu\, \lambda_{0,2} - \mu_1 \lambda_{1,2} + \mu_3 \lambda_{2,3},\\
\theta^2 r_3 &= -\mu\, \lambda_{0,3} - \mu_1 \lambda_{1,3} - \mu_2 \lambda_{2,3}.
\end{aligned}$$

Hierbei ist die Richtung der Anziehung von X nach X', wie sie z. B. μ in A nothwendig erfahren muß, als positiv angenommen;

das negative Zeichen des Resultates deutet daher an, für welche Gruppen sie in entgegengesetzter Richtung Statt findet, wie z. B. für μ_3. Bei diesen wird in den vorstehenden Gleichungen also auch der Ausdruck für die Schwungkraft negativ, weshalb man, um die Gleichung identisch zu erhalten, die zugehörigen Radien negativ in Rechnung bringen muß.

Multiplicirt man die einzelnen Gleichungen des vorstehenden Systems entsprechend mit μ, μ_1, μ_2, μ_3 und addirt sie, so werden dadurch sämmtliche λ eliminirt, und man erhält

$$\theta^2(\mu r + \mu_1 r_1 + \mu_2 r_2 + \mu_3 r_3) = 0,$$

also

$$\mu r + \mu_1 r_1 + \mu_2 r_2 + \mu_3 r_3 = 0,$$

und allgemein, mit Einführung des Summenzeichens Σ, das wir schon früher gebraucht haben, für eine beliebige Anzahl von Gruppen

$$\Sigma \mu r = 0.$$

Aus dieser Gleichung läßt sich in Verbindung mit den bekannten Entfernungen der einzelnen Gruppen von einander die Lage des Punktes M, den man auch hier den Schwerpunkt des ganzen Systems nennt, und um welchen die Kreisbewegungen desselben vor sich gehen, bestimmen.

Es seien z. B. μ, μ_1, μ_2, μ_3 vier Kugeln, entsprechend 1, 2, 3, 4 ℔ schwer, und ihre auf einander folgenden Entfernungen $3'(= AA_1)$, $10'(= A_1A_2)$, $2'(= A_2A_3)$; für diesen Fall ergiebt der Ausdruck $\Sigma \mu r = 0$

$$r + 2r_1 + 3r_2 + 4r_3 = 0,$$

oder vielmehr, wenn man $r = x$ setzt, also

$$r_1 = x - 3, \quad r_2 = x - 13, \quad r_3 = x - 15$$

ist:

$$x + 2(x-3) + 3(x-13) + 4(x-15) = 0,$$

$$x = r = 10',5,$$

$$r_1 = 7',5, \quad r_2 = -2',5, \quad r_3 = -4',5.$$

Der Schwerpunkt liegt also zwischen A_1 und A_2, $2\frac{1}{2}$ Fuß von A_2 entfernt.

Die den Kugeln zu ertheilenden parallelen Geschwindigkeiten müssen sich folglich, da sie bei der gleichen Winkelgeschwindigkeit des Systems proportional den Radien sind, wie 10,5:7,5:2,5:4,5 oder wie 2,1 : 1,5 : 0,5 : 0,9 verhalten. Ihre absolute Größe hängt von der Stärke der Anziehung ab, die die Massen auf einander ausüben. Nimmt man z. B. die Anziehungskraft von μ in der Entfernung von 1′ gleich 2′ an, so erhält A nach dem Newtonschen Gravitationsgesetz von den drei anderen Gruppen entsprechend die Impulse $\frac{4'}{9}$, $\frac{6'}{169}$, $\frac{8'}{225}$ oder 0′,4444..., 0′,0355..., 0′,03555..., also ist

$$\theta^2 r = 0',5155, \quad \theta = 0,22, \quad v = \theta r = 2',31,$$

$$t = \frac{2\pi}{\theta} = 28,5 \text{ Sekunden.}$$

Diese verallgemeinerte Aufgabe fände ihre Anwendung auf das gesammte Planetensystem, wenn man voraussetzte, daß alle Planeten mit der Sonne in gerader Linie ständen, und die geeigneten Anfangsgeschwindigkeiten erhalten hätten. In diesem Falle wären die Impulse $\lambda_{\nu,\nu'}$ sämmtlich von den Entfernungen der Planeten von einander abhängig, und aus diesen so wie mit Hülfe von g berechenbar.

Eine andere Anwendung läßt das Problem zu, wenn man unendlich viele Atomgruppen μ, μ_1, ... in unendlich kleinen Intervallen von einander annimmt; man hat alsdann eine materielle Linie, auf der die Spannungen $\lambda_{\nu,\nu'}$ unbekannt sind und die sogenannten Molecularkräfte ausdrücken. Da aber ihre Wirkungssphäre sich nicht über die benachbarten Atome hinaus erstreckt, so sind die vorstehenden Gleichungen demgemäß zu modificiren (vgl. §. 26). Bezeichnet man nämlich die herrschenden Spannungen zwischen den auf einander folgenden Gruppen der Reihe nach mit λ_1, λ_2, λ_3, ..., und sind $\nu+1$ Gruppen vorhanden, so hat man folgendes System:

$$\begin{aligned}
\theta^2 r &= \mu_1 \lambda_1 \\
\theta^2 r_1 &= -\mu \lambda_1 + \mu_2 \lambda_2 \\
\theta^2 r_2 &= -\mu_1 \lambda_2 + \mu_3 \lambda_3 \\
&\cdots\cdots\cdots\cdots \\
\theta^2 r_\nu &= -\mu_{\nu-1} \lambda_\nu .
\end{aligned}$$

Im Uebrigen gelangt man auf dieselbe Weise zu demselben Resultate, das durch diese Annahme nicht geändert wird. Man kann aber hier auch die Spannungen der Reihe nach ermitteln, wie es schon bei einer analogen Aufgabe geschah (§. 26).

Diese Bewegung, welche, in Folge der bloßen Attraction, beliebig viele Massen ewig ausführen können, gestattet einen für die Metaphysik wichtigen Schluß, indem aus den letzten Betrachtungen mit Evidenz hervorgeht, wie sich materielle Systeme allein durch Attraction zu erhalten vermögen. Die namentlich von Kant ausgebildete Ansicht, nach welcher der Materie nothwendig die beiden Kräfte der Attraction und Repulsion inhäriren müssen, erweist sich demnach als nicht unumstößlich sicher.

Physikalische Wirkungen der Schwungkraft.

§. 85.

Eine an einem Faden herumgeschwungene Masse. Wenn ein Atom an einem Faden von der Länge l in t Sekunden einmal herumgeschwungen wird, so ist dazu die Schwungkraft

$$\frac{4\pi^2 l}{t^2}$$

erforderlich, die von der Spannung des Fadens hergenommen wird. Sind aber μ Atome an den Faden geknüpft, so muß derselbe μfache Impulse ertheilen, um diese Masse an sich zu halten, und wenn sie daher am Faden herumgeschwungen wird, so ist die Schwungkraft, die er zur Ausführung dieser Bewegung entwickeln muß, nicht mehr $\frac{4\pi^2 l}{t^2}$ sondern

$$\frac{4\pi^2 \mu l}{t^2}.$$

Diese Vergrößerung der Schwungkraft kann man sich auch dadurch klar machen, daß man den Faden in μ einzelne Fäden aufgelöst denkt, deren jeder ein Atom zu tragen und mithin bei der Drehung eine Schwungkraft $\frac{4\pi^2 l}{t^2}$ zu leisten hat; die Gesammtheit dieser Elementar-Schwungkräfte tritt aber für den ganzen Faden als eine Schwungkraft von der Stärke $\frac{4\pi^2 \mu l}{t^2}$ auf.

Es fragt sich nun, bei welcher Umdrehungs-Geschwindigkeit der Faden mit diesen μ Atomen reißen wird, wenn bekannt ist, daß er gerade m Atome im Ruhezustande zu tragen vermag. — Da unter dieser Voraussetzung die größte Kraft des Fadens mg ist, so ist mg auch das Maximum der Schwungkraft, das er zu leisten im Stande ist; er muß daher reißen, sobald eine größere Schwungkraft von ihm gefordert wird. Die Gleichung

$$\frac{4\pi^2 \mu l}{t^2} = mg$$

liefert demnach die Umdrehungszeit t, welche man nicht durch schnellere Rotation noch weiter verringern kann, ohne den Faden zu zerreißen. Sie ist

$$t = 2\pi \sqrt{\frac{\mu l}{mg}}.$$

Z. B. für $l = 3'$, $m = 10$ ℔, $\mu = 1$ Lth., ist:

$$t = 2\pi \sqrt{\frac{3}{300 \,.\, 31{,}2649}} = 0'',11237.$$

§. 86.

Bewegung eines schweren Atoms auf einer Kugeloberfläche. Wenn sich ein Atom A auf einer undurchdringlichen Kugelfläche befindet, so ist zunächst klar, daß seine Bewegung, die es auf derselben in Folge der Attraction der Erde annimmt, in der Verticalebene oder in dem Meridian der Kugel vor sich geht, welcher durch den ursprünglichen Ort A des Atoms und den verticalen Radius MN (Fig. 56) der Kugel gelegt ist. Denn der vertical wirkende Impuls $AB = \frac{g}{n}$ der Erde ist zu zerlegen in eine nach dem Radius der Kugel gerichtete Componente AD, und in die darauf senkrechte AC, die also in der Berührungsebene und sowohl mit der Schwerkraft selbst als mit der erstern Componente in einer Ebene liegt. Weil AD normal zur Oberfläche ist, so verleiht die letztere Componente dem Atom allein eine Geschwindigkeit. Es wird daher auf der Kugeloberfläche den Bogen eines Meridiankreises beschreiben, bis es in einem gewissen, noch näher zu bestimmenden Punkte E die Kugel verläßt.

Wenn der Winkel $AMN = \alpha$ ist, und der Radius $MN = r$, so ist $AC = \frac{g}{n} \sin\alpha$. Die Kreisbewegung des Atoms um M verlangt eine Schwungkraft, die nach M gerichtet ist, und von der anderen Componente $AD = \frac{g}{n}\cos\alpha$ hergegeben wird. Die Geschwindigkeit von A wächst mit der Zeit durch die stets sich erneuernden Impulse der Erde; eine um so größere Schwungkraft ist also auch erforderlich, da dieselbe dem Quadrat der Geschwindigkeit proportional ist; weil aber gleichseitig der Winkel α zunimmt, so wird die normal gerichtete Componente $\left(\frac{g}{n}\cos\alpha\right)$ immer kleiner, und daher das Atom von der Kugel abfliegen, wenn jene zur Ertheilung der gehörigen Schwungkraft nicht mehr ausreicht, also in dem Moment, wo sie gänzlich als Schwungkraft verbraucht wird. Nun ist aber die Geschwindigkeit des Atoms in jedem Augenblicke dieselbe, welche ein Körper hat, der durch eine gleiche Verticalhöhe frei gefallen ist (§. 50), also in E derjenigen gleich, die ein von A′ aus frei fallender Körper in E′ besitzt, gleich $\sqrt{2gA'E'}$. Ist Winkel $EMN = x$, so ist $A'E' = r(\cos\alpha - \cos x)$, und die normale Componente in E gleich $\frac{g}{n}\cos x$. Folglich hat man für den Punkt E, wo das Atom die Kugel verläßt, vermöge der Formel $\frac{v^2}{nr}$ für den Impuls der Schwungkraft

$$\frac{g}{n}\cos x = \frac{2gr(\cos\alpha - \cos x)}{nr},$$

$$\cos x = \tfrac{2}{3}\cos\alpha.$$

Das Atom fliegt mithin an der Stelle E ab, für welche A′E′ die Hälfte von E′M ist, woraus sich der Punkt E einfach construiren läßt.

Die Geschwindigkeit des Atoms ist alsdann

$$\sqrt{\frac{2gr\cos\alpha}{3}}.$$

Wenn das Atom in unmittelbarer Nähe des Scheitels der Kugel seine Bewegung beginnt, so hat man $(\alpha = 0)$

$$\cos x = \tfrac{2}{3}$$

$$x = 48^\circ 11' 23''.$$

Das Atom legt also dann einige Grade über die Hälfte des Quadranten zurück, und verläßt die Fläche mit der Geschwindigkeit $\sqrt{\tfrac{2}{3}gr}$.

§. 87.

In einem Gefäße rotirende Flüssigkeit. Wir wollen jetzt nachweisen, daß eine Flüssigkeit, welche in einem Gefäße befindlich ist, und im Zustande der Ruhe eine horizontale ebene Oberfläche darbietet, statt dieser die Fläche eines Umdrehungsparaboloids bilden kann, wenn das Gefäß um seine verticale Axe gedreht wird. Daß seine Oberfläche diese Gestalt annehmen muß, bleibt der höheren Mathematik zu erweisen. Wir zeigen nur, daß wenn in Folge der Rotation um die Axe die Flüssigkeit einmal in eine solche Oberfläche übergegangen ist, sie bei fortgesetzter Drehung dieselbe beibehält.

Ein Umdrehungsparaboloid ist die Fläche, welche durch die Umdrehung einer Parabel um ihre Axe erzeugt wird. Die erzeugende Kurve nennt man in jeder Lage derselben eine Meridiancurve der Fläche. C'AC (Fig. 57) sei ein solcher Meridiandurchschnitt eines Paraboloids von dem Parameter 2p, A sein Scheitel, G ein auf seiner festen innern Oberfläche befindliches schweres Atom, dessen Lage durch die zugehörigen Coordinaten x und y gegeben ist. Wenn diese Fläche in Ruhe ist, so würde offenbar wegen seiner Schwere das Atom G nach dem Scheitel A heruntergleiten, sich auf der anderen Seite bis zu G' erheben, und diese Oscillationen ewig fortsetzen. Nun werde aber das Paraboloid um seine vertical stehende Axe AB gedreht, und man will, daß das Atom G an seiner Stelle auf der Oberfläche beharre, also vielmehr einen Kreis um F mit dem Radius FG = y beschreibe. Dazu bedarf es nur der gehörigen in der Richtung GF wirkenden Schwungkraft, welche durch Vereinigung aller Kräfte, von denen das Atom G afficirt ist, erzeugt werden und an ihre Stelle treten muß. Diese sind 1) der Impuls der Schwere $\frac{g}{n} = GD$, vertical nach unten gerichtet, und 2) der Widerstand des Paraboloids, der nach der Normale GE desselben gerichtet ist (§. 46). Wenn derselbe genau so groß ist, daß die aus beiden Impulsen construirte Resultante die Richtung von G nach F besitzt, dann gestatten sie die geforderte Bewegung des Atoms. Zeichnet man also DH‡GE, HI‡DG, so stellt GI den für die Kreisbewegung des Atoms erforderlichen Widerstand des Paraboloids und GH den Impuls der Schwungkraft vor.

Nennt man aber den Winkel EGF, der dem Winkel der Tangente des Paraboloids in G mit der Axe AB gleich ist, α, so ist

$$GH = \frac{g}{n}\operatorname{ctg}\alpha = \frac{gy}{np},$$

da nach einer bekannten Eigenschaft der Parabel die Subnormale EF constant gleich dem halben Parameter, also

$$\operatorname{ctg}\alpha = \frac{y}{p}$$

ist. Wird nun die Winkelgeschwindigkeit mit θ bezeichnet, so ist der Impuls der Schwungkraft $GH = \frac{\theta^2}{n} y$; man hat daher

$$(1) \qquad \theta^2 = \frac{g}{p} \quad \text{und} \quad t = 2\pi\sqrt{\frac{p}{g}}.$$

Wenn man also das Paraboloid C'AC mit der Winkelgeschwindigkeit $\sqrt{\frac{g}{p}}$ um seine vertical gerichtete Axe rotiren macht, so bleibt das Atom G an seiner Stelle. Das Resultat $\theta^2 = \frac{g}{p}$ ist constant, unabhängig von x und y. Wäre also auch das ganze Paraboloid mit losen Atomen besäet, so würden sie alle bei dieser Winkelgeschwindigkeit an ihrer Stelle verbleiben. Dies lehrt, daß eine rotirende Flüssigkeit, wenn sie einmal die Gestalt eines Paraboloids angenommen hat, bei gehöriger Winkelgeschwindigkeit dieselbe beibehält; bei veränderter Winkelgeschwindigkeit wird auch das Paraboloid ein anderes. Die erhaltene Formel gestattet für jede Umdrehungszeit den Parameter des zugehörigen Paraboloids zu berechnen, indem sie

$$(2) \qquad p = \frac{g}{\theta^2} = \frac{gt^2}{4\pi^2}$$

liefert.

Wird z. B. das Gefäß in der Sekunde einmal herumgedreht, so ist $p = \frac{31',2649}{4\pi^2} = 0{,}791949$ Fuß; ist $t = \frac{1}{10}$, so ist $p = \frac{0',312649}{4\pi^2} = 0{,}00791949$ Fuß.

Die Betrachtungen, welche uns auf diese Ergebnisse geführt haben, lassen noch eine andere Anwendung zu: Ein Atom sei irgendwo auf der inneren vollständig glatten Oberfläche eines metallenen Rotationsparaboloids befindlich, dessen Scheitel die unterste Stelle einnimmt. Wenn diesem Atome nun eine Geschwindigkeit in horizontaler und zum Paraboloid tangentialer Richtung von der Winkelgröße $\sqrt{\frac{g}{q}}$ ertheilt wird, so läuft dasselbe ewig in dem Kreisschnitte des Paraboloids herum, welcher durch seinen Ort gelegt werden kann.

Dient zum Gefäß ein senkrechter Cylinder DBCF (Fig. 58), welchen die Flüssigkeit im Ruhezustande bis LM erfülle, so bildet sie bei einer bestimmten Umdrehungsgeschwindigkeit die parabolische Oberfläche QOR, deren Scheitel O auf der Axe GA des Cylinders liegt. Da die Flüssigkeit ihr Volumen beibehalten hat, so muß der parabolisch begrenzte Theil des Cylinders, QORTOSQ, gleich der Schicht LMTS sein, denn beide Räume nehmen dieselbe Quantität Wasser auf. In neueren Lehrbüchern der Elementargeometrie*) ist das Volumen aller Körper berechnet, für welche sich der Inhalt der in einer beliebigen Höhe geführten parallelen Schnitte durch eine ganze rationale algebraische Function dieser Höhe ausdrücken läßt, die den dritten Grad nicht übersteigt. Die Formel für den kubischen Inhalt dieser Körper ist

$$K = \frac{h}{6}(G + O + 4M),$$

in welcher h die Höhe, G und O die beiden Grundflächen und M den die Höhe halbirenden und zu ihr normalen Schnitt durch den Körper bezeichnen. Auch das Umdrehungsparaboloid ist der oben ausgesprochenen Bedingung unterworfen, und da für dasselbe $Q = 0$, M aber ein Kreis, dessen Radiusquadrat $y^2 = 2p \cdot \frac{h}{2}$, also Fläche $\pi ph = \frac{1}{2}G$ ist, so ist das Paraboloid von der Höhe h (z. B. QOR, $PO = h$) gleich $\frac{hG}{2}$, d. h. halb so groß als der auf derselben Grundfläche stehende Cylinder von derselben Höhe. Also ist das Paraboloid QOR gleich dem anderen Theil des Cylinders QSTR, und da dieser, wie schon gezeigt, gleich dem Cylinder LSTM ist, so ist LSTM die Hälfte von QSTR oder $OK = KP$. Die rotirende Flüssigkeit steigt also eben so viel in die Höhe als sie sich unter den ursprünglichen Spiegel senkt.

*) Z. B. von Koppe, August, Ad. Weiß, Mehler.

Es ist daher auch leicht zu ermitteln, wann das Paraboloid mit seinem Scheitel die untere Grundfläche BC des cylindrischen Gefäßes in A berühren würde, so daß alsdann bei noch größerer Winkelgeschwindigkeit die zusammenhängende Wassermasse vom Boden des Gefäßes geschnitten wird. Wenn die Höhe KA, bis zu welcher das Wasser in dem ruhenden Gefäße steht, h heißt, so muß es sich bei der Rotation um h erheben, damit sein tiefster Punkt bis A herabsinkt. Ist $AC = r$, so hat man alsdann wegen der Gleichung der Parabel $y^2 = 2px$

$$r^2 = 4ph, \quad \text{also} \quad p = \frac{r^2}{4h},$$

und für die zugehörige Umdrehungszeit t aus der (1):

$$t = \frac{\pi r}{\sqrt{gh}}.$$

Man kann dieselbe Frage beantworten, wenn sich das Wasser in einer Hohlkugel befindet, welche um ihren verticalen Durchmesser gedreht wird. Die Kugel hat den Radius $MF = r$ (Fig. 58^a); die Flüssigkeit stehe im Zustande der Ruhe bis zu BC, so daß sie, wenn die Höhe DA dieses Kugelabschnitts $= h$ ist, das Volumen $\frac{\pi h^2}{3}(3r - h)$ besitzt. Bei der Winkelgeschwindigkeit θ soll sie aber von der parabolischen Fläche EAF begrenzt werden, welche die Kugelfläche in ihrem tiefsten Punkte A berührt, und die zu ermittelnde Höhe $GA = x$ hat. Dasselbe Volumen Wasser befindet sich jetzt in dem Raume EBACFAE, welcher von den Flächen des Paraboloids und der Kugel begrenzt wird. Setzt man aber $GF = y$, so hat man

$$y^2 = x(2r - x),$$

folglich den Inhalt $\frac{\pi x y^2}{2}$ des Paraboloids, $EAF = \frac{1}{2}\pi x^2(2r - x)$, während der des Kugelsegments EBACF gleich $\frac{1}{3}\pi x^2(3r - x)$ ist. Es muß also, weil jener Raum, in dem sich bei der Drehung das Wasser befindet, die Differenz dieser beiden Körperstücke ist,

$$\tfrac{1}{3}\pi x^2(3r - x) - \tfrac{1}{2}\pi x^2(2r - x) = \tfrac{1}{3}\pi h^2(3r - h)$$

sein, woraus sich

$$x = \sqrt[3]{2h^2(3r - h)}$$

ergiebt.

Wegen der Gleichung der Parabel

$$y^2 = 2px$$

hat man noch

$$2r-x = 2p,$$

also

$$p = \frac{2r-\sqrt[3]{2h^2(3r-h)}}{2}$$

und

$$t = 2\pi\sqrt{\frac{2r-\sqrt[3]{2h^2(3r-h)}}{2g}}.$$

§. 88.

Aufgabe. Die bei A befestigte schwerlose Linie AC von der Länge l trage das schwere Atom C, so daß sie in der Ruhelage vertical herabhängt. Es soll untersucht werden, welchen Bedingungen zu entsprechen ist, damit das Atom C den horizontalen Kreis von dem Radius BC = r beschreibe, also AC um den Winkel BAC = α von der Verticalen AY erhoben bleibe. Zur Realisirung dieser Bewegung bedarf es nur der dazu erforderlichen Schwungkraft, welche von sämmtlichen das Atom C afficirenden Kräften zu Stande gebracht werden muß. CD sei ein Impuls der Schwerkraft, $= \frac{g}{n}$; die Spannung des Fadens muß dem Atom Impulse von der Stärke CF ertheilen, so daß die Resultante dieser beiden Impulse, CE, auf CB liegt, und den Impuls der Schwungkraft darstellt. Man hat nun

$$CE = \frac{g}{n}\operatorname{tg}\alpha, \qquad \theta^2 r = \theta^2 l \sin\alpha.$$

Bedingung der Bewegung ist also

$$\frac{g}{n}\operatorname{tg}\alpha - \frac{\theta^2}{n} l \sin\alpha = 0$$

oder

$$\sin\alpha\left(\frac{g}{\cos\alpha} - \theta^2 l\right) = 0.$$

Diese Gleichung hat zwei Auflösungen:

1) $\sin\alpha$ also auch $\alpha = 0$;

d. h.: wenn der Apparat um die verticale Rotationsaxe AY herumgedreht wird, indem die Gerade AC in dieser Axe liegt, so verbleibt sie und mit ihr das Atom C in dieser Lage.

Wenn man aber das Atom an der Geraden bis zu dem Winkel α von der Verticalen erhebt, den die andere Auflösung

$$2)\qquad \cos\alpha = \frac{g}{\theta^2 l}$$

darbietet, so wird seine Bewegung in dem horizontalen Kreise von dem Radius $BC = l\sin\alpha$ vor sich gehen, vorausgesetzt, daß ihm eine entsprechende anfängliche Geschwindigkeit in horizontaler und zum Kreise tangentialer Richtung mitgetheilt wird. Auch erhielte sich diese Bewegung dann ewig ohne äußere Kräfte, die auf den Apparat wirken. Eine Vorrichtung, welche diese Bewegung versinnlicht, heißt das einfache oder mathematische conische Pendel, l seine Länge. Führt man statt des Winkels α die Höhe $AB = h$ ($= l\cos\alpha$) ein, so gelangt man zu der Gleichung zwischen θ und h

$$g = \theta^2 h,$$

welche das eine dieser Stücke aus dem andern finden lehrt:

$$h = \frac{g}{\theta^2}, \qquad \theta = \sqrt{\frac{g}{h}}.$$

Daraus folgt auch die Umlaufszeit oder Schwingungsdauer eines mathematischen conischen Pendels

$$t = 2\pi\sqrt{\frac{h}{g}} = 2\pi\sqrt{\frac{l\cos\alpha}{g}}.$$

Z. B. ist für $h = \frac{1}{3}$, $t = \frac{2\pi}{\sqrt{3g}} = 0{,}64877$ Sekunden; soll $t = 1$ Sekunde sein, so hat man $h = \frac{g}{4\pi^2} = 0{,}791949$ Fuß. Man sieht, daß es nur auf die verticale Höhe, nicht auf die Länge des conischen Pendels ankommt.

Sollte $h = 0$ sein, so verlangte Dieses eine unendlich große Winkelgeschwindigkeit θ. Es kann sich folglich AC nie horizontal stellen.

Will man also Atome, die an verschieden langen Geraden aufgehängt sind, mit derselben Winkelgeschwindigkeit θ rotiren machen, so muß man sie alle bis zu derselben Höhe h erheben. Wenn eine verticale Axe Stahlstäbchen von verschiedener Länge trägt, die sich auf und nieder bewegen lassen, und an deren Enden Kügelchen befestigt sind, so stellen sich bei einer Drehung des Apparats um die verticale Axe, dem erhaltenen Resultat entsprechend, alle Stäbchen von selbst bis zu gleicher Höhe unter dem Aufhängungspunkt (Fig. 59[a]), so daß sich die Kugeln sämmtlich in einer Ebene befinden. Daß dies aber von selbst geschieht, ist nur eine Folge der excentrischen Aufhängungsart. Nur die Stäbchen, deren Länge l kleiner als das der Winkelgeschwindigkeit entsprechende h ist, bleiben in Ruhe. Der Versuch bestätigt also auch das andere Resultat $\sin\alpha = 0$. Wenn man demnach den Apparat zunächst ganz langsam, dann mit immer wachsender Geschwindigkeit rotiren macht, so werden anfangs alle Stäbchen in Ruhe verbleiben; darauf erhebt sich das längste zuerst; die anderen folgen nach einander, je kürzer sie sind, um so später; dabei liegen alle Endkügelchen, die sich schon an der drehenden Bewegung betheiligen, in einer sich allmählich immer mehr hebenden Horizontalebene.

Man könnte noch auf eine andere Art die theoretischen Resultate verwirklichen: Wenn man nämlich auf der inneren vollkommen glatten Oberfläche einer Hohlkugel vom Radius l (Fig. 60) einem Atome in horizontaler und zur Kugelfläche tangentialer Richtung eine anfängliche Geschwindigkeit v verleiht, die durch die Gleichung

$$\frac{v^2}{\varrho} = \theta^2 \varrho$$

bestimmt wird, also von der Größe

$$v = \varrho \sqrt{\frac{g}{h}} = \sqrt{hg}\,\mathrm{tg}\,\alpha = \sqrt{g\,l \sin\alpha\,\mathrm{tg}\,\alpha}$$

ist, so läuft das Atom ewig in dem horizontalen Kreisschnitte der Kugel herum, auf dessen Peripherie es sich befindet, und der vom Mittelpunkt die Entfernung $h = l\cos\alpha$ hat. Je höher hinauf man es legt, einen je größeren Kreis es also zu beschreiben hat, um so größer muß auch seine Geschwindigkeit sein. — Die Analogie dieser Bewegung mit der oben bei der rotirenden Flüssigkeit besprochenen (§. 87) liegt auf der Hand, eben so aber auch ihre Verschiedenheit: wenn das Atom sich auf einem Paraboloid befindet, so bedarf es immer nur derselben Winkelgeschwindigkeit $\left(\sqrt{\frac{g}{p}}\right)$, damit es die horizontalen Kreisschnitte desselben beschreibe; in der Kugelschale nimmt aber diese Geschwindigkeit mit abnehmendem h zu $\left(\sqrt{\frac{g}{h}}\right)$.

§. 89.

Verallgemeinerung des letzten Problems. Wenn der Faden von der Länge l, welcher das schwere Atom C trägt, nicht unmittelbar an die Rotationsaxe AY geknüpft ist, sondern an das Ende A′ (Fig. 59^b) eines horizontalen mit der Axe AY festen Armes AA′ befestigt wird, so wird die Aufgabe bei Weitem complicirter, indem sie auf eine Gleichung vierten Grades führt. Denn ist die Länge des Armes AA′ = a, und erhebt sich bei einer Winkelgeschwindigkeit θ der Faden l um den Winkel α von der verticalen Ruhelage A′C′, so erfordert die Schwungkraft, vermöge welcher das Atom C den Kreis von dem Radius BC = $a + l \sin \alpha$ beschreibt, daß

$$(1) \quad \theta^2 (a + l \sin \alpha) = g \operatorname{tg} \alpha$$

sei. Diese Gleichung ist aber in Beziehung auf α vom vierten Grade. Man findet auch leicht, daß die Aufgabe in der That mehre Lösungen gestattet. Denn wenn man um A′ (Fig. 59^c) mit dem Radius l einen Kreis beschreibt und seinen verticalen und horizontalen Durchmesser zieht, so wird er durch dieselben und durch die Richtung der Rotationsaxe in sechs Räume zerschnitten, die in der Figur der Reihe nach mit I, II, III′, III″, IV′, IV″ bezeichnet sind, so daß für jeden Quadranten eine andere Ziffer gewählt ist. Das Atom C kann nun sehr wohl bei der Rotation auf den Bogen der Räume I, III′ und IV′, nie aber auf denen der Räume II, III″, IV″ stehen, weil ihm dort durch die Schwerkraft und die Spannung des Fadens die gehörige Schwerkraft verliehen werden kann, die stets senkrecht gegen die Rotationsaxe und nach einem Punkte derselben hin gerichtet sein muß; hier aber kann auf keine Weise aus den beiden das Atom angreifenden Kräften eine solche Schwungkraft resultiren. Diese Betrachtung erweist also die Möglichkeit von drei verschiedenen Lagen des rotirenden Atoms. Es versteht sich übrigens von selbst, daß bei seiner Lage im Raume III′ (C_2) der Faden A′C_2 dem Atom abstoßende Impulse ertheilen oder eine starre Gerade sein muß, damit es die Entfernung l vom Aufhängungspunkte A′ beibehalten könne.

Wir gehen nun in der analytischen Behandlung der Aufgabe weiter. Man erhält aus der Gleichung (1)

$$\theta^2 l \sin \alpha = g \operatorname{tg} \alpha - \theta^2 a,$$

und hieraus leicht

$$\frac{l}{2}\sin 2\alpha = \frac{g}{\theta^2}\sin\alpha - a\cos\alpha.$$

Führt man nun eine neue Constante φ ein, indem man

$$a = \frac{g}{\theta^2}\operatorname{tg}\varphi,$$

d. h.

$$\operatorname{tg}\varphi = \frac{a\theta^2}{g}$$

setzt, so nimmt die letzte Gleichung die Gestalt

$$\sin 2\alpha = \frac{2g}{l\theta^2\cos\varphi}\cdot\sin(\alpha-\varphi)$$

an, oder, wenn man der Abkürzung wegen die aus den Bestimmungen der Aufgabe bekannte Zahl

$$\frac{2g}{l\theta^2\cos\varphi} = q$$

nennt,

$$\sin 2\alpha = q\sin(\alpha-\varphi).$$

Diese Gleichung läßt sich mit großer Schnelligkeit näherungsweise auflösen *).

Wir betrachten aber nur einen besonderen Fall, durch dessen specielle Werthe sich vorstehende Gleichung auf den zweiten Grad reducirt. Wir nehmen nämlich

$$\varphi = 45^\circ, \quad \text{also} \quad \operatorname{tg}\varphi = 1 \quad \text{oder} \quad a\theta^2 = g,$$

$$\text{und} \quad \cos\varphi = \frac{1}{\sqrt{2}}, \quad q = \frac{a\sqrt{8}}{l}$$

an.

Dann hat man

$$\sin 2\alpha = q\sin(\alpha - 45^\circ),$$

oder einfach für

$$\alpha = 45^\circ + \delta,$$
$$\cos 2\delta = q\sin\delta,$$

also

$$\sin\delta = -\frac{q}{4} \pm \sqrt{\left(\frac{q}{4}\right)^2 + \frac{1}{2}}.$$

Um hiernach ein Beispiel vollständig zu berechnen, sei

$$l = a\sqrt{12{,}5}, \quad \text{also} \quad q = 0{,}8.$$

---

*) Man vgl. die Näherungsrechnung in §. 24.

Man erhält

$$\sin\delta = -0{,}2 \pm \sqrt{0{,}54},$$
$$\sin\delta = 0{,}53484692,$$
$$\sin\delta' = -0{,}93484692.$$

Das giebt:

$$\delta = 32^\circ 20' 0'',7; \quad \delta' = \pi + 69^\circ 12' 12'',4 = 249^\circ 12' 12'',4,$$

und da die Sinus von $\pi - \delta$ und $2\pi - 69^\circ$ etc. gleich den Sinus von δ, entsprechend δ' sind, so hat man folgende Reihe von Werthen:

$$\delta = 32^\circ 20' 0'',7; \ 147^\circ 39' 59'',3; \ 249^\circ 12' 12'',4; \ 290^\circ 47' 47'',6$$

und zugehörig

$$\alpha = 77^\circ 20' 0'',7; \ 192^\circ 39' 59'',3; \ 294^\circ 12' 12'',4; \ 335^\circ 47' 47'',6,$$

die bezüglich im 1ten, 3ten, 4ten und abermals 4ten Quadranten liegen. Im letzteren (Fig. 59c) giebt es also zwei Lagen des rotirenden Pendels, natürlich beide im Raume IV' befindlich, so wie die Lage $A'C_2$ im dritten Quadranten dem Raume III' angehören muß. Man sieht außerdem, daß die beiden ersten Lagen gleich weit von den Begrenzungsradien des zweiten Quadranten abstehen, und daß ebenso die beiden Lagen im vierten Quadranten gleiche Winkel mit den Begrenzungsradien desselben bilden.

§. 90.

Diese vier Lagen, welche bei einer bestimmten Winkelgeschwindigkeit θ das rotirende Pendel annehmen kann, heißen seine **Gleichgewichtslagen**; nur in ihnen verharrt es, so lange θ dasselbe bleibt; bringt man aber C an eine andere Stelle, so geht es von selbst in eine seiner Gleichgewichtslagen über. Trotzdem besteht ein wesentlicher Unterschied zwischen diesen Gleichgewichtslagen. Wenn man nämlich $A'C_1$ oder $A'C_3$ aus ihren Richtungen um kleine Winkel nach der einen oder der anderen Seite entfernt, so kehren sie von selbst in diese Richtungen zurück; geschieht aber dasselbe mit $A'C_2$ oder $A'C_4$, so kehrt das Atom C nicht in seine ursprüngliche Lage zurück, sondern entfernt sich in der Richtung weiter von ihr, in welcher man es aus seiner Gleichgewichtslage brachte. Man nennt daher $A'C_1$ und $A'C_3$ **stabile** oder **sichere**, hingegen $A'C_2$ und $A'C_4$ **labile** oder **unsichere** Gleichgewichtslagen.

Wir zeigen dieses zunächst für $A'C_1$. Nach der Gleichung (1) ist $\frac{\theta^2}{n}(a + l \sin \alpha) \operatorname{ctg} \alpha$ oder

$$(1') \quad C_1D'_1 = \frac{\theta^2}{n}\left(l + \frac{a}{\sin \alpha}\right) \cos \alpha = \frac{g}{n},$$

d. h.

$$C_1D'_1 = \frac{g}{n} \text{ (Fig. } 59^d\text{)}.$$

Macht man α größer, so wird $\cos \alpha$ kleiner, $\sin \alpha$ größer, folglich der Werth der vorstehenden Gleichung oder die Seite C_1D_1 des Parallelogramms E_1D_1 kleiner als $\frac{g}{n}$; diese Linie $C_1D'_1$ giebt den Impuls an, mit welchem durch die Spannung des Fadens das Atom C_1 vertical nach oben gehoben wird; da aber die größere Schwerkraft g der Erde es vertical nach unten treibt, so muß es wieder herabgehen. Umgekehrt wird für einen kleineren Winkel α als ihn die (1') verlangt, $C_1D'_1$ größer als $\frac{g}{n}$, und daher aus analogen Gründen, wenn man $A'C_1$ herabzieht, es von selbst in die Höhe gehen. Das Atom ist daher nur in C_1 stabil. — Für $A'C_2$ ist hingegen der Winkel α größer als π; setzt man ihn daher $= \pi + \beta$, d. h. $C_2A'B' = \beta$, so wird die (1')

$$C_2D'_2 = \frac{\theta^2}{n}\left(\frac{a}{\sin \beta} - l\right) \cos \beta = \frac{g}{n},$$

so daß $C_2D'_2 = C_2D_2 = \frac{g}{n}$ ist. Verkleinert man β, nähert man also $A'C_2$ der $A'B'$, so wird $C_2D'_2$ größer als $\frac{g}{n}$, und daher C_2 von selbst weiter nach B' und noch darüber hinaus gehen. Macht man aber β größer, so wird $C_2D'_2$ kleiner als $\frac{g}{n}$, und daher in diesem Falle C_2 von selbst noch weiter herabgehen. Wird also das Atom aus C_2 herausgebracht, so kehrt es nicht von selbst dahin zurück. Für die beiden Lagen im vierten Quadranten ist die Entscheidung etwas schwieriger. Führen wir nämlich in der (1') statt des Winkels α, der größer als 270° ist, den Winkel β durch die Relation $\alpha + \beta = 360°$ ein, also den spitzen Winkel, den $A'C_3$ oder $A'C_4$ mit der $A'C'$ bildet, so erhält man

$$(1'') \quad CD' = \frac{\theta^2}{n}\left(l - \frac{a}{\sin \beta}\right) \cos \beta;$$

in diesem Ausdruck entspricht einer Veränderung des Winkels β ein Wachsen des einen aber ein Abnehmen des anderen Factors, so daß nicht ohne Weiteres klar ist, ob der ganze Ausdruck wächst oder abnimmt. Trotzdem ist einleuchtend, wenn β klein ist, also sein cos sich der Einheit, sein sin der Null nähert, daß dann z. B. für einen abnehmenden Winkel $\cos\beta$ weniger zunimmt, als $\sin\beta$ und damit der Factor $l - \frac{a}{\sin\beta}$ abnimmt; es wird daher hier einer Abnahme des Winkels auch eine Abnahme des Werthes CD', und einer Zunahme des Winkels eine Zunahme von CD' entsprechen; und man schließt daher für diesen Fall, der auf $A'C_4$ (Fig. 59[c]) seine Anwendung findet, wie für den Fall $A'C_2$, auf ein labiles Gleichgewicht. Liegt aber der Winkel β näher an 90°, wie es bei $A'C_3$ der Fall ist, so führt eine gleiche Ueberlegung auf das entgegengesetzte Resultat: es entspricht hier einer Zunahme des Winkels eine Abnahme des Werthes CD' und umgekehrt, woraus man alsdann wie für die Lage $A'C_1$ eine Stabilität des Gleichgewichts folgern muß.

Uebrigens kann man auch genau den Winkel bestimmen, für welchen der Ausdruck (1'') bei einer kleinen Veränderung der Größe von β selbst keine Veränderung erfährt. Es muß nämlich dann, wenn β' den neuen Werth bezeichnet, der sich nur außerordentlich wenig von β unterscheidet,

$$\left(l - \frac{a}{\sin\beta}\right)\cos\beta = \left(l - \frac{a}{\sin\beta'}\right)\cos\beta'$$

oder

$$l\cos\beta - a\,\mathrm{ctg}\,\beta = l\cos\beta' - a\,\mathrm{ctg}\,\beta'$$

oder

$$l(\cos\beta - \cos\beta') = a(\mathrm{ctg}\,\beta - \mathrm{ctg}\,\beta')$$

sein. Durch Verwandlung der Differenzen in Producte geht die vorstehende Gleichung in

$$2\,l\sin\frac{\beta+\beta'}{2}\sin\frac{\beta'-\beta}{2} = \frac{2\,a\sin\frac{\beta'-\beta}{2}\cos\frac{\beta'-\beta}{2}}{\sin\beta\sin\beta'}$$

über. Setzt man in ihr, nachdem man sie durch die gleichen Factoren dividirt hat, $\beta' = \beta$, so findet man

$$\sin\beta = \sqrt[3]{\frac{a}{l}}\,.$$

Für Winkel β in der (1''), die kleiner als der vorstehende sind, hat man also labiles, für größere Werthe von β stabiles Gleichgewicht.

§. 91.

Andere Verallgemeinerung des Problems in §. 88. Die in einer Verticalebene in A, B, C, D (Fig. 61) befindlichen Atomgruppen m, m_1, m_2, m_3 sind durch die starren Geraden MA = a, MB = a_1, MC = a_2, MD = a_3 mit M, und durch AB, BC, CD unter einander fest verbunden, d. h. in unveränderlichen Entfernungen gehalten. Wie in allen ähnlichen Fällen denken wir dieses auch hier durch die gewöhnlich Spannungen genannten Impulse bewerkstelligt, welche sich die Atome der aufeinanderfolgenden Gruppen gegenseitig ertheilen. Wir nehmen ferner an, daß durch solche Impulse auch die Entfernungen a, a_1, ..., welche die Gruppen m, m_1, ... von M besitzen, constant erhalten werden, indem wir uns M als den Sitz einer aus M Atomen bestehenden anziehenden Gruppe vorstellen. Die Spannungen in den Geraden a, a_1, a_2, a_3 seien nun λ, λ_1, λ_2, λ_3, und in AB, BC, CD entsprechend μ, μ_1, μ_2, und geben die Stärke der Kraft zwischen zwei einzelnen Atomen der dabei mitwirkenden Gruppen an. Darnach erfährt die Gruppe

m von M die Kraft $M\lambda$,		von m_1 d. Kraft $m_1\mu$,
m_1 . . . . $M\lambda_1$,	von m d. Kraft $m\mu$,	. . m_2 . . . . $m_2\mu_1$,
m_2 . . . . $M\lambda_2$,	. . m_1 . . . . $m_1\mu_1$,	. . m_3 . . . . $m_3\mu_2$,
m_3 . . . . $M\lambda_3$,	. . m_2 . . . . $m_2\mu_2$.	

Das System MABCD soll nun mit der Winkelgeschwindigkeit θ um die verticale Axe MX rotiren, wozu eine bestimmte Stellung desselben gegen diese Axe erforderlich sein wird; dieselbe werde durch den Winkel AMX = α bestimmt. Von seiner Größe hängen auch die Winkel BMX, CMX und DMX ab, die entsprechend durch α_1, α_2, α_3 bezeichnet werden mögen. Bei dieser Rotation beschreiben dann die einzelnen Gruppen m, m_1, ... horizontale Kreise um die MX, entsprechend mit den Radien $a \sin \alpha$, $a_1 \sin \alpha_1$, $a_2 \sin \alpha_2$, $a_3 \sin \alpha_3$, so daß die dazu erforderlichen Schwungkräfte, deren horizontale Richtungen die Axe MX schneiden müssen, $\theta^2 a \sin \alpha$, $\theta^2 a_1 \sin \alpha_1$, ... sind. Diese Schwungkräfte müssen bezüglich der (algebraischen) Summe der horizontalen Componenten aller Kräfte gleich sein, welche auf die einzelnen Gruppen einwirken. Mit Hülfe der Winkel β, β_1 und β_2, deren Bedeutung aus der Figur ersichtlich ist, ergeben sich als Componenten der die Gruppe m in A angreifenden Kräfte

$$\text{horizontal: } \overleftarrow{M\lambda \sin\alpha} \quad \text{und} \quad \overrightarrow{m_1 \mu \sin\beta},$$

$$\text{vertical: } M\lambda\cos\alpha \uparrow \quad \text{und} \quad m_1 \mu \cos\beta \downarrow.$$

Analoge Ausdrücke erhält man für die Seitenkräfte der anderen Gruppen, indem man die schon oben angegebenen Größen der ganzen Kräfte mit den sin. und cos. der Winkel multiplicirt, welche ihre Richtung mit der Rotationsaxe näher bestimmen.

Demgemäß entsteht für die Schwungkräfte folgendes System von Gleichungen:

$$\begin{aligned}
M\lambda \sin\alpha \qquad\qquad & - m_1 \mu \sin\beta = \theta^2 a \sin\alpha, \\
M\lambda_1 \sin\alpha_1 + m\, \mu \sin\beta & - m_2 \mu_1 \sin\beta_1 = \theta^2 a_1 \sin\alpha_1, \\
M\lambda_2 \sin\alpha_2 + m_1 \mu_1 \sin\beta_1 & - m_3 \mu_2 \sin\beta_2 = \theta^2 a_2 \sin\alpha_2, \\
M\lambda_3 \sin\alpha_3 + m_2 \mu_2 \sin\beta_2 & \qquad\qquad = \theta^2 a_3 \sin\alpha_3.
\end{aligned}$$

Weil aber die Gruppen durch die Spannungen in unveränderlichen Entfernungen von M und von einander verbleiben, obwohl sie von der Erde vertical nach unten mit der Kraft g angezogen werden, so muß die algebraische Summe der verticalen Componenten der auf jede Gruppe wirkenden Kräften gleich und entgegengesetzt g sein. Dies führt auf das andere System von Gleichungen:

$$\begin{aligned}
M\lambda \cos\alpha \qquad\qquad & - m_1 \mu \cos\beta = g, \\
M\lambda_1 \cos\alpha_1 + m\, \mu \cos\beta & - m_2 \mu_1 \cos\beta_1 = g, \\
M\lambda_2 \cos\alpha_2 + m_1 \mu_1 \cos\beta_1 & - m_3 \mu_2 \cos\beta_2 = g, \\
M\lambda_3 \cos\alpha_3 + m_2 \mu_2 \cos\beta_2 & \qquad\qquad = g.
\end{aligned}$$

Multiplicirt man die Gleichungen in jedem dieser beiden Systeme entsprechend mit m, m_1, m_2, m_3, und setzt der Abkürzung wegen

$$Mm\lambda = \tau, \quad Mm_1\lambda_1 = \tau_1, \quad Mm_2\lambda_2 = \tau_2, \quad Mm_3\lambda_3 = \tau_3,$$
$$mm_1\mu = \varrho, \quad m_1m_2\mu_1 = \varrho_1, \quad m_2m_3\mu_2 = \varrho_2,$$

so erhält man durch Addition der Gleichungen des ersten Systems

$$\tau\sin\alpha + \tau_1\sin\alpha_1 + \tau_2\sin\alpha_2 + \tau_3\sin\alpha_3 = \theta^2 m a \sin\alpha + \theta^2 m_1 a_1 \sin\alpha_1 + \cdots,$$

d. i.

$$(1) \qquad \Sigma\tau\sin\alpha = \theta^2 \Sigma m a \sin\alpha,$$

und durch Addition der Gleichungen des zweiten Systems

$$(2) \qquad \Sigma\tau\cos\alpha = g\Sigma m.$$

Multiplicirt man aber die Gleichungen des ersten Systems entsprechend mit

$$m a \cos\alpha, \quad m_1 a_1 \cos\alpha_1, \ldots$$

und die des zweiten Systems mit

$$m a \sin\alpha, \quad m_1 a_1 \sin\alpha_1, \ldots$$

und addirt sie nochmals, so erhält man zwei verschiedene Ausdrücke für

$$\Sigma a \tau \sin\alpha \cos\alpha,$$

durch deren Gleichsetzung sich unter Berücksichtigung der Gleichheiten

$$a \sin(\beta - \alpha) = a_1 \sin(\beta - \alpha_1),$$
$$a_1 \sin(\beta_1 - \alpha_1) = a_2 \sin(\beta_1 - \alpha_2),$$
$$a_2 \sin(\beta_2 - \alpha_2) = a_3 \sin(\beta_2 - \alpha_3),$$

welche nach dem Sinussatz in den Dreiecken MAB, MBC, MCD Statt finden, schließlich die Gleichung

$$(3) \quad g \Sigma m a \sin\alpha = \theta^2 \Sigma m a^2 \sin\alpha \cos\alpha$$

ergiebt.

Wenn θ und damit die Umdrehungszeit gegeben ist, liefert diese Gleichung die einzige Unbekannte α, oder die Erhebung des Systems von der Verticalen MX. Ist diese letztere gegeben, so liefert sie die zugehörige Winkelgeschwindigkeit θ. Die erhaltenen Resultate sind unmittelbar auf den Fall auszudehnen, daß das rotirende System aus beliebig vielen oder unendlich vielen Gruppen besteht.

Setzt man $\alpha = \alpha_1 = \alpha_2 = \ldots$, d. h. liegen die Gruppen m, m_1, m_2, ... auf einer geraden Linie, so erhält man aus der letzten Gleichung

$$\cos\alpha = \frac{g \Sigma m a}{\theta^2 \Sigma m a^2}.$$

Uebrigens sieht man, daß in diesem Falle die Spannungen μ, μ_1, μ_2 unendlich groß sind, denn man verschafft sich leicht die Gleichungen

$$\varrho \sin(\beta - \alpha) = m \sin\alpha (g - \theta^2 a \cos\alpha),$$
$$\ldots\ldots\ldots\ldots\ldots\ldots,$$

indem man die entsprechenden Gleichungen der beiden Systeme mit den gehörigen Factoren versieht, und von einander subtrahirt. Daraus folgt

$$\varrho = \frac{m \sin\alpha (g - \theta^2 a \cos\alpha)}{\sin(\beta - \alpha)}$$
$$\ldots\ldots\ldots\ldots$$

Da hier $\beta = \alpha$ ist, also die Nenner gleich Null sind, so sind die ϱ, mithin auch die μ, unendlich groß. Hierin liegt auch der Grund, daß man ein nicht gültiges Resultat $\cos\alpha = \frac{g\Sigma m}{\theta^2 \Sigma m a}$ erhalten hätte, wenn man α aus den Gleichungen (1) und (2) bestimmt hätte, in welchen diese Spannungen unberücksichtigt bleiben. Weil dieselben unendlich groß sind, folgt auch, daß eine materielle gerade Linie auf die angegebene Art nicht in Rotation versetzt werden kann, ohne sich zu biegen.

Sind auf einer geraden Linie $MB = l$ (Fig. 62) in gleichen Abständen von einander ν gleich große Gruppen vertheilt, so daß man außer $\alpha = \alpha_1 = \alpha_2 = \cdots$ noch

$$m = m_1 = m_2 = \cdots$$

und

$$a = \frac{l}{\nu}, \qquad a_1 = \frac{2l}{\nu}, \qquad a_2 = \frac{3l}{\nu}, \quad \ldots$$

zu setzen hat, so erhält man

$$\cos\alpha = \frac{g}{\theta^2} \frac{\Sigma a}{\Sigma a^2} = \frac{g\nu}{\theta^2 l} \cdot \frac{\Sigma_1^\nu s}{\Sigma_1^\nu s^2}.$$

Da bekanntlich

$$\Sigma_1^\nu s = \frac{\nu(\nu+1)}{2},$$

$$\Sigma_1^\nu s^2 = \frac{\nu(\nu+1)(2\nu+1)}{6}$$

ist, so wird obiger Ausdruck

$$\cos\alpha = \frac{3g}{l\theta^2} \cdot \frac{\nu}{2\nu+1},$$

und wenn ν unendlich groß ist, also eine homogene materielle Linie rotirt,

$$\cos\alpha = \frac{3}{2} \cdot \frac{g}{l\theta^2},$$

$$l\cos\alpha = h = \frac{3}{2} \cdot \frac{g}{\theta^2}.$$

Die Höhe, bis zu welcher sich diese Linie erhebt, ist mithin unabhängig von ihrer Länge l, so daß beliebig große und gleichzeitig rotirende Stangen sämmtlich bis zu gleicher Höhe aufsteigen.

Für eine einzige Masse μ an einer Geraden von der Länge l wird der Werth von $\cos\alpha$

$$\cos\alpha = \frac{g}{l\theta^2}$$

und

$$l \cos \alpha = \mathfrak{h}' = \frac{\mathfrak{g}}{\theta^2},$$

wie es auch in §. 88 bei dem Problem erhalten wurde, auf welches das gegenwärtige unter dieser Voraussetzung zurückgeführt wird.

Man leitet noch die Relation

$$\mathfrak{h} = \frac{3}{2}\mathfrak{h}'$$

ab (Fig. 62). Wenn also gleichzeitig eine homogene Gerade und eine einzige Atomgruppe, die an einen schwerlosen Faden geknüpft ist, in Rotation um eine verticale Axe versetzt werden, so erhebt sich bei jeder Rotationsgeschwindigkeit der letztere um ein Drittel höher als die erstere.

Viertes Kapitel.

Die Attraction von festen Atomsystemen.

§. 92.

Gültigkeit des Newtonschen Gesetzes. Nach dem Naturgesetze (§. 19) ist die Stärke der Anziehung zwischen zwei Atomen umgekehrt proportional dem Quadrat ihrer Entfernung; je näher sich also die Atome kommen, mit um so größerer Kraft ziehen sie sich gegenseitig an. In unendlich kleiner Entfernung müßte daher ihre Attraction unendlich groß geworden sein. Dem entgegen nehmen wir an, daß zwei Atome einander nie berühren, sondern in außerordentlich geringen Enfernungen sich gegenseitig abstoßen. Nach dieser Hypothese, von der schon oben, bei der Entwicklung der Stoßgesetze (§. 34 ff.), Gebrauch gemacht wurde, wäre also das Newtonsche Gesetz nicht mehr allgemein gültig. Man könnte leicht einen Ausdruck bilden, der diese verschiedenen Eigenschaften der Action der Materie in sich vereinigte, und so das vollständige Naturgesetz zu repräsentiren im Stande wäre. Dieser Bedingung leistet z. B. der Ausdruck

$$\frac{\alpha^2}{r^2}\left(1-e^{\frac{\varrho^2-r^2}{\beta^2}}\right)$$

Genüge, in welchem r die Entfernung zwischen den zwei wirkenden Atomen darstellt, e die Basis der natürlichen Logarithmen 2,718281..., und α, β, ϱ außerordentlich kleine constante Größen bezeichnen. Dieser Ausdruck wird für $r = \varrho$ zu Null, so daß also ϱ diejenige bestimmte Entfernung angäbe, in welcher die Kraft der Atome unwirksam ist. Ist $r > \varrho$, also der Exponent negativ, und die Exponentialgröße ein echter Bruch, so ist obiger Ausdruck immer positiv, und giebt die Stärke der Anziehung zwischen den beiden Atomen in dieser Entfernung r an; so lange r in Bezug auf seine Größe mit ϱ und β

vergleichbar, von derselben Ordnung ist, also der Exponent und die Exponentialgröße einen endlichen Werth haben, ist die Attraction eine verwickeltere Function der Entfernung r. Hat aber r einen um Vieles größern Werth als ϱ, so verschwindet die Exponentialgröße, und das Gesetz der Anziehung wird einfach

$$\frac{\alpha^2}{r^2},$$

d. h. das Newtonsche. — Für alle Werthe von r, die kleiner als ϱ sind, übersteigt die Exponentialgröße die Einheit, so daß der ganze Ausdruck negativ ist, und eine Abstoßung zwischen den Atomen anzeigt. — Dieses Gesetz läßt übrigens wohl eine außerordentlich große Anziehung in gewissen geringen Entfernungen zu, wenn nur r, indem es größer als ϱ ist, und α so beschaffen sind, daß die Quotienten $\frac{r^2-\varrho^2}{\beta^2}$ und $\frac{\alpha}{r}$ gleichzeitig sehr große Werthe besitzen.

§. 93.

Constitution der Körper; das Wesen der Atome.

Die einzelnen Atome eines Körpers denken wir demnach durch Zwischenräume von einander getrennt, gegen welche ihre eigenen Dimensionen unendlich klein sind. Dadurch wird den Atomen hinlänglicher Spielraum zu Bewegungen gelassen, die nothwendig sind, damit sich ein System in seinem Zusammenhange und innerhalb bestimmter Grenzen erhalte. Die Verschiedenheit in der geometrischen Gruppirung der Atome ist nach dieser Ansicht allein die Ursache von der Pluralität der Stoffe, während die elementaren Bestandtheile aller Körper, die Atome, als durchaus unterschiedslos angenommen werden. Sie werden stets als untheilbar betrachtet, als die Mittelpunkte ewig lebendiger Kräfte, welche unaufhörlich die Entfernungen zwischen ihnen verändern oder zu verändern streben. Ob außer diesen Kräften in den Theilchen der Materie, den Atomen, noch ein Residuum zurückbleibe, das sich in unserem Auffassungsvermögen als etwas Stoffliches darstellt, brauchen wir nicht zu entscheiden. Dächte man sich alle Atome der Welt als ein Continuum zusammengebracht, so könnten sie eben so wohl einen unendlichen als einen endlichen oder auch unendlich kleinen Raum erfüllen. In jedem Falle ist für die mechanischen Wissenschaften und die Physik der Begriff des Stofflichen, Raum-Erfüllenden, völlig zu entbehren.

§. 94.

Attractionskraft zwischen sich berührenden Körpern. Wegen der in sehr geringen Entfernungen bedeutend zunehmenden Attractionskraft könnte man bei nur oberflächlicher Betrachtung glauben, daß zwei an einander gebrachte Ebenen, z. B. zwei Blatt Papier oder zwei Adhäsionsplatten, mit unendlicher Kraft an einander haften müßten, so daß es unmöglich wäre, sie wieder zu trennen. Wenn man aber bedenkt, daß selbst die Entfernungen der sich berührenden Atome der beiden Ebenen nur unseren Sinnen so außerordentlich klein erscheinen, und daß eine verhältnißmäßig sehr geringe Anzahl der sämmtlichen vorhandenen Atome so kleine Entfernungen gegen einander einnehmen, so wird man wahrscheinlich finden, daß mit der Erfahrung übereinstimmend, nur eine endliche Attractionskraft zwischen den beiden Ebenen vorwalten kann. Allerdings würde aber, wie wir später sehen werden, durch ein anderes Attractionsgesetz als das Newtonsche, dieses Resultat in der Weise geändert werden können, daß bei der Berührung die Körper wirklich mit unendlicher Kraft aneinander hafteten.

§. 95.

Gewicht und Masse. Noch eine andere Bemerkung ist von Wichtigkeit. Da die Attraction umgekehrt proportional dem Quadrat der Entfernung von dem anziehenden Körper wirkt, so wird das Gewicht eines Körpers, welcher bloß von der Erde angezogen wird, um so geringer, je weiter man ihn von derselben entfernt. 3600 Pfund z. B. würden in der Entfernung von 60 Erdradien vom Mittelpunkt der Erde, also etwa an der Stelle des Mondes, nur noch ein Gewicht von einem Pfund besitzen. Man darf aber hieraus nicht den Schluß ziehen, daß man nun jene Masse dort mit derselben Leichtigkeit in Bewegung setzen könnte, wie ein Pfund auf der Erdoberfläche. Denn die Bewegung, welche man einem Körper durch Fortschieben oder Aufheben ertheilt, ist offenbar nichts Anderes, als die Wirkung des Stoßes, z. B. der Atome der Hand gegen die Atome des zu bewegenden Körpers. Wenn aber die Geschwindigkeit, welche die Hand hier wie dort besitzt, k, die Masse der Hand m, die des Körpers M ist, so nimmt er durch diesen Stoß die Geschwindigkeit (§. 39) $\frac{2m}{M+m}k$ an, eine Größe, welche, von dem Gewichte des Körpers vollständig unabhängig, an allen Stellen des unendlichen Raumes dieselbe bliebe. Hingegen würde in den beiden betrachteten Fällen ein Unterschied in der weiteren Bewegung der Masse eintreten. Setzen wir z. B. die Geschwindigkeit der Hand, $k = 60'$, ihre Masse m gleich der eines Pfundes, also $M = 3600m$, so erhält diese Masse durch den Stoß stets eine Geschwindigkeit von $\frac{120}{3601}$, d. i. fast $\frac{1'}{30}$. Nach der Formel $h = \frac{\gamma^2}{2g}$ (§. 18) stiege sie mit dieser Geschwindigkeit auf der Erde, wo die Schwerkraft 31',2649 beträgt, $\frac{144}{900.62,5298}''' = \frac{1}{391}$ Linien senkrecht in die Höhe, jedoch in der Entfernung von 60 Erdradien, wo die Schwerkraft nur den 3600sten Theil von jener ausmacht, 3600 mal so hoch, also etwas über 9 Linien.

§. 96.

Allgemeineres Gravitationsgesetz. In den folgenden Aufgaben, welche uns mit den Wirkungen der Attraction näher bekannt machen sollen, werden wir häufig, um allgemeinere Resultate zu erzielen, nicht das Newtonsche Gravitationsgesetz zu Grunde legen, sondern annehmen, daß die Anziehung zwischen zwei Atomen umgekehrt proportional irgend einer Potenz ihrer Entfernung wirke.

Wir untersuchen zunächst, wo auf der geraden Verbindungslinie $AB = r$ (Fig. 9) zwischen den beiden festen Atomgruppen A und B von μ und μ_1 Atomen ein Atom oder auch eine Atomgruppe M befindlich sein muß, um in Ruhe zu bleiben, wenn die Attractionskraft **umgekehrt proportional der m^{ten} Potenz der Entfernungen wirkt** (vgl. §. 20). Die Anziehungskraft zwischen zwei Atomen in der Einheit der Entfernung sei gleich γ, dann wird M von μ in der Entfernung x mit der Kraft

$$\frac{\mu\gamma}{x^m}$$

und von μ_1 in der Entfernung r—x mit der Kraft

$$\frac{\mu_1 \gamma}{(r-x)^m}$$

angezogen, so daß man zur Bestimmung von x die Gleichung

$$\frac{\mu \gamma}{x^m} = \frac{\mu_1 \gamma}{(r-x)^m},$$

also

$$x = \frac{r}{1+\sqrt[m]{\frac{\mu_1}{\mu}}}$$

hat.

§. 97.

Mathematische Hülfssätze. In den nächsten Problemen ist die Attraction zu bestimmen, welche ein Atomensystem in seiner Gesammtheit ausübt, wozu eine Summation der Elementaranziehungen erfordert wird. Da wir dieselbe durch geometrische Reihen bewerkstelligen werden, so wollen wir die dabei anzuwendenden Formeln hier besonders hervorheben. Es ist nämlich

$$(1)\quad 1+x+x^2+\cdots+x^{\nu-1} = \Sigma_0^{\nu-1} x^s = \frac{1-x^\nu}{1-x}.$$

Besonders häufig wird sich der Fall darbieten, daß x eine Potenz x^p ist; man hat alsdann

$$(2)\quad \Sigma_0^{\nu-1} x^{ps} = \frac{1-x^{p\nu}}{1-x^p},$$

oder für den reciproken Werth einer solchen Potenz, $\frac{1}{x^p}$:

$$(3)\quad \Sigma_0^{\nu-1} \frac{1}{x^{ps}} = \frac{1}{x^{p(\nu-1)}} \cdot \frac{1-x^{p\nu}}{1-x^p}.$$

Durch Combination dieser Resultate erhält man noch

$$(4)\quad \Sigma_0^{\nu-1} (x^s+x^{-s}) = \frac{1-x^\nu}{1-x} + \frac{x^{1-\nu}-x}{1-x} = 1 + \frac{x^{1-\nu}-x^\nu}{1-x}.$$

Auch ist zu bemerken, daß es in allen hier vorkommenden Fällen nicht darauf ankommt, ob man ein Glied der geometrischen Reihe vom Anfang oder Ende hinzufügt oder wegläßt, da dieselben an sich stets als unendlich klein auftreten werden.

Eine andere Umformung, von der wir ebenfalls öfters Gebrauch machen werden, bezieht sich auf den Quotienten

$$\frac{1-\alpha^p}{1-\alpha^q},$$

wo p und q positive ganze Zahlen vorstellen sollen. Es ist nämlich dieser Quotient gleich

$$\frac{\frac{1-\alpha^p}{1-\alpha}}{\frac{1-\alpha^q}{1-\alpha}} = \frac{1+\alpha+\alpha^2+\cdots+\alpha^{p-1}}{1+\alpha+\alpha^2+\cdots+\alpha^{q-1}},$$

und wenn α gleich 1 oder unendlich wenig von der Einheit verschieden ist, an der Grenze, indem alle Glieder im Zähler und Nenner in die Einheit übergehen:

$$(5)\quad \lim. \frac{1-\alpha^p}{1-\alpha^q} = \frac{p}{q}.$$

§. 98.

Anziehung einer homogenen Kreisfläche auf ein Atom in ihrer Axe. Die ganze von dem Kreise CC′ (Fig. 63) eingeschlossene Ebene sei gleichmäßig mit Atomen besetzt, deren auf jeder Quadrateinheit δ befindlich seien. Auf der Axe dieses Kreises, d. i. auf der durch seinen Mittelpunkt O gehenden Normale zu seiner Ebene, befinde sich in der Entfernung OA = h das Atom A. Es soll berechnet werden, mit welcher Stärke dasselbe von dem Kreise angezogen wird, wenn die Attraction umgekehrt proportional der m^{ten} Potenz der Entfernung wirkt, und in der Einheit der Entfernung so wie für **ein** wirksames Atom = k ist.

Zunächst sieht man leicht ein, daß die Richtung der Anziehung von A nach dem Mittelpunkte O hingeht, denn wenn auch z. B. das Atom B des Kreises in der Richtung AB wirkt, so ist doch diese Anziehung in zwei Componenten zerlegbar, deren eine auf AO liegt, und die andere senkrecht dagegen in der Ebene BOA; das B correspondirende Atom B′ des Kreises übt genau eine eben so starke Anziehung aus wie alle Atome auf der Peripherie des concentrischen Kreises BB′ (Radius OB); die eine Componente dieser Anziehung liegt wieder auf AO, die andere senkrecht dagegen und in entgegengesetzter Richtung mit der entsprechenden Componente der Anziehung von B; diese beiden Componenten zerstören sich also gegenseitig, und dasselbe gilt für je zwei entsprechende Atome des Kreises, so daß nur die nach AO gerichteten Componenten übrig bleiben, welche sich zur Gesammtwirkung summiren. Wir zerlegen nun die Kreisebene in lauter concentrische Ringe, wie in der Figur einer gezeichnet ist, dessen Radien $OB = r$ und $OB_1 = r_1$ seien, und berechnen zuerst die Anziehung eines solchen Ringes. Man denke ihn dazu durch die Radien in unendlich viele congruente Paralleltrapeze getheilt, deren Zahl μ sei; weil nun die Fläche des Ringes gleich $\pi(r_1^2 - r^2)$, also eines Elementchens gleich $\frac{\pi(r_1^2 - r^2)}{\mu}$ ist, so enthält dasselbe $\frac{\pi(r_1^2 - r^2)\delta}{\mu}$ Atome. Die Entfernung des Ringes von A kann in seiner ganzen Breite wegen der außerordentlichen Kleinheit derselben als constant und gleich $AB = x$ betrachtet werden, so daß die Anziehung, welche A von dem Elementchen bei B erfährt,

$$\frac{\pi \delta k (r_1^2 - r^2)}{\mu x^m}$$

ist. Als die Componente dieser Anziehung nach AO, welche allein in Betracht kommt, erhält man durch Multiplication mit dem $\cos BAO = \frac{h}{x}$

$$\frac{\pi \delta k h (r_1^2 - r^2)}{\mu x^{m+1}}.$$

Die Anziehungen aller μ Elementchen des Ringes sind gleich groß, also ist die nach AO gerichtete Componente der Anziehung des ganzen Ringes, die wir mit A' bezeichnen wollen,

$$A' = \frac{\pi \delta k h (r_1^2 - r^2)}{x^{m+1}}.$$

Da $AB_1 = x_1$ ist, so folgt aus der Figur

$$r_1^2 = x_1^2 - h^2, \quad r^2 = x^2 - h^2,$$

folglich

$$A' = \frac{\pi \delta k h (x_1^2 - x^2)}{x^{m+1}}.$$

Setzt man hier für x alle möglichen Werthe von h an bis zu ϱ, womit der Abstand der Peripherie des Kreises CC′ von dem angezogenen Punkte A bezeichnet werde, so erhält man die Ausdrücke für die Attraction der verschiedenen Ringe, in welche der Kreis concentrisch zertheilt ist, und durch ihre Summation die Stärke der Gesammtanziehung des Kreises. Es ist also nur nothwendig, die aufeinander folgenden Werthe von x so schicklich zu bestimmen, d. h. die Zertheilung des Kreises so einzurichten, daß sich die betreffenden Ausdrücke summiren lassen. Dieses erreicht man, wenn die Reihe der sich folgenden Werthe von x, deren natürlich unendlich viele sind, eine geometrische Progression bildet. Daher setze man

$$x_0 = h,\ \ x_1 = h\alpha,\ \ x_2 = h\alpha^2,\ \ \ldots,\ \ x_\nu = h\alpha^\nu = \varrho,$$

woraus man noch ableitet

$$\alpha^\nu = \frac{\varrho}{h},\quad \alpha = \sqrt[\nu]{\frac{\varrho}{h}};$$

α^ν ist also größer als 1, α aber, weil ν unendlich groß ist, nur unendlich wenig von 1 verschieden, und schließlich immer gleich 1 selbst zu setzen.

Wenn nun x_μ ein beliebiger Werth aus der vorstehenden Reihe der x ist, so hat man mit Hülfe dieser Bestimmungen für das sich darauf beziehende A′:

$$A' = \frac{\pi\delta k(\alpha^2 - 1)}{h^{m-2}\,\alpha^{\mu(m-1)}}.$$

Setzt man hier der Reihe nach

$$\mu = 0, 1, 2, \ldots, \nu,$$

und summirt alle Ausdrücke, so erhält man die Totalanziehung A des Kreises

$$A = \Sigma A' = \frac{\pi\delta k(\alpha^2 - 1)}{h^{m-2}}\Sigma_0^\nu \frac{1}{\alpha^{\mu(m-1)}}.$$

Es ist aber (§. 97, (3))

$$\Sigma_0^\nu \frac{1}{\alpha^{\mu(m-1)}} = \frac{1 - \alpha^{(\nu+1)(m-1)}}{(1 - \alpha^{m-1})\,\alpha^{\nu(m-1)}},$$

und weil

$$\alpha^{(\nu+1)(m-1)} = \alpha^{\nu(m-1)} = \left(\frac{\varrho}{h}\right)^{m-1}$$

ist,

$$\Sigma_0^\nu \frac{1}{\alpha^{\mu(m-1)}} = \frac{1 - \left(\frac{\varrho}{h}\right)^{m-1}}{\left(\frac{\varrho}{h}\right)^{m-1}}\cdot\frac{1}{1 - \alpha^{m-1}},$$

folglich unter Berücksichtigung, daß (§. 97, (5))

$$\lim. \frac{1-\alpha^2}{1-\alpha^{m-1}} = \frac{2}{m-1}$$

ist,

$$\text{(A)} \begin{cases} A = \dfrac{2\pi\delta k\left(1-\left(\dfrac{h}{\varrho}\right)^{m-1}\right)}{(m-1)h^{m-2}} \\ \text{oder} \\ A = \dfrac{2\pi\delta k h}{m-1}\left(\dfrac{1}{h^{m-1}}-\dfrac{1}{\varrho^{m-1}}\right). \end{cases}$$

Will man den Radius des anziehenden Kreises einführen, den wir jetzt mit r bezeichnen, so ist

$$\text{(A)}' \quad A = \frac{2\pi\delta k h}{m-1}\left(\frac{1}{h^{m-1}} - \frac{1}{(h^2+r^2)^{\frac{m-1}{2}}}\right).$$

Wir untersuchen jetzt Gestalt und Eigenschaften dieses Resultats für verschiedene Fälle.

1) m = 0, die Anziehung ist unabhängig von der Entfernung.

$$A = 2\pi\delta k h(\varrho - h)$$

oder aus der (A)′

$$A = 2\pi\delta k h^2\left(\sqrt{1+\frac{r^2}{h^2}}-1\right).$$

Befindet sich unter dieser Voraussetzung das Atom in unendlicher Entfernung ($h=\infty$), so entwickele man die Wurzel nach dem binomischen Lehrsatz

$$\left(1+\frac{r^2}{h^2}\right)^{\frac{1}{2}} = 1 + \frac{1}{2}\frac{r^2}{h^2} - \frac{1}{8}\frac{r^4}{h^4} + \cdots$$

und vernachlässige die höheren Potenzen des sehr kleinen Bruches $\frac{r^2}{h^2}$; dann nimmt A den Werth an

$$\pi\delta k r^2,$$

oder, da $\pi\delta r^2$ die Masse M der homogenen Kreisscheibe (d. h. die Anzahl ihrer Atome) bezeichnet:

$$(h=\infty) \qquad A = Mk,$$

so daß hier, wie es auch an sich klar ist, nichts von der Anziehung durch seitliche Componenten verloren geht.

2) m = 1, die Attraction ist umgekehrt proportional der Entfernung. Dann hat man den mit dem Coëfficienten

$2\pi\delta kh$ behafteten Quotienten

$$(1)\quad \frac{1-\left(\frac{h}{\varrho}\right)^{m-1}}{m-1}$$

durch eine besondere Methode auszuwerthen, da er durch unmittelbare Einsetzung von $m=1$ unter der Form $\frac{0}{0}$ erscheint, deren Werth in jedem Falle eigens zu berechnen ist.

Da $\frac{h}{\varrho}=1-\left(1-\frac{h}{\varrho}\right)$ gesetzt werden kann, so ist der Zähler des Quotienten (1) gleich

$$1-\left(1-\overline{1-\frac{h}{\varrho}}\right)^{m-1} =$$

$$1-1+(m-1)\left(1-\frac{h}{\varrho}\right)-\frac{(m-1)(m-2)}{1.2}\left(1-\frac{h}{\varrho}\right)^2+\cdots$$

für jeden Werth von m; folglich der ganze Bruch (1), indem sich nun $m-1$ überall weghebt, gleich

$$1-\frac{h}{\varrho}-\frac{m-2}{2!}\left(1-\frac{h}{\varrho}\right)^2+\frac{(m-2)(m-3)}{3!}\left(1-\frac{h}{\varrho}\right)^3-+\cdots,$$

und für $m=1$:

$$(2)\quad \left(1-\frac{h}{\varrho}\right)+\frac{1}{2}\left(1-\frac{h}{\varrho}\right)^2+\frac{1}{3}\left(1-\frac{h}{\varrho}\right)^3+\frac{1}{4}\left(1-\frac{h}{\varrho}\right)^4+\cdots$$

Nach einer Formel, die wir aus der Reihenlehre als bekannt voraussetzen und die sich auch elementar entwickeln läßt, ist aber, wenn l den natürlichen Logarithmus, d. h. den Logarithmus für die Basis $e = 2{,}71828\ldots$ bezeichnet,

$$l(1+x) = x-\frac{x^2}{2}+\frac{x^3}{3}-\frac{x^4}{4}+-\cdots.$$

Folglich ist die vorstehende Reihe (2) oder der Quotient (1) gleich

$$-l\left(1-\overline{1-\frac{h}{\varrho}}\right) = -l\left(\frac{h}{\varrho}\right) = l\left(\frac{\varrho}{h}\right)$$

und

$$A = 2\pi\delta kh\cdot l\left(\frac{\varrho}{h}\right).$$

3) Das Naturgesetz: $m = 2$,

$$A = 2\pi\delta k\left(1-\frac{h}{\varrho}\right).$$

Ist der Kreis, also auch ϱ, unendlich groß, so ist

$$A = 2\pi\delta k.$$

D. h.: eine unendliche Ebene zieht ein Atom mit constanter Kraft an; es fällt also zu ihr nach den früher entwickelten Fallformeln (Kapitel I).

Ist bei beliebiger aber endlicher Größe des Kreises das Atom im Unendlichen, so ist $\frac{h}{\varrho} = 1$, also die Anziehung $= 0$; liegt es aber in O ($h = 0$), so ist die Stärke der Anziehung stets gleich $2\pi\delta k$, also constant, welches Resultat aber nur in so fern Bedeutung hat, als das Atom noch nicht vollständig in der Kreisebene liegt, sondern nur eine gegen ihren Radius verhältnißmäßig außerordentlich geringe Entfernung von derselben besitzt; denn im Mittelpunkt der Ebene selbst ist die Anziehung vollständig vernichtet, weil die wirksamen Atome rings herum gleichmäßig vertheilt sind.

4) $m = 3$:

$$A = \frac{\pi\delta k}{h}\left(1 - \frac{h^2}{\varrho^2}\right)$$

$$h \text{ unendlich klein: } A = \infty,$$

$$r \text{ und } \varrho = \infty: \ A = \frac{\pi\delta k}{h};$$

wenn also die Attraction umgekehrt proportional den Kuben der-Entfernung wirkt, so zieht eine unendlich große Ebene umgekehrt proportional der Entfernung an, während die Anziehung einer beliebig großen Ebene in unendlich kleiner Entfernung unendlich groß ist.

5) $m = -1$: die Anziehung wirkt der Entfernung direkt proportional.

$$A = \pi\delta r^2 k.h = Mk.h,$$

d. h.: unter Voraussetzung dieses Attractionsgesetzes zieht eine Kreisebene so an, als wenn alle ihre Atome (ihre Masse) in ihrem Mittelpunkte vereinigt wären.

Attraction einer Kugel nach dem Newtonschen Gesetz.

§. 99.

Attraction einer homogenen Kugelfläche, einer Kugelschale oder Vollkugel auf einen äußeren Punkt. Der Radius der Kugelfläche sei $ME = r$ (Fig. 66). Auf ihrer Quadrateinheit enthalte sie, gleichförmig vertheilt, δ Atome. Das angezogene Atom A habe vom Mittelpunkte M der Kugel die Entfernung MA = a. AC = c sei die von A aus an die Kugelschale gelegte Tangente, welche sich in der durch die Axe MA gehenden Ebene der Zeichnung befindet, ABB_1 sei in derselben Ebene eine durch A gehende Sekante, ihr äußerer Theil AB = b. Es soll zunächst die Anziehung berechnet werden, die das Atom A durch die Zone CC'BD erfährt, welche durch die eben angegebenen Data der Aufgabe bestimmt ist, und deren Axe durch A geht. Man zerschneide die Zone in lauter unendlich schmale Zonen durch Ebenen, die man senkrecht gegen MA durch die Hohlkugel legt; eine dieser Schnittebenen sei EF, ihre Entfernung AH von A = h, ihre Randentfernung AE = l; für die benachbarte Ebene E'F' seien dieselben Stücke h' und l'; die Höhe der unendlich schmalen von diesen beiden Ebenen begrenzten Zone EFE'F' ist also HH' = h — h', ihre Fläche gleich $2\pi r(h-h')$, die Anzahl ihrer Atome $2\pi\delta r(h-h')$.

Alle diese Atome, in der gleichen Entfernung l von A befindlich, üben auf A eine gleich starke Anziehung $\frac{k}{l^2}$ aus, von der aber bei der Berechnung der Anziehung der ganzen Zone nur die auf AM gelegene Componente

$$\frac{k\cos EAM}{l^2} = \frac{k\cos\theta}{l^2}$$

zur Wirkung gelangt, weil die anderen, darauf senkrecht gerichteten Componenten zu je zwei sich gegenseitig zerstören (vgl. §. 98). Die Attraction der Elementarzone auf A ist daher

$$A = 2\pi\delta k r\frac{(h-h')\cos\theta}{l^2},$$

oder, da man aus dem Dreieck EMA

$$\cos\theta = \frac{a^2+l^2-r^2}{2al}, \quad l\cos\theta = h = \frac{a^2-r^2+l^2}{2a}, \quad h-h' = \frac{l^2-l'^2}{2a}$$

ableitet, und noch

$$a^2-r^2 = c^2$$

hat:

$$A = \frac{\pi\delta k r}{2a^2}\cdot\frac{(c^2+l^2)(l^2-l'^2)}{l^3}.$$

Die den verschiedenen aufeinanderfolgenden Zonen zugehörigen Werthe von l mögen eine geometrische Reihe bilden (vgl. §. 98):

$$l_0 = c, \quad l_1 = c\varepsilon, \quad l_2 = c\varepsilon^2, \quad \ldots, \quad l_\nu = c\varepsilon^\nu = b,$$

also

$$\varepsilon^\nu = \frac{b}{c}, \quad \varepsilon = \sqrt[\nu]{\frac{b}{c}}.$$

Der Exponent ε dieser Reihe ist ein echter Bruch, dessen Werth sich um so mehr der Einheit nähert, je größer ν ist.

Das l in dem letzten Ausdruck für A sei das $(s+1)^{te}$ aus dieser Reihe, also gleich $c\varepsilon^s$, so daß

$$A = \frac{\pi\delta k r c}{2a^2}(1-\varepsilon^2)(\varepsilon^s+\varepsilon^{-s})$$

wird. Die verschiedenen Werthe von A, die man erhält, wenn man hier für s der Reihe nach 0, 1, 2, ..., $\nu-1$ setzt, sind zu summiren, um die Anziehung $\Sigma A = R$ der ganzen Zone CC'BD zu erhalten.

Da aber nach der (4) des §. 97

$$(1) \quad \Sigma_0^{\nu\,\prime}(\varepsilon^s+\varepsilon^{-s}) = 1 + \frac{\varepsilon^{1-\nu}-\varepsilon^\nu}{1-\varepsilon}$$

ist, so liefert diese Summation

$$R = \frac{\pi\delta k r c}{2a^2}\left(1-\varepsilon^2+(1+\varepsilon)\left(\frac{\varepsilon}{\varepsilon^\nu}-\varepsilon^\nu\right)\right),$$

und für $\varepsilon^\nu = \frac{b}{c}$, aber $\varepsilon = 1$:

$$(\mathrm{I}') \quad R = \frac{\pi\delta k r c}{a^2}\left(\frac{c}{b}-\frac{b}{c}\right) = \frac{\pi\delta k r(c^2-b^2)}{a^2 b}.$$

Setzt man die Sehne $BB_1 = s$, so ist $c^2 = b(b+s)$, $c^2-b^2 = bs$, mithin

$$(\mathrm{I}) \quad R = \frac{\pi\delta k r}{a^2}\cdot s.$$

Die Anziehung einer solchen Zone ist also der betreffenden Sehne proportional.

Ganz auf dieselbe Weise wäre die Anziehung der zugehörigen größeren Zone $CC'B_1D_1$ zu ermitteln gewesen, indem sie durch die schon vorher benutzten Sekanten, z. B. durch AEE_1, $AE'E'_1$ in Elementarzonen zerlegt worden wäre; als einziger Unterschied in der Entwickelung tritt auf, daß hier $l_\nu = b+s$ und $\varepsilon = \sqrt[\nu]{\frac{b+s}{c}}$, also unendlich wenig größer als 1 ist. Die Gleichung (1) gilt aber offenbar, mag ε kleiner oder größer als 1 sein; und da b und l_v ganz aus dem Resultat verschwinden, so folgt, daß auch für diese Zone die Anziehung eben so groß sein muß, nämlich

$$R = \frac{\pi \delta k r}{a^2} s.$$

Die Anziehung der aus beiden zusammengesetzten Zone BDB_1D_1 ist also doppelt so groß, gleich

$$\text{(II)} \quad \frac{2\pi \delta k r}{a^2} s.$$

Die Anziehung der Calotte CLC', für welche man $s = LL_1 = 2r$ hat, ist

$$\text{(III)} \quad \frac{2\pi \delta k r^2}{a^2},$$

und ebenso groß ist die Anziehung der anderen, größeren aber entfernteren Calotte CL_1C'.

Dies implicirt den interessanten Satz: Ein außerhalb einer homogenen Kugelfläche befindliches Atom wird von dem von dem Atom aus sichtbaren Theil derselben ebenso stark angezogen, wie von dem größeren unsichtbaren Theil, und zwar mit der Kraft

$$\frac{2\pi \delta k r^2}{a^2}.$$

Die Anziehung der ganzen Kugelfläche ist also doppelt so groß:

$$\text{(IV)} \quad \frac{4\pi \delta k r^2}{a^2} = \frac{Mk}{a^2},$$

wenn M die Anzahl der Atome bedeutet, die auf der ganzen Kugelfläche vertheilt sind.

Eine homogene Kugelfläche zieht also ein äußeres Atom so an, als ob ihre ganze Masse in ihrem Mittelpunkte vereinigt wäre.

Hieraus folgt für eine von zwei concentrischen Kugelflächen begrenzte Kugelschale von beliebiger Dicke, also auch für eine ganze Vollkugel, die der Bedingung genügen, daß alle concentrischen Kugelflächen, welche man durch sie legen kann, in sich selbst homogen sind, ohne daß dieselben unter einander, d. h. die ganze Kugelschale oder Kugel homogen zu sein brauchte:

Eine aus homogenen concentrischen Schichten zusammengesetzte Kugelschale oder Vollkugel zieht ein äußeres Atom so an, als wenn ihre ganze Masse im Mittelpunkt vereinigt wäre.

§. 100.

Geometrische Lösung desselben Problems. — Der Satz im letzten §. über die Anziehung einer homogenen unendlich dünnen Kugelschale auf einen äußeren Punkt läßt sich auch geometrisch durch eine sinnreiche Methode beweisen, welche von Herrn Dr. C. Neumann herrührt. Man bedarf dazu eines Lemmas, das wir zuerst beweisen wollen, und das folgendermaßen lautet: Wenn man von einem Punkte Q (Fig. 67) außerhalb eines Kreises die Sekante QA durch den Mittelpunkt M des Kreises, eine beliebige Sekante QCG und die Tangente QE zieht, und von dem Berührungspunkte E der letzteren ein Loth EO auf QA fällt, so bilden die beiden Verbindungslinien des Punktes O mit den Durchschnittspunkten C und G der Sekante gleiche Winkel mit der Centralen QA (oder mit der Sekante QG). Der Beweis dieses Satzes stützt sich am einfachsten auf die Grundeigenschaften der harmonischen Verhältnisse, welche in allen neueren Lehrbüchern der Elementargeometrie entwickelt werden. Darnach heißen vier auf einer Geraden liegende Punkte in der Folge A, B, C, D harmonisch, wenn für sie die Proportion

$$\frac{AB}{AD} = \frac{CB}{CD}$$

besteht; jede vier Geraden, welche von einem Punkte aus durch die vier harmonischen Punkte A, B, C, D gezogen werden, heißen harmonische Strahlen, und sowohl die Punkte A und C, B und D, als die durch sie geführten Strahlen zugeordnet harmonisch. Jede vier harmonische Strahlen werden durch eine Gerade in harmonischen Punkten geschnitten, und wenn zwei zugeordnete harmonische Strahlen auf einander senkrecht stehen, so halbiren sie die Winkel, welche das andere Paar zugeordneter Strahlen bildet.

Zieht man nun in unserer Kreisfigur die Sehnen AE und A′E über dem Durchmesser AA′, so bilden sie bei E einen rechten Winkel; jeder der beiden Winkel A'EO und A'EQ ist aber gleich dem Peripheriewinkel A'AE ($=\alpha$); folglich wird der Winkel OEQ durch EA' halbirt, folglich sind EA, EO, EA', EQ harmonische Strahlen, und A, O, A', Q harmonische Punkte. Zieht man daher die anderen Sehnen AG und A'G über dem Durchmesser AA' nach dem Punkte G, so bilden auch GA, GO, GA', GQ vier harmonische Strahlen, und weil von diesen die beiden zugeordneten GA und GA' wieder senkrecht zu einander stehen, so sind die Peripheriewinkel A'GP und A'GQ, daher auch die Bogen und die Sehnen A'P und A'C einander gleich. Weil außerdem der Radius MA' den Winkel CA'P halbirt, so folgt aus der Congruenz der Dreiecke POA' und COA' die Gleichheit der Winkel POA' und COA', also auch die der Winkel GOA und COA'. Damit ist der Satz bewiesen.

Wir gehen nun zur Lösung des eigentlichen Problems über. Die homogene Kugelschale um M hat den Radius MC $=$ r; das Atom Q außerhalb derselben befindet sich in der Entfernung MQ $=$ e vom Mittelpunkt. QE ist die von Q aus an die Kugel gelegte Tangente, welche sich in der durch MQ gehenden Ebene der Zeichnung befindet. EO ist das vom Berührungspunkte dieser Tangente auf die Centrale MQ gefällte Perpendikel, QCG eine durch Q gehende Sekante der Kugel in derselben Ebene, ihr äußerer Abschnitt CQ $=\eta$, der innere CG $=$ s, ihr Winkel mit MQ $=\varphi$. Verbindet man O mit den Endpunkten C und G der Sehne, so sind, wie vorher bewiesen, die Winkel dieser Linien mit der Centrale MQ gleich, also COQ $=$ GOM $=\omega$. Ferner sei OC $=\varrho$, OG $=\varrho_1$, so ist auch OL $=\varrho_1$. CPBT ist nun eine unendlich dünne Kugelzone mit dem zugehörigen unendlich kleinen, excentrischen Winkel COB $=\sigma$; und weil das ebenfalls unendlich kleine CB als geradlinig, also jene Kugelzone als Mantel eines abgestumpften Kegels betrachtet werden kann, so ist ihr Inhalt gleich $\pi\,\mathrm{CB}\,\frac{(\mathrm{CP}+\mathrm{BT})}{2} = \pi\,\mathrm{CB}\,.\,\mathrm{CP}$, denn CP und BT sind nur um unendlich kleine Größen von einander verschieden. Die Anzahl z der auf ihr liegenden Atome ist, wenn auf der Flächeneinheit δ Atome befindlich sind:

$$z = 2\pi\delta\,.\,\mathrm{CS}\,.\,\mathrm{CB}.$$

Die Entfernung dieser sämmtlichen Atome von Q ist η, daher ist, wie oben (§. 99), die Anziehung der ganzen Zone auf Q

$$A = \frac{k z \cos\varphi}{\eta^2}.$$

Nun ist Fig. 67^b eine Hülfsfigur, die dadurch entsteht, daß der excentrische Ausgangspunkt O der Winkel ω und σ, in Fig. 67^a, nach dem wahren Mittelpunkt O′ der Kugel (von gleichem Radius) transponirt wird, wodurch man, bei ungeänderten Winkeln in O′, andere Längen und eine andere Zone erhält, für welche als correspondirend den homologen Stücken der ersten Figur die Buchstaben accentuirt sind. Die Masse der Zone C′P′B′T′ ist nun wie oben

$$z' = 2\pi\delta C'S'.C'B',$$

folglich

$$\frac{z}{z'} = \frac{CS}{C'S'}.\frac{CB}{C'B'}.$$

Da aber $\triangle COS \sim \triangle C'O'S'$, so hat man

$$\frac{CS}{C'S'} = \frac{\varrho}{r};$$

ferner ist der Winkel CBO als das Supplement von BCO zu betrachten, daher $= \frac{\pi}{2} + MCO$, da MC auf CB senkrecht steht. Setzt man also $MCO = \psi$, so ist aus $\triangle OCB$

$$\frac{CB}{\sin\sigma} = \frac{\varrho}{\cos\psi}.$$

Und da $C'B' = r\sin\sigma$ gesetzt werden kann, so ist

$$\frac{CB}{C'B'} = \frac{\varrho}{r\cos\psi}.$$

Mit Hülfe dieser Werthe wird

$$\frac{z}{z'} = \frac{\varrho^2}{r^2\cos\psi}.$$

Führt man also z′ statt z in den Ausdruck für A ein, so hat man

$$A = \frac{k z' \varrho^2 \cos\varphi}{r^2 \eta^2 \cos\psi}.$$

Nun folgt aus dem rechtwinkligen Dreieck MEQ

$$\frac{MO}{ME} = \frac{ME}{MQ}, \text{ also auch } \frac{MO}{MC} = \frac{MC}{MQ},$$

folglich ist Dreieck $MOC \sim \triangle MCQ$, also

$$\psi = \varphi \text{ und } \frac{\varrho}{\eta} = \frac{r}{c},$$

mithin

$$A = \frac{kz'}{e^2}.$$

Die Zone CPBT (Fig. 67[a]) zieht also das Atom Q so stark an, wie die im Mittelpunkt der Kugel vereinigt gedachte Masse der correspondirenden Zone C'P'B'T'.

Da sich durch Summation der Wirkung solcher Elementarzonen dieses Resultat unmittelbar auf Zonen von endlicher Breite übertragen läßt, so hat man den Satz, daß die Anziehung einer homogenen Kugelzone auf ein äußeres Atom in ihrer Axe umgekehrt proportional dem Quadrat der Entfernung desselben vom Mittelpunkt der Kugel, und direct proportional der Masse der oben näher definirten correspondirenden Zone ist.

Die Zone CPGL (Fig. 67[a]) wird durch die Sehne CG = s bestimmt; ist also m' die Masse der correspondirenden Zone C'P'G'L', deren Sehne C'G' wegen der Gleichheit der beiden Centriwinkel ω offenbar parallel O'S' sein muß, so ist die Anziehung B der ersteren Zone

$$B = k \cdot \frac{m'}{e^2}.$$

Es ist aber

$$m' = 2\pi\delta . r . S'S'_1 = 4\pi\delta r^2 \cos\omega,$$

ferner aus $\triangle$OMC $\omega = \lambda + \psi$, und wie die Figur lehrt, auch Winkel GCK $= \lambda + \psi$, folglich $= \omega$; und weil CK ein Durchmesser ist, so ist

$$\cos\omega = \frac{s}{2r},$$

also

$$m' = 2\pi\delta r s$$

und

$$B = \frac{2\pi\delta k r s}{e^2}.$$

Dieser Ausdruck stellt den oben auf eine andere Art entwickelten Satz wiederum dar.

§. 101.

Attraction einer homogenen Kugelfläche auf einen inneren Punkt. Das angezogene Atom sei A (Fig. 68), der Mittelpunkt der Kugelfläche M; die Ebene der Zeichnung stelle einen größten Kreis vor, der durch M und A gelegt ist; B und C seien zwei auf der Peripherie desselben gelegene benachbarte Punkte, und BB′, CC′ die von ihnen ausgehenden, in A sich schneidenden Sehnen. Endlich seien BECD und B′E′C′D′ die beiden Elementarzonen, welche durch Rotation der Figur um MA entstehen, und deren Anziehungen auf A zu ermitteln sind. Wir verweisen dabei auf die vorstehenden §§., in denen der Fall des äußeren Punktes behandelt ist.

Das Atom B zieht A mit der Kraft $\frac{k}{AB^2}$ an, von welcher die nach AF gerichtete Componente, welche allein zur Anwendung gelangt, und welche mit AB den Winkel BAF $= \alpha$ bildet, $\frac{k \cos \alpha}{AB^2}$ ist. Die Zone BECD ist, wie oben gezeigt (§. 100), gleich $2\pi . BC . BF$, die Anzahl ihrer Atome gleich $2\pi\delta . BC . BF$, und ihre Attraction gleich

$$2\pi\delta k \cos\alpha \cdot \frac{BC . BF}{BA^2} = \pi\delta k \sin 2\alpha \cdot \frac{BC}{BA}.$$

Entsprechend ist die entgegengesetzt gerichtete Anziehung der Zone B′E′C′D′ gleich

$$\pi\delta k \sin 2\alpha \cdot \frac{B'C'}{B'A}.$$

Da aber aus der Aehnlichkeit der Dreiecke ABC, AB′C′ $\frac{BC}{BA} = \frac{B'C'}{C'A}$, und, weil sich AC′ und AB′ nur unendlich wenig von einander unterscheiden, weiter $\frac{BC}{BA} = \frac{B'C'}{B'A}$ folgt, so sind die Anziehungen beider Zonen auf das Atom A gleich groß, und vernichten sich gegenseitig.

Dasselbe Resultat gilt für jede zwei correspondirende Elementarzonen; folglich ist auch die Anziehung der Calotte KLK′ gleich und entgegengesetzt der Anziehung der Calotte KL′K′, und die Gesammtwirkung der Kugelfläche auf das Atom ist Null.

Daraus folgt der Satz:

Eine aus concentrischen homogenen Schichten gebildete Kugelschale von beliebiger Dicke übt auf ein irgendwo im inneren hohlen Raume befindliches Atom gar keine Anziehung aus.

Und aus der Vereinigung dieses Satzes mit einem früheren ergiebt sich endlich:

Eine aus concentrischen homogenen Schichten gebildete Kugelschale übt auf ein Atom ihrer Masse dieselbe Wirkung aus, wie die kleinere Kugelschale, welche zur äußeren Grenze die durch das Atom gehende concentrische Kugelfläche hat.

So wie in der obigen Darstellung die Zonen betrachtet wurden, deren Anziehung sich gegenseitig zerstört, so lassen sich auch leicht die nach beiden Dimensionen unendlich kleinen Flächenelementchen der Kugel bestimmen, welche auf A eine gleiche und entgegengesetzte Anziehung ausüben. Sind nämlich B, C, I (Fig 68) drei benachbarte Punkte der Kugelfläche, deren Ebene nicht durch das angezogene Atom A geht, und die ein unendlich kleines ebenes Dreieck auf der Kugelfläche bestimmen, so erhält man durch die von ihnen ausgehenden und in A sich schneidenden Sehnen ein anderes correspondirendes Dreieck B′C′I′ auf der Kugelfläche; diese beiden Dreiecke sind die Grundflächen zweier Pyramiden, deren Spitze in A liegt, und deren correspondirende Seitenflächen wegen der Gleichheit ihrer Winkel ähnlich sind. Daraus folgt, unter Annahme der Gleichheit der Strahlen AB, AC, AI einerseits und AB′, AC′, AI′ andererseits, die Aehnlichkeit der Dreiecke BCI und B′C′I′, indem das Verhältniß ihrer Seiten z. B. gleich $\frac{AB}{AC'}$, also auch gleich $\frac{AB}{AB'}$, ist. Folglich ist das Verhältniß ihrer Flächen und Massen gleich $\frac{AB^2}{AB'^2}$. Ist also die Masse von BCI = d, so ist die von $B'C'I' = \frac{d\,AB'^2}{AB^2}$. Denkt man sich diese Atomenzahlen in B, resp. B′ vereinigt, so ist die Anziehung, die A von BCI in der Richtung AB erfährt, gleich $\frac{d}{AB^2}$, und die es von B′C′I′ in der entgegengesetzten Richtung AB′ erfährt, gleich $\frac{d.AB'^2}{AB^2.AB'^2} = \frac{d}{AB^2}$, d. h.: Beide Anziehungen sind gleich und entgegengesetzt.

Attraction einer Kugel, unter Voraussetzung eines beliebigen Attractionsgesetzes *).

§. 102.

Attraction einer Kugelschicht. Wir berechnen hier zunächst die Attraction, welche eine von zwei parallelen Kreisebenen begrenzte Schicht einer homogenen Kugel auf ein Atom ausübt, das sich außerhalb in der durch den Mittelpunkt der Kugel gehenden Zonenaxe befindet.

Der Radius der Kugel sei r, ihre Kubikeinheit enthalte λ Atome; die körperliche Zone, deren Anziehung auf das in ihrer Axe RA (Fig. 64) befindliche Atom A berechnet werden soll, sei PP'QQ'. Die Entfernung CA der näheren Begrenzungsebene derselben von A sei $= c$, die der anderen Kreisebene BA $= b$; die Randentfernungen derselben beiden Kreisebenen von A seien entsprechend QA $= q$, PA $= p$, die Entfernung endlich MA des Atoms vom Mittelpunkt der Kugel $= a$.

Man denke nun diese Kugelschicht durch Ebenen, die auf ihrer Axe BC senkrecht, also mit PP' parallel sind, in unendlich viele unendlich dünne Schichten zerschnitten, berechne die Anziehungen der einzelnen Schichten, und addire dieselben zur Gesammtanziehung. DE sei eine dieser Schnittebenen in der Entfernung FA $= h$ von dem angezogenen Atome, DED'E' die zugehörige Elementarschicht von der Dicke F'F $= h' - h$; DA $= l$ ist die Entfernung des Randes der Kreisebene DE von A, und ebenso D'A $= l'$.

Wir haben schon berechnet (§. 98.), daß die Kreisebene DE das Atom A 1) in der Richtung von A nach F, 2) mit der Stärke

$$(1)\quad \frac{2\pi\delta k}{m-1}\left(h^{2-m} - h\, l^{1-m}\right)$$

anzieht, wobei, wie a. a. O., δ die Anzahl Atome auf einer Quadrateinheit bezeichnet, und m das Attractionsgesetz näher bestimmt. Daraus folgt zunächst, daß der ganze Körper ebenfalls das Atom A in der Richtung von A nach M anzieht. Ferner denke man sich die

---

*) Die folgenden Untersuchungen über die Attraction einer Kugel etc. lassen sich ohne Schwierigkeit auf die Attraction ausdehnen, welche ein homogener gerader Kegel oder Cylinder oder ein beliebiger Rotationskörper auf ein in seiner Umdrehungsaxe befindliches Atom ausübt.

Atome, welche die Schicht DED'E' gleichförmig erfüllen, nur über die Kreisebene DFE gleichförmig vertheilt. Nun enthält eine Kubikeinheit λ Atome, eine Schicht derselben von der Höhe $h'-h$ also $h'-h)\lambda$ Atome. Wenn man demnach diesen Werth für δ in den Ausdruck (1) substituirt, so giebt derselbe die Stärke der Anziehung an, welche A von der Schicht erfährt.

Man erhält so

$$(2) \quad A = \frac{2\pi\lambda k}{m-1}((h'-h)h^{2-m} - (h'-h)h\,l^{1-m}).$$

Setzt man hier für h der Reihe nach alle Werthe von $h = c$ an bis zu $h = b$, und ebenso für l zugehörend alle Werthe von $l = q$ bis zu $l = p$, so giebt die Formel (2) die Attraction der verschiedenen Elementarschichten der ganzen Kugelschicht an, und ihre Summe ist die Totalanziehung dieses Körpers. Zur Vollziehung dieser Summation muß man aus dem Subtrahendus der Differenz, welcher sowohl h als l enthält, eine von diesen veränderlichen Größen eliminiren; dazu dient die aus dem Dreieck DMA, dessen Seite r den Gegenwinkel θ hat, fließende Formel

$$l\cos\theta = h = \frac{l^2 + (a^2 - r^2)}{2a};$$

durch diesen Werth für h verwandelt sich die (2) in:

$$(3) \quad A = \frac{2\pi\lambda k}{m-1}\left((h'-h)h^{2-m} - \frac{l'^2 - l^2}{4a^2}(l^{3-m} + (a^2 - r^2)\,l^{1-m})\right).$$

Die successiven Werthe von h und l seien nun (vgl. §. 98 f.)

$$h_0 = c, \quad h_1 = c\delta, \quad h_2 = c\delta^2, \quad \ldots, \quad h_\nu = c\delta^\nu = b,$$

$$\delta^\nu = \frac{b}{c}, \quad \delta = \sqrt[\nu]{\frac{b}{c}},$$

$$l_0 = q, \quad l_1 = q\varepsilon, \quad l_2 = q\varepsilon^2, \quad \ldots, \quad l_\nu = q\varepsilon^\nu = p,$$

$$\varepsilon^\nu = \frac{p}{q}, \quad \varepsilon = \sqrt[\nu]{\frac{p}{q}}.$$

Das h und l in der Formel (3) seien das $(s+1)^{te}$ aus der Reihe dieser Werthe, so daß

$$h = c\delta^s, \quad h' = c\delta^{s+1}$$
$$l = q\varepsilon^s, \quad l' = q\varepsilon^{s+1}$$

zu setzen ist, und man zu der Formel gelangt:

$$(4)\quad A = \frac{2\pi\lambda k}{m-1}\Big(c^{3-m}(\delta-1)\,\delta^{s(3-m)} - \frac{q^{3-m}}{4a^2}(\varepsilon^2-1)\big(q^2\varepsilon^{s(5-m)} + (a^2-r^2)\,\varepsilon^{s(3-m)}\big)\Big).$$

Die Anziehung R der ganzen Kugelschicht erhält man nun, wenn man in dieser Formel für s der Reihe nach die Werthe 0, 1, 2, . . ., $\nu-1$ setzt, und alle diese verschiedenen A summirt. Vermittelst der oben (§. 97) angeführten Hülfssätze ist diese Summe $\Sigma A =$

$$R = \frac{2\pi\lambda k}{m-1}\Bigg(c^{3-m}\frac{(\delta-1)(\delta^{\nu(3-m)}-1)}{\delta^{3-m}-1} - \frac{q^{3-m}}{4a^2}\Big(q^2\frac{(\varepsilon^2-1)(\varepsilon^{\nu(5-m)}-1)}{\varepsilon^{5-m}-1} + (a^2-r^2)\frac{(\varepsilon^2-1)(\varepsilon^{\nu(3-m)}-1)}{\varepsilon^{3-m}-1}\Big)\Bigg),$$

und da δ und ε beide nur unendlich wenig >1 sind, also die (5) des §. 97 anzuwenden ist, nach vollzogener Reduction

$$(\mathrm{I})\quad R = \frac{2\pi\lambda k}{m-1}\Big(\frac{b^{3-m}-c^{3-m}}{3-m} - \frac{a^2-r^2}{2a^2}\cdot\frac{p^{3-m}-q^{3-m}}{3-m} - \frac{1}{2a^2}\cdot\frac{p^{5-m}-q^{5-m}}{5-m}\Big).$$

§. 103.

Die Attraction einer ganzen homogenen Vollkugel 1) auf ein äußeres Atom. — Sie wird erhalten, wenn man in der Formel (I) (§. 102)

$$b = a+r,\quad c = a-r;\quad p = a+r,\quad q = a-r,$$

d. h. $p = b$, $q = c$ setzt:

$$(\mathrm{II})\quad R = \frac{\pi\lambda k}{(m-1)\,a^2}\Big((a^2+r^2)\frac{b^{3-m}-c^{3-m}}{3-m} - \frac{b^{5-m}-c^{5-m}}{5-m}\Big).$$

2) **Auf ein inneres Atom** (Fig. 65): Man zerschneide die Kugel durch eine auf MA senkrechte und durch A gehende Ebene in zwei Segmente; es ist alsdann die Anziehung R, welche das Atom A durch die ganze Kugel erfährt, und welche wieder nach dem Mittelpunkt derselben gerichtet ist, offenbar die Differenz zwischen der Anziehung R′ des größeren und R″ des kleineren Segments. Für das größere Segment ist aber in (I) einzusetzen

$$b = a+r,\quad c = 0;\quad p = a+r,\quad q = AB;\quad \text{also } p = b,$$

und für das kleinere Segment

$$b = r-a = b',\quad c = 0;\quad p = r-a = p',\quad q = AB;\quad \text{also } p' = b'.$$

Mit Hülfe dieser Werthe erhält man schließlich $R' - R'' =$

$$\text{(III)}\quad R = \frac{\pi\lambda k}{(m-1)a^2}\left((r^2+a^2)\frac{b^{3-m}-b'^{3-m}}{3-m} - \frac{b^{5-m}-b'^{5-m}}{5-m}\right).$$

Es wird also die Attraction der Kugel auf einen äußeren und inneren Punkt durch Ausdrücke von genau übereinstimmender Form dargestellt.

Liegt 3) das Atom auf der Oberfläche, so hat man

$$a = r,\quad \text{also}\quad c = 0,\quad b = 2r,$$

und die (II) wird

$$\text{(II)}_0\quad R = \frac{2^{4-m}\pi\lambda k r^{3-m}}{(3-m)(5-m)},$$

oder, wenn M die Masse der Kugel bezeichnet:

$$\text{(II)}'_0\quad R = \frac{3 \cdot 2^{2-m}}{(3-m)(5-m)}\frac{Mk}{r^m}.$$

Dieses Resultat gilt aber nur für

$$m \lesseqgtr 3,$$

weil sonst die zu seiner Herleitung benutzten Reihen nicht mehr convergent geblieben wären. Dasselbe Resultat läßt sich übrigens aus der (III) entwickeln.

§. 104.

Anziehung einer Vollkugel auf einen äußeren Punkt für besondere Attractionsgesetze. — Wir specialisiren jetzt die erhaltenen allgemeinen Resultate auf die verschiedenen Fälle des Attractionsgesetzes, und zwar zunächst für die Anziehung auf ein äußeres Atom, für welche die Formel (II) mit den Bedingungsgleichungen

$$\text{(II')}\quad b = a + r,\quad c = a - r$$

gilt.

1) $m = -1$; Gesetz der Anziehung $= ka$.

$$R = \frac{\pi\lambda k}{2a^2}\left(\frac{(a+r)^6-(a-r)^6}{6} - (a^2+r^2)\frac{(a+r)^4-(a-r)^4}{4}\right).$$

Durch Entwickelung der Potenzen erhält man:

$$R = \frac{4}{3}\pi r^3\lambda . ka = Mka,$$

d. h.: Wenn die Attraction zwischen zwei Atomen der

Entfernung proportional ist, so zieht eine homogene Vollkugel ein äußeres Atom so an, als ob ihre ganze Masse in ihrem Mittelpunkte vereinigt wäre.

2) $m = 0$: die Anziehung, constant nach der Entfernung, $= k$.

$$R = \frac{\pi\lambda k}{a^2}\left(\frac{(a+r)^5-(a-r)^5}{5} - (a^2+r^2)\frac{(a+r)^3-(a-r)^3}{3}\right)$$

$$= \frac{4}{3}\pi r^3 \lambda k\left(1-\frac{1}{5}\frac{r^2}{a^2}\right) = Mk\left(1-\frac{r^2}{5a^2}\right),$$

also im Unendlichen

$$(a = \infty) \qquad R = Mk,$$

d. h. gleich der vollen Kraft, und auf der Oberfläche

$$(a = r) \qquad R = \frac{4}{5}Mk,$$

so daß hier durch die seitlichen Componenten $\frac{1}{5}$ der vollen Kr ft vernichtet wird. Je weiter sich das Atom entfernt, um so grö er wird die Anziehung.

3) Durch unmittelbare Einsetzung von $m = 1$ (Gesetz er Anziehung $= \frac{k}{a}$) reducirt sich die (II) auf den unbestimn ten Ausdruck (§. 98, S. 159) $\frac{0}{0}$. Zur Ausmittelung seines besond ren Werthes ist zunächst nothwendig, die Glieder der (II) auf ei en Nenner zu bringen; sie erscheint dadurch, da $b = a+r$, $c = $ $-r$ ist, in der Form:

(II′)

$$R = \frac{2\pi\lambda k}{(m-1)(3-m)(5-m)a^2}\Big((a+r)^{3-m}(a^2-(3-m)ar \cdot r^2)$$
$$-(a-r)^{3-m}(a^2+(3-m)ar+ ^2)\Big),$$

oder, wenn man

$$r = at, \quad t = \frac{r}{a}(<1)$$

setzt:

$$R = \frac{2\pi\lambda k a^{3-m}}{(m-1)(3-m)(5-m)}\Big((1-(3-m)t+t^2)(1+t)^{3-m}$$
$$-(1+(3-m)t+t^2)(1-t)^{3-m}\Big).$$

Zu unserem Zwecke forme man nun die Klammer

(II″) $T = (1+t)^{3-m}(1-(3-m)t+t^2)-(1-t)^{3-m}(1+(3-m)t+t^2)$

so um:

$$= (1-t^2)^2\big((1+t)^{1-m}-(1-t)^{1-m}\big)+(m-1)\,t\big((1+t)^{3-m}+(1-t)^{3-m}\big).$$

Entwickelt man hier die beiden Potenzen $(1\pm t)^{1-m}$ nach dem binomischen Lehrsatz, und setzt der Abkürzung wegen $m-1=x$, so erhält man:

$$=-2(1-t^2)^2\Big(xt+\frac{x(1-x)(2-x)}{3\,.\,1\,.\,2}t^3+\frac{x(1-x)(2-x)(3-x)(4-x)}{5\,.\,1\,.\,2\,.\,3\,.\,4}t^5+\dots\Big)$$
$$+xt\big((1+t)^{2-x}+(1-t)^{2-x}\big).$$

Dividirt man hier durch x, das im Nenner der (II') steht, und setzt darauf $m=1$, d. h. $x=0$, so wird die (II'')

$$T=-2(1-t^2)^2\Big(t+\frac{t^3}{3}+\frac{t^5}{5}+\text{etc.}\Big)+2t(1+t^2).$$

Da nun bekanntlich

$$2\Big(t+\frac{t^3}{3}+\frac{t^5}{5}+\text{etc.}\Big)=l\cdot\frac{1+t}{1-t}$$

für die Basis $e=2{,}7182818\ldots$ ist (s. S. 159), so resultirt

$$R=\frac{1}{4}\pi\lambda k a^2\Big(2t(1+t^2)-(1-t^2)^2 l\cdot\frac{1+t}{1-t}\Big).$$

Die Stärke der Attraction auf der Oberfläche erhält man für diesen Fall durch die $(\mathrm{II})_0$

$$R_0=\frac{3}{4}\frac{Mk}{r}.$$

4) $m=2$. Gesetz der Anziehung (das Naturgesetz): $\frac{k}{a^2}$. Die (II) wird

$$R=\frac{\pi\lambda k}{a^2}\Big((a^2+r^2)2r-\frac{2}{3}(3a^2r+r^3)\Big)$$
$$=\frac{4\pi\lambda k r^3}{3a^2}=\frac{Mk}{a^2},$$

auf der Oberfläche $R=\frac{Mk}{r^2}$.

Eine homogene Vollkugel zieht also ein äußeres Atom so an, als ob alle ihre Atome in ihrem Mittelpunkte vereinigt wären (§. 99 f.).

Die Vergleichung dieses Resultates mit dem unter Nr. 1 ergiebt, daß die Stärke der Anziehung einer Vollkugel auf ein äußeres Atom in den beiden Fällen, wo einmal die Kraft der Entfernung direct proportional und dann, wo sie dem Quadrat derselben indirect proportional wirkt, sich wie $a^3:1$ verhält.

5) $m = 3$, Gesetz der Anziehung $\frac{k}{a^3}$.

Die (II) würde durch Substitution dieses Werthes von m wieder unter der Form $\frac{0}{0}$ erscheinen, und es bedarf daher w. o. einer besonderen Transformation der (II''), die wir jetzt so schreiben:

$$T = (1+t^2)\left((1+t)^{3-m} - (1-t)^{3-m}\right) - (3-m)t\left((1+t)^{3-m} + (1-t)^{3-m}\right),$$

und indem wir die erste Klammer nach dem binomischen Lehrsatz entwickeln, außerdem $3 - m = x$ setzen:

$$T = 2(1+t^2)\left(xt + \frac{x(1-x)(2-x)}{1\,.\,2}\frac{t^3}{3} + \frac{x(1-x)(2-x)(3-x)(4-x)}{1\,.\,2\,.\,3\,.\,4}\frac{t^5}{5} + \text{etc.}\right)$$
$$-xt\left((1+t)^x + (1-t)^x\right).$$

Wenn man hier nach vollzogener Division mit x, welches im Nenner der (II') steht, $m = 3$, d. h. $x = 0$ setzt, erhält man schließlich:

$$R = \frac{\pi\lambda k}{2}\left(2(1+t^2)\left(t + \frac{t^3}{3} + \frac{t^5}{5} + \text{etc.}\right) - 2t\right)$$
$$= \frac{1}{2}\pi\lambda k\left((1+t^2)\,l.\frac{1+t}{1-t} - 2t\right).$$

Auf der Oberfläche der Kugel ist die Anziehung also in diesem Falle unendlich groß. Wäre die Materie diesem Gesetze unterworfen, so würden Atome mit unendlicher Kraft an der Oberfläche der Gegenstände haften.

6) $m = 4$, Gesetz der Anziehung $\frac{k}{a^4}$.

$$R = \frac{\pi\lambda k}{3a^2}\left((a^2+r^2)\left(\frac{1}{a-r} - \frac{1}{a-1}\right) - 2r\right)$$
$$= \frac{4}{3}\pi\lambda k r^3 \frac{1}{a^2(a^2-r^2)} = \frac{Mk}{a^2(a^2-r^2)}.$$

7) $m = 5$, Gesetz der Anziehung $\frac{k}{a^5}$.

Auch hier muß man die (II'') auf geeignete Weise umformen, um nicht das unbestimmte $\frac{0}{0}$ zu erhalten. Man schreibe

$$T = (1+t)^{5-m} - (1-t)^{5-m} - (5-m)t\left((1+t)^{3-m} + (1-t)^{3-m}\right),$$

und nach dem binomischen Lehrsatz und für $5 - m = x$:

$$T = 2\left(xt + \frac{x(1-x)(2-x)}{1\,.\,2}\frac{t^3}{3} + \frac{x(1-x)(2-x)(3-x)(4-x)}{1\,.\,2\,.\,3\,.\,4}\frac{t^5}{5} + \text{etc.}\right)$$
$$-xt\left((1+t)^{x-2} + (1-t)^{x-2}\right).$$

Dividirt man diesen Ausdruck durch x, welches im Nenner der (II') enthalten ist, und setzt darauf m = 5, d. h. x = 0, so erhält man:

$$R = \frac{\pi\lambda k}{4a^2}\left(\frac{2(1+t^2)}{(1-t^2)^2} - l.\frac{1+t}{1-t}\right).$$

8) m = −2, Gesetz der Anziehung = ka².

$$R = \frac{4}{3}\pi\lambda k r^3\left(a^2 + \frac{2r^2}{5} - \frac{1}{35}\frac{r^4}{a^2}\right)$$

$$= Mk\left(a^2 + \frac{2}{5}r^2 - \frac{1}{35}\frac{r^4}{a^2}\right),$$

also im Unendlichen unendlich groß, auf der Oberfläche aber (a = r) $= 1\frac{13}{35}Mkr^2$.

§. 105.

Anziehung der Kugel auf einen inneren Punkt. — Wir specialisiren nun auch den Fall des inneren Punktes, für welchen die Formel

$$\text{(III)}\quad R = \frac{\pi\lambda k}{(m-1)a^2}\left((r^2+a^2)\frac{b^{3-m} - b'^{3-m}}{3-m} - \frac{b^{5-m} - b'^{5-m}}{5-m}\right)$$

mit den Bedingungen

$$\text{(III')}\quad b = r + a,\quad b' = r - a$$

gilt.

Wenn man aber diese Formel (III) mit der für den äußeren Punkt gültigen Formel (II) vergleicht, so überzeugt man sich, daß beide, da sie sich nur in b' (= r − a) und c (= a − r) unterscheiden, also b' = − c ist, stets dieselben Resultate liefern müssen, so oft die Exponenten von b' und c gerade sind. Dies ist der Fall, wenn m selbst positiv oder negativ ungerade ist, so daß für einen inneren Punkt die Attraction durch dieselben Ausdrücke dargestellt wird, die wir oben für die Attraction auf einen äußeren Punkt gefunden haben, in folgenden Fällen:

1) m = −1.

$$R = Mka,$$

also proportional der Entfernung des angezogenen Atoms vom Mittelpunkt, für den inneren wie für den äußeren Punkt.

Dieses Resultat ist auch dadurch interessant, daß hier die Attraction bei constantem a und r der Anzahl der Atome, d. h. der

Dichtigkeit der Kugel, und bei constantem a und λ den Kuben der Kugelradien proportional ist.

Um die Werthe von R für m = 1, 3, 5 zu erhalten, formt man zunächst die (III) genau so um, wie es im vorstehenden §. mit der (II) geschah, setzt aber alsdann

$$(\mathrm{III}')\quad \begin{cases} a = rt, \quad \text{also} \quad t = \frac{a}{r}(<1), \\ \text{wodurch} \\ R = \frac{2\pi\lambda k r^{5-m}}{(m-1)(3-m)(5-m)a^2} T \end{cases}$$

wird, wenn T wieder den Ausdruck (II'') des §. 104 vorstellt. Dadurch ergeben sich folgende Resultate:

2) m = 1.

$$R = \frac{\pi\lambda}{4t^2} k r^2 \left(2t(1+t^2) - (1-t^2)^2 l.\frac{1+t}{1-t}\right).$$

3) m = 3.

$$R = \frac{\pi\lambda}{2t^2} k \left((1+t^2) l.\frac{1+t}{1-t} - 2t\right).$$

4) m = 5.

$$R = \frac{\pi\lambda k}{4a^2} \left(\frac{2(1+t^2)}{(1-t^2)^2} - l.\frac{1+t}{1-t}\right).$$

Wenn hingegen m gerade ist, so erhält man andere Resultate, die man jedoch dadurch aus den für den äußeren Punkt gültigen ableiten kann, daß man in ihnen, nach Absonderung des Factors a^2 im Nenner, r und a überall mit einander vertauscht. Daher hat man:

5) m = 0.

$$\begin{aligned} R &= \frac{4\pi\lambda k}{a^2} a^3 \left(\tfrac{1}{3} r^2 - \frac{a^2}{15}\right) \\ &= \tfrac{4}{3}\pi\lambda k a r^2 - \tfrac{4}{15}\pi\lambda k a^3 \\ &= \frac{Mka}{r} - \frac{Mka^3}{5r^3}; \end{aligned}$$

je kleiner also a wird, d. h. um so mehr sich das angezogene Atom dem Mittelpunkt der Kugel nähert, um so mehr wird, weil a^3 gegen a verschwindet, die Anziehung der Kugel der Entfernung des angezogenen Atoms von ihrem Mittelpunkte proportional.

Auf der Oberfläche ist

$$(a = r), \qquad R = \tfrac{4}{5} Mk \quad (\text{s. §. 104, 2})).$$

6) $m=2$, das Naturgesetz:

$$R = \tfrac{4}{3}\pi\lambda k a,$$

also proportional der Dichtigkeit und der Entfernung des Atoms vom Mittelpunkt der Vollkugel.

Das Resultat enthält nicht den Radius r der Kugel; die Attraction ändert sich also nicht, mag man die Kugel größer oder kleiner machen, vorausgesetzt, daß das angezogene Atom im Innern der Kugel bleibt, d. h. daß die Verkleinerung der Kugel höchstens so weit reicht, bis das Atom auf ihrer Oberfläche erscheint. Daraus folgt, daß, unter Voraussetzung des Naturgesetzes, eine von zwei concentrischen Kugelflächen begrenzte homogene Kugelschale von endlicher oder unendlich geringer Dicke ein irgend wo im inneren hohlen Raum befindliches Atom gar nicht anzieht, daß dasselbe also überall im Innern in Ruhe bleiben würde (vgl. §. 101).

7) $m=4$.

$$R = \tfrac{4}{3}\pi\lambda k \frac{a}{r^2-a^2} = \frac{Mka}{r^3(r^2-a^2)}.$$

8) $m=-2$.

$$R = \tfrac{4}{3}\pi\lambda k a(r^4+\tfrac{2}{5}a^2r^2-\tfrac{1}{35}a^4)$$

$$= Mka\left(r+\tfrac{2}{5}\frac{a^2}{r}-\tfrac{1}{35}\frac{a^4}{r^3}\right).$$

§. 106.

Die Stärke der Attraction der Materie und das Gewicht der Erde. Wenn man auch durch die in den letzten Betrachtungen gewonnenen Resultate genau die Attraction bestimmen kann, welche ein Körper oder wenigstens ein Atom durch die Anziehung einer Kugel erfährt, so fehlt doch zur numerischen Berechnung derselben die Kenntniß des Einheitsfactors k der Attraction, welcher für den ganzen Weltenraum constant ist. Nun liegt es in der Natur der Sache, daß derselbe an sich unberechenbar ist, weil die Anziehung zwischen zwei einzelnen Atomen selbst in noch so kleiner Entfernung außerordentlich gering ist; wohl aber kann man ihn durch endliche numerische Werthe ersetzen, zu deren Kenntniß man auf empirischem Wege gelangt ist. Z. B. ist zu diesem Zwecke g, d. h. die Kraft geeignet, mit welcher die Erdkugel Gegenstände auf ihrer Oberfläche anzieht, und welche 31′,2649 Rh. = 9^{m},8126 beträgt. Die in den Atomen des gesammten Weltalls lebendige Attractionskraft ist also von der Stärke, daß eine Kugel von der Dichtigkeit und der Größe der Erde, die mithin einen Radius von 859,5 G. Meilen besitzt, Körpern auf ihrer Oberfläche nach der ersten Sekunde Wirkung eine Geschwindigkeit von 31′,2649 verleiht, oder vielmehr, daß durch eine der Erdmasse gleiche und in einen Punkt concentrirte Masse ein Körper, der sich von ihr in einer Entfernung von 859,5 Meilen befindet, obige Geschwindigkeit erlangt. Eine noch größere Anschaulichkeit gewinnt die Stärke der Attractionskraft der Materie, wenn man etwa ermittelt, mit welcher Kraft eine homogene Kugel, welche auf der Erdoberfläche einen Centner wiegt, ein Atom in der Entfernung eines Fußes von ihrem Mittelpunkte anziehen würde, wenn es allein ihrem Einflusse unterworfen wäre.

Die dazu erforderlichen Bestimmungen sind: Durchmesser der Erde = 1719 G. Ml., Kub. Inhalt der Erde = 2659583000 Kb. Ml.

Gewicht eines Kubik-Fußes Wasser = 0,6174 Z. Ctr.

Dichtigkeit der Erde = 5,46; d. h. so viel mal schwerer ist die Erdkugel als eine Wasserkugel gleichen Volumens.

1 G. Meile = 23642′,1 Rh.

Daher 1 Kb. Ml. = 13214723 Millionen Kb.′.

1 Kb.′ Erde wiegt 0,6174 . 5,46 = 3,371 Ctr.

1 Kb. Ml. der Erde wiegt also 44546840 Millionen Ctr.

Das Gewicht der ganzen Erde beträgt mithin

118476 Trillionen Z. Ctr. = M Z. Ctr.

Diese Masse zieht also in der Entfernung von 859,5 G. Ml. oder 20320380′ Rh. oder r Fuß mit der Kraft 31′,2649 = g an. Folglich zieht eine Centnerkugel in der Entfernung eines Fußes ein Atom mit der Kraft

$$k = \frac{g \cdot r^2 \cdot 144'''}{M} = 0''',000015691$$

an. Bei constant erhaltener Entfernung von einem Fuß sind die Bewegungsformeln für dieses Atom (§. 6 f.)

$$v = kt, \quad s = \tfrac{1}{2}kt^2, \quad v^2 = 2ks.$$

Nach einer Zeit von

$$t = \frac{144}{k} = 9177187 \text{ Sek.} = 106{,}2174 \text{ Tage}$$

erlangt also das Atom die Geschwindigkeit von 1' und es würde in dieser Zeit den Weg

$$s = \frac{144^{2'''}}{2k} = \frac{t}{48000} \text{ Ml.} = 191{,}1914 \text{ Meilen}$$

zurücklegen.

Der Körper der stärksten Attraction, unter Voraussetzung eines beliebigen Attractionsgesetzes.

§. 107.

Gestalt des Körpers der stärksten Attraction. — Wir wollen untersuchen, welche Gestalt man einer beliebigen Menge Materie geben muß, damit ein Atom durch sie die möglich stärkste Anziehung in einer bestimmten Richtung erfahre. Wir bestimmen zu diesem Zwecke die ebene Kurve, welche der geometrische Ort aller Atome ist, die ein gegebenes Atom gleich stark in einer bestimmten Richtung anziehen. Wenn z. B. das Atom A (Fig. 69) von dem Atom B in der Entfernung AB = a mit der Kraft AC = b angezogen wird, so daß bei beliebigem Attractionsgesetze *) und für den Einheitsfactor k der Kraft

$$b = \frac{k}{a^m}$$

ist, so soll der Ort aller Atome angegeben werden, die auf A in der Richtung AC eine gleich große Anziehung b ausüben, deren absolute Attraction also durch Längen dargestellt wird, welche von A gerade bis zu dem in C auf b errichteten Perpendikel reichen. Eine solche Kraft ist z. B. AD, deren Richtung mit b den Winkel θ bilde, und für welche das sie erzeugende Atom in E, auf AD, liege; dann hat man zur Bestimmung von AE = r

$$\frac{k}{r^m} = AD = \frac{b}{\cos\theta} = \frac{k}{a^m \cos\theta},$$

also

$$(1) \quad r = a \,.\, \cos^{\frac{1}{m}}\theta.$$

---

*) Dasselbe ist der Natur der Sache nach nur in so weit zu beschränken, daß die Anziehung umgekehrt proportional irgend einer Potenz der Entfernung wirke, oder daß m positiv sein muß.

So kann man zu jedem θ das zugehörige r, d. h. die Entfernung von A für alle Atome bestimmen, durch welche A in der Richtung AB eine gleich starke Anziehung erfährt. Die Kurve AEBE'A möge den geometrischen Ort aller dieser anziehenden Atome darstellen; die Polargleichung (1) derselben lehrt, daß r mit wachsendem θ in stetem Abnehmen begriffen ist, und die Kurve durch das angezogene Atom A selbst geht; natürlich sind die beiden Theile der Kurve auf den Seiten der AB vollständig congruent, woraus folgt, daß die nach AF und entgegengesetzt gerichteten Componenten der Anziehungen sich gegenseitig zerstören, und das Atom A von der ganzen Kurve nur eine Anziehung in der Richtung von A nach B erfährt, und zwar von jedem Punkte der Kurve eine gleich starke Anziehung b.

Wenn man diese Kurve um ihre Axe AB = a herumdreht, so daß sie eine geschlossene Rotationsoberfläche beschreibt, und den von derselben begrenzten Körper vollständig mit der gegebenen Materie erfüllt, so ist das von ihm aufgenommene Quantum Materie in die Form gebracht, in welcher es auf das in dem einen Scheitel des Körpers befindliche Atom A ein Maximum der Anziehung nach der Richtung seiner Axe ausübt, so daß durch jede Formveränderung des Körpers diese Attraction verringert würde. Denn alle Atome seiner Oberfläche ziehen in der Richtung der Axe das Atom A mit gleicher Kraft b an, während für alle Atome seines Innern diese Anziehung noch stärker ist. Brächte man also irgend einen Theil des Körpers von seinem ursprünglichen Orte auf eine andere Stelle der Oberfläche, so würde auch die Componente seiner Anziehung auf A kleiner sein als b, weil er dann weiter von A entfernt wäre, als die dort befindlichen Atome der Oberfläche. Es würde daher durch diese Ortsveränderung des Atoms ein Verlust an Attraction nach der Richtung der Axe des Körpers eintreten.

Die Gestalt dieses Körpers der stärksten Attraction ist, wie ihre Polargleichung (1) lehrt, von dem speciellen Gesetze der Attraction abhängig. Ist m = 1, d. h. die Anziehung der Atome umgekehrt proportional ihrer Entfernung, so ist diese Gleichung

$$r = a \cos \theta,$$

d. h. $\angle AEB = 1R$ (Fig. 70), also die Kurve ein Kreis vom Durchmesser a. Bei diesem Gesetze wäre mithin der Körper eine Kugel.

Für das Naturgesetz (m = 2) ist dies nicht der Fall; denn alsdann ist die Gleichung der Oberfläche

$$r^2 = a^2 \cos\theta$$

also

$$a : r = r : a\cos\theta.$$

Daraus kann man eine geometrische Construction der Kurvenpunkte herleiten. Man beschreibe über a = AB (Fig. 70) einen Halbkreis, ziehe die Sehne AE so, daß Winkel EAB = θ, trage AE auf AB von A aus ab, so daß AC = AE = $a\cos\theta$ ist, errichte in C das Perpendikel CD bis zur Peripherie des Kreises, und ziehe die Sehne AD, so ist

$$AD^2 = AC.AB = a^2\cos\theta, \quad \text{also} \quad AD = r;$$

trägt man demnach AD auf AE ab, AE', so ist E' der verlangte Punkt der Kurve.

§. 108.

Das Volumen des Körpers der stärksten Attraction. — Man zerschneide den Körper durch Kreisebenen, die senkrecht auf der Axe AB = a (Fig. 71) stehen, in unendlich viele unendlich dünne Schichten, wie DED'E', und betrachte dieselben als Cylinder; dann ist der Inhalt dieses Cylinders $\pi DC^2.CC'$; ist aber $\angle DAC = \theta$, $D'AC = \theta'$, so erhält man für den Inhalt, weil nach der Gleichung des Körpers $r = a\cos^{\frac{1}{m}}\theta$ ist,

$$\pi . a^3 \sin^2\theta . \cos^{\frac{2}{m}}\theta \left(\cos\theta^{1+\frac{1}{m}} - \cos\theta'^{1+\frac{1}{m}}\right).$$

Will man nun zunächst das Volumen des Theiles FGHK des Körpers berechnen, welcher durch die beiden Winkel HAB = α, FAB = β bestimmt wird, so hat man in dem vorstehenden Ausdruck für den Inhalt des Elementartheiles des Körpers für θ alle Werthe von α an bis zu β hin zu setzen, und die verschiedenen Ausdrücke zu summiren. Um dies wieder vermittelst der geometrischen Reihen bewerkstelligen zu können, setze man

$$\cos^{\frac{1}{m}}\theta = \sqrt[m]{b}.\delta^s, \quad \cos\theta = b.\delta^{ms},$$

und gebe dem s der Reihe nach die Werthe

$$s = 0,\ 1,\ 2,\ \ldots,\ \nu-1,$$

so daß man hat:

$$\cos\theta_0 = b = \cos\alpha,\quad \cos\theta_1 = b\delta^m,\quad \cos\theta_2 = b\delta^{2m},\ \ldots$$
$$\ldots\ \cos\theta_{\nu-1} = b\,\delta^{(\nu-1)m} = \cos\beta,$$

also

$$\delta^{(\nu-1)m} = \delta^{\nu m} = \frac{\cos\beta}{\cos\alpha},\quad \delta^\nu = \left(\frac{\cos\beta}{\cos\alpha}\right)^{\frac{1}{m}},$$

$$\delta^m = \sqrt[\nu-1]{\frac{\cos\beta}{\cos\alpha}},\quad \delta = \sqrt[(\nu-1)m]{\frac{\cos\beta}{\cos\alpha}};$$

δ^m und δ sind beide unendlich wenig kleiner als 1.

Setzt man außerdem noch $1-\cos^2$ für $\sin^2$, so erhält man für den Inhalt der Scheibe DED'E' leicht

$$\pi a^3 b^{\frac{m+3}{m}} (1-\delta^{m+1})(\delta^{(m+3)s} - b^2\delta^{3(m+1)s}).$$

Also ist der Inhalt V des Körperstückes FGHK mit Anwendung der Sätze des §. 97:

$$V = \pi a^3 b^{\frac{m+3}{m}} (1-\delta^{m+1})\left(\frac{1-\delta^{(m+3)\nu}}{1-\delta^{m+3}} - b^2 \cdot \frac{1-\delta^{3(m+1)\nu}}{1-\delta^{3(m+1)}}\right)$$

$$= \pi a^3 \cos\alpha^{\frac{m+3}{m}} \left(\frac{m+1}{m+3}\left(1-\left(\frac{\cos\beta}{\cos\alpha}\right)^{\frac{m+3}{m}}\right) - \frac{\cos^2\alpha}{3}\left(1-\left(\frac{\cos\beta}{\cos\alpha}\right)^{\frac{3(m+1)}{m}}\right)\right).$$

Das Volumen des ganzen Körpers erhält man für

$$\alpha = 0,\ \beta = 90^\circ;\quad \cos\alpha = 1,\ \cos\beta = 0,$$

also:

$$V = \frac{2m}{3(m+3)}\pi a^3,$$

woraus man noch

$$a = \sqrt[3]{\frac{3(m+3)V}{2m\pi}}$$

ableitet.

Z. B.

$m = 1$, wo man die Kugel vom Durchmesser a erhalten muß (§. 107):

$$V = \frac{\pi a^3}{6},\quad a = \sqrt[3]{\frac{6V}{\pi}}.$$

$m = 2$: der Körper, der in der Wirklichkeit am stärksten anzieht:

$$V = \tfrac{4}{15}\pi a^3, \quad a = \sqrt[3]{\frac{15V}{4\pi}}.$$

$$m = 3:\quad V = \tfrac{1}{3}\pi a^3, \quad a = \sqrt[3]{\frac{3V}{\pi}}.$$

$$m = 4:\quad V = \tfrac{8}{21}\pi a^3, \quad a = \tfrac{1}{2}\sqrt[3]{\frac{21}{\pi}V};\ \text{etc.}$$

Ist $m = 0$, so wird $V = 0$, und man erhält keinen Körper. Wenn nämlich die Attraction unabhängig von der Entfernung ist, so ist es klar, daß die gegebene Anzahl von Atomen das Atom in einer bestimmten Richtung am stärksten anzieht, wenn sie sämmtlich auf dieser Richtung vertheilt sind, also keinen Körper sondern nur eine gerade Linie bilden. — Für negative Werthe von m wird die vorstehende Formel auch unbrauchbar, weil sie ihrer Ableitung nach nur für ein positives m gültig sein kann; wäre die Attraction der Entfernung oder einer Potenz derselben direct proportional, so würde ein Körper um so stärker anziehen, je weiter er von dem Atom entfernt ist, also am stärksten im Unendlichen, woselbst der Einfluß der Gestalt des Körpers verschwindet (s. die Anmerkung auf S. 181).

§. 109.

Die Stärke der Anziehung des Körpers von der größten Attraction. — Zur Berechnung der Kraft, mit welcher dieser Körper das Atom A anzieht, denke man ihn auf dieselbe Weise in unendlich dünne Scheiben zerschnitten, wie es im vorstehenden §. geschah. Unter Beibehaltung aller bisherigen Bezeichnungen ist, wenn die Kubikeinheit des Körpers λ Atome enthält, und wenn $AC = x$, $AC' = x'$, $AD = y$, $AD' = y'$ gesetzt wird, die Anziehung A der Scheibe DED'E' (Fig. 71) auf das Atom A nach der Formel (2) des §. 102

$$A = \frac{2\pi\lambda k}{m-1}\left((x-x')x^{2-m} - (x-x')xy^{1-m}\right).$$

Weil aber

$$y = a\cos^{\frac{1}{m}}\theta, \quad x = y\cos\theta = a\cos^{1+\frac{1}{m}}\theta$$

ist, so ergiebt sich

$$A = \frac{2\pi\lambda k a^{3-m}}{m-1} \cos^{\frac{2}{m}}\theta \left(\cos\theta^{1-m} - 1\right)\left(\cos\theta^{1+\frac{1}{m}} - \cos\theta'^{1+\frac{1}{m}}\right).$$

Setzt man nun, um zunächst die Attraction des Körperstückes HKFG zu erhalten, in die letzte Formel die schon oben gebrauchte Reihe der Werthe für $\cos\theta$ ein (§. 108):

$$\cos^{\frac{1}{m}}\theta = \sqrt[m]{b}\,\delta^s, \text{ etc.}\ldots, \cos\theta_0 = b = \cos\alpha, \ldots,$$

so findet man

$$A = \frac{2\pi\lambda k a^{3-m} b^{\frac{3+m}{m}}}{m-1} (1-\delta^{m+1})(b^{1-m}\delta^{(3+2m-m^2)s} - \delta^{(m+3)s}).$$

Die Attraction R des Körpertheiles HKFG ist also die Summe dieser Elementaranziehungen, und wird durch successive Einsetzung von $s = 0, 1, 2, \ldots, \nu-1$ nach dem schon vielfach angewendeten Verfahren erhalten:

$$R = \frac{2\pi\lambda k a^{3-m} b^{\frac{3+m}{m}}}{m-1} (1-\delta^{m+1})\left(b^{1-m}.\frac{1-\delta^{(3+2m-m^2)\nu}}{1-\delta^{3+2m-m^2}} - \frac{1-\delta^{(3+m)\nu}}{1-\delta^{3+m}}\right).$$

δ ist unendlich wenig kleiner als 1, aber $\delta^\nu = \left(\frac{\cos\beta}{\cos\alpha}\right)^{\frac{1}{m}}$, daher, weil auch noch $3+2m-m^2 = (m+1)(3-m)$ ist:

$$R = \frac{2\pi\lambda k a^{3-m}}{m-1} \left[\frac{1}{3-m}\left(\cos\alpha^{\left(1+\frac{1}{m}\right)(3-m)} - \cos\beta^{\left(1+\frac{1}{m}\right)(3-m)}\right) - \frac{m+1}{m+3}\left(\cos\alpha^{1+\frac{3}{m}} - \cos\beta^{1+\frac{3}{m}}\right)\right].$$

Um die Anziehung des ganzen Körpers zu erhalten, hat man nur in diese Formel

$$\alpha = 0, \quad \beta = \frac{\pi}{2}, \quad \text{also} \quad \cos\alpha = 1, \quad \cos\beta = 0$$

zu setzen, wodurch sie sich dann wesentlich vereinfacht zu

$$R = \frac{2\pi\lambda k a^{3-m}}{m-1}\left(\frac{1}{3-m} - \frac{m+1}{3+m}\right)$$

$$= \frac{2m\pi\lambda k a^{3-m}}{9-m^2}.$$

Das Volumen V des Körpers ist $\frac{2m\pi a^3}{3(3+m)}$, seine Masse M also

$= \frac{2 m \pi \lambda a^3}{3(3+m)}$, daher auch

$$R = \frac{3Mk}{(3-m)\, a^m}.$$

Z. B.

1) $m = 1$. $\qquad R = \frac{3Mk}{2a}$

und da hier der Körper eine Kugel ist (s. o.), also $a = 2r$:

$$R = \tfrac{3}{4} \frac{Mk}{r},$$

übereinstimmend mit dem schon früher gefundenen Resultate für die Anziehung einer Kugel (§. 104. 3)).

$m = 2$ (das Naturgesetz): $R = \frac{3Mk}{a^2}$.

Wir untersuchen hier, wie viel stärker die Anziehung dieses Körpers als die einer Kugel von gleichem Volumen und gleicher Masse ist. Die Anziehung einer Kugel vom Radius r ist

$$R = \frac{Mk}{r^2} = \frac{\lambda Vk}{r^2},$$

und die des Körpers der stärksten Anziehung mit der Axe a

$$R' = \frac{3Mk}{a^2} = \frac{3\lambda Vk}{a^2}.$$

Nun ist aber, wie oben berechnet,

$$V = \frac{4\pi a^3}{15},$$

und weil das Volumen der Kugel eben so groß ist, auch

$$V = \tfrac{4}{3}\pi r^3,$$

folglich

$$a = r\sqrt[3]{5},$$

$$R' = \frac{3\lambda Vk}{r^2 \sqrt[3]{25}} = R\sqrt[3]{\frac{27}{25}}$$

$$= 1{,}025985\ R.$$

und näherungsweise

$$R' = 1{,}026\ R = 1\frac{13}{500} R$$

(und weil $\frac{13}{500} = \cfrac{1}{38 + \cfrac{1}{2 + \cfrac{1}{6}}}$)

$$R' = 1\frac{2}{77} R = 1\frac{1}{38} R.$$

Selbst die geschickteste Umformung der Erdgestalt würde also nur bewirken, daß an einem bestimmten Punkte ihrer Oberfläche eine Masse von 38 ℔ um 1 ℔ schwerer würde.

§. 110.

Es hat sich bei den letzten Untersuchungen über den Körper der stärksten Attraction ergeben, daß das Atom, welches eine solche Anziehung erfahren soll, im Scheitel jenes Körpers, woselbst er die geringste Krümmung besitzt, befindlich sein muß. Dies hindert jedoch nicht, daß man auch auf ein entferntes Atom vermittelst desselben durch ein bestimmtes Quantum Materie eine möglichst starke Anziehung ausüben könne. Soll z. B. das Atom A (Fig. 72) durch eine gegebene Masse M in der Richtung AB die stärkste Anziehung erfahren, ohne daß die Masse M jenseits des Raumes RS, der eine ganz willkürliche Begrenzung darbietet, dem Atom A genähert werden kann, so hat man die Masse M nur in die Gestalt und Lage zu bringen, daß sie das äußerste Stück des oben berechneten Körpers der größten Attraction bildet, und daß die Axe desselben in der Richtung AB, sein Scheitel in A liegt, und die beliebig gestaltete Wand RS auf der einen Seite selbst die Begrenzung der Masse M wird.

Ja! selbst wenn durch die gegebene Masse M (Fig. 73) in einem verschlossenen Raume RS ein Atom A in einer ganz beliebigen Richtung AB, die nicht durch jenen Raum geht, die stärkste Anziehung erfahren soll, so hat man es genau auf die eben beschriebene Art zu bewerkstelligen, indem man durch A als Scheitel und AB als Richtung der Axe den Körper der stärksten Anziehung so bestimmen muß, daß das in den Raum RS hineinragende Stück desselben genau von der gegebenen Masse erfüllt wird. Dabei ist natürlich die Voraussetzung zu machen, daß sich das Atom A nur nach der Richtung AB hin bewegen kann, wie es z. B. der Fall wäre, wenn die magnetische Masse M (Fig. 73) den eisernen Nagel AB′ aus einer Wand CC herausziehen soll.

Attraction einer homogenen materiellen Geraden, unter Zugrundelegung des Newton'schen Gesetzes.

§. 111.

Das Atom A (Fig. 74) werde von der homogenen Geraden BC angezogen; die Entfernung von ihr AO sei gleich h, $\angle OAB = \alpha$, $OAC = \beta$; die Länge BC der Linie ist also gleich $h(\operatorname{tg}\beta - \operatorname{tg}\alpha)$; OB sei ferner $= x$, und wenn B_1 der benachbarte Punkt ist, $OB_1 = x_1$ $\angle OAB_1 = \alpha_1$, endlich $AB = l$, $AB_1 = l_1$.

Wenn nun die Kraft zwischen zwei Atomen in der Einheit der Entfernung gleich k ist, und auf der Längeneinheit von BC δ Atome enthalten sind, so wird A von dem Atom B mit der Kraft $\frac{k}{l^2}$, und von dem Linienelement BB_1, dessen Entfernung von A constant $= l$ anzusehen ist, mit der Kraft A

$$A = \frac{\delta k(x_1 - x)}{l^2}$$

angezogen. Nun ist aber

$$\triangle AAB_1 = \tfrac{1}{2} l l_1 \sin(\alpha_1 - \alpha) = \tfrac{1}{2} l^2 \sin(\alpha_1 - \alpha),$$

aber auch

$$\triangle ABB_1 = \tfrac{1}{2} h(x_1 - x),$$

folglich

$$x_1 - x = \frac{l^2 \sin(\alpha_1 - \alpha)}{h},$$

und

$$A = \frac{\delta k}{h} \sin(\alpha_1 - \alpha);$$

so daß die Anziehung, welche A von BB_1 erfährt, proportional dem sin. des Winkels BAB_1 ist; da dieser Winkel unendlich klein ist, weil B und B_1 benachbart sind, so kann man den Bogen für den sin. selbst setzen und hat

$$A = \frac{\delta k}{h}(\alpha_1 - \alpha).$$

Theilt man also den Winkel BAC in ν gleiche unendlich kleine Theile:

$$BAB_1 = B_1AB_2 = B_2AB_3 = \cdots = \frac{\beta - \alpha}{\nu} = \alpha_1 - \alpha,$$

so sind die Anziehungen, die A von den einzelnen zugehörigen Linienstückchen

$$BB_1, \quad B_1B_2, \quad B_2B_3, \quad \ldots, \quad B_{\nu-1}C$$

erfährt, sämmtlich einander gleich, und jede von der Stärke

$$A = \frac{\delta k}{h} \frac{\beta - \alpha}{\nu}.$$

Die Richtung der Resultante AM dieser ν Kräfte halbirt den Winkel BAC (Fig. 75), denn wenn man immer die beiden äußersten Componenten zu einer, vermittelst des Parallelogramms der Kräfte, vereinigt, so fällt die Mittelkraft jedesmal auf AM, die Halbirungslinie des Winkels BAC, weil die Richtungen jener gleiche Winkel mit dieser Linie bilden, und die Componenten gleich groß sind. (Im Rhombus werden die Winkel durch die Diagonale halbirt.)

Man folgert aus dem eben gewonnenen Resultate, daß die Gesammtanziehung des homogenen Umfanges eines beliebigen um einen Kreis beschriebenen Polygons auf seinen Mittelpunkt gleich Null ist. Denn zertheilt man den Kreis in unendlich viele gleiche Sectoren, und erweitert dieselben bis zum Umfang des Polygons, so ziehen die durch dieselben bestimmten Seitenstückchen desselben den von allen Seiten gleich weit entfernten Mittelpunkt gleich stark an; da sich aber immer zwei einander gegenüberliegen, so heben sich alle diese Elementaranziehungen wechselsweise auf.

Es ist noch die Stärke der Attraction zu berechnen, welche das Atom A von der homogenen Geraden BC (Fig. 76) erfährt, und deren Richtung AD den Winkel BAC $= \alpha$ halbirt. Da die Anziehungen der Elementarstückchen der Geraden BC, welche gleichen Winkeln bei A entsprechen, einander gleich sind, so folgt, daß sich die nach EF gerichteten Componenten derselben wechselsweise zerstören, und daß nur die darauf senkrechten, auf AD liegenden, übrig bleiben. Die Anziehung eines jeden der 2ν Theilchen von BC ist nach den schon erhaltenen Resultaten

$$\frac{\delta k}{h} \cdot \frac{\alpha}{2\nu},$$

die fragliche Componente also, wenn AD mit der Richtung dieser Elementaranziehung den Winkel θ bildet,

$$\frac{\delta k}{h}\cdot\frac{\alpha}{2\nu}\cos\theta.$$

Daher ist die Totalanziehung sowohl von dem Stücke BD als von CD gleich

$$\frac{\delta k}{h}\cdot\frac{\alpha}{2\nu}\left(\cos\frac{\alpha}{2\nu}+\cos\frac{2\alpha}{2\nu}+\cos\frac{3\alpha}{2\nu}+\cdots+\cos\frac{(\nu-1)\alpha}{2\nu}\right).$$

Ist aber

$$z=\cos\theta+\cos 2\theta+\cos 3\theta+\cdots+\cos(\nu-1)\theta,$$

so ist

$$2z\sin\frac{\theta}{2}=2\cos\theta\sin\frac{\theta}{2}+2\cos 2\theta\sin\frac{\theta}{2}+\cdots$$

$$=\sin\frac{3\theta}{2}+\sin\frac{5\theta}{2}+\sin\frac{7\theta}{2}+\cdots+\sin\frac{(2\nu-1)\theta}{2}$$

$$-\sin\frac{\theta}{2}-\sin\frac{3\theta}{2}-\sin\frac{5\theta}{2}-\cdots-\sin\frac{(2\nu-3)\theta}{2}$$

$$=\sin\frac{(2\nu-1)\theta}{2}-\sin\frac{\theta}{2}=2\cos\frac{\nu\theta}{2}\sin\frac{(\nu-1)\theta}{2},$$

also

$$z=\frac{\cos\frac{\nu\theta}{2}\sin\frac{(\nu-1)\theta}{2}}{\sin\frac{\theta}{2}}.$$

Wendet man diese Formel an, indem man $\frac{\alpha}{2\nu}$ für θ, also $\frac{\alpha}{2}$ für $\nu\theta$ (und $(\nu-1)\theta$) setzt, so erhält man für die Attraction:

$$\frac{\delta k}{h}\cdot\frac{\alpha}{2\nu}\frac{\cos\frac{\alpha}{4}\sin\frac{\alpha}{4}}{\sin\frac{\alpha}{4\nu}}=\frac{\frac{\alpha}{4\nu}}{\sin\frac{\alpha}{4\nu}}\cdot\frac{\delta k}{h}\cdot 2\sin\frac{\alpha}{4}\cdot\cos\frac{\alpha}{4}$$

$$=\frac{\delta k}{h}\cdot\sin\frac{\alpha}{2},$$

da der Quotient $\dfrac{\frac{\alpha}{4\nu}}{\sin\frac{\alpha}{4\nu}}$, für $\nu=\infty$, zu Eins wird. Die Attraction der ganzen Linie ist also

$$\frac{2\delta k}{h}\sin\frac{\alpha}{2}.$$

Ist diese Linie unendlich groß, so wird $\frac{\alpha}{2}=90^{\circ}$, und die Anziehung

$$\frac{2\delta k}{h},$$

d. h. umgekehrt proportional der Entfernung des Atoms von der unendlich langen homogenen Geraden.

Befindet sich das angezogene Atom senkrecht über der Mitte der endlich großen anziehenden Geraden, so liegt seine Bahn offenbar auf dem in der Mitte der Linie errichteten Perpendikel; befindet es sich nicht über der Mitte, so ist seine Bahn natürlich krummlinig, würde aber nur unter der Voraussetzung, daß das Atom der Trägheit nicht unterworfen ist, eine Hyperbel sein, deren beide Brennpunkte mit den Endpunkten B und C der Geraden zusammenfallen.

Die Wirkung eines Magneten.

§. 112.

Die Gerade AB (Fig. 76[a]), habe die Länge $2l$, und sei in $2\mathrm{m}$ gleiche Theile getheilt, deren jeder also von der Größe $\frac{l}{\mathrm{m}}$ ist. Zu beiden Seiten eines jeden Theilpunktes befinde sich in gleicher Entfernung von ihm je ein Atom, aber so, daß diese Entfernung $\frac{l}{\mu}$ kleiner als die Hälfte der Distanz $\frac{l}{\mathrm{m}}$, also kleiner als $\frac{l}{2\mathrm{m}}$, oder μ größer als $2\mathrm{m}$ ist, damit die einzelnen Doppelatome von einander getrennt bleiben. Diese beiden Atome seien nun mit entgegengesetzten Kräften begabt, d. h. eine Atomgruppe C, die von dem einen Atome angezogen wird, erfahre von dem anderen Atome eine Abstoßung; beide Kräfte mögen dem Newtonschen Gesetz unterliegen. Endlich seien diese beiden Atome an allen Theilpunkten gleichmäßig geordnet, so daß alle diejenigen, welche gleiche Wirkung auf C ausüben, auf derselben Seite der Theilpunkte liegen. Eine materielle Linie von der eben angegebenen Beschaffenheit nennen wir einen Magneten, und eine seiner Wirkung unterworfene Atomgruppe, wie C, oder wie die einzelnen entgegengesetzten Molecüle des Magneten selbst, ein magnetisches Element. Uebrigens stoßen sich gleichnamige magnetische Elemente gegenseitig ab, während sich ungleichnamige unter einander anziehen. Die Elemente der einen Art mögen positive, die der anderen Art negative Elemente genannt, und entsprechend mit + und — bezeichnet werden.

Wir wollen nun die Wirkung des Magneten AB auf ein einfach magnetisches Element C (Fig. 76[a]) ermitteln, unter der Voraussetzung, daß die Länge des Magneten gegen die Entfernung des Punktes C von ihm außerordentlich gering ist, daß also entweder $AB = 2l$ außerordentlich klein, oder jene Entfernung außerordentlich groß sei.

Das Element in C sei negativ, und die Elemente des Magneten so angeordnet, wie es die Figur zeigt. Die Entfernungen des Punktes C von den Endpunkten des Magneten seien $CA = a$, $CB = b$, und seine Entfernung von der Mitte O des Magneten $CO = c$. OB ist also $= OA = l$. D sei der s^{te} Theilpunkt von O aus; seine beiden Elemente seien N und P; dann ist (s. o.)

$$OD = \frac{sl}{m}, \quad ON = \frac{sl}{m} - \frac{l}{\mu}, \quad OP = \frac{sl}{m} + \frac{l}{\mu}.$$

$OE = e$ ist die Projection von OP auf OC, $PE = h$ die Projicirende; e' und h' mögen dieselben Linien in Beziehung auf N sein, sind aber in der Figur fortgelassen; die Entfernung des Punktes C von P sei $CP = r$, ebenso $CN = r'$. Nach unserer Voraussetzung sind l, OD etc., e, h, etc. sämmtlich außerordentlich klein gegen a, r, c, b; dasselbe gilt von den Differenzen dieser letzten Linien selbst; weshalb man beide Reihen von Größen gegen diese Entfernungen a, r, c, b u. s. w. zu vernachlässigen hat, ebenso wie ihre höheren Potenzen gegen sie selbst.

Endlich sei die Kraft zwischen zwei magnetischen Elementen in der Einheit der Entfernung gleich k, der Winkel zwischen r und c gleich β, Winkel $COA = \alpha$, FCG senkrecht auf CO.

Dann ist die anziehende Kraft, die P auf C ausübt, gleich $\frac{k}{r^2}$, und die nach CO gerichtete Componente derselben gleich

$$\frac{k}{r^2}\cos\beta = \frac{k(c-e)}{r^3};$$

r ist gleich $c-e$ zu setzen (s. o.), also ist die Componente

$$= \frac{k}{(c-e)^2} = \frac{k}{c^2}\left(1-\frac{e}{c}\right)^{-2} = \frac{k}{c^2}\left(1+\frac{2e}{c}\right)$$

$$= \frac{k}{c^2} + \frac{2ke}{c^3}.$$

Wendet man dieselbe Entwickelung auf die Kraft an, welche C von dem abstoßenden Atom N erfährt, so findet man die Componente dieser Abstoßung nach CO′ gleich

$$\frac{k}{c^2} + \frac{2ke'}{c^3}.$$

Die Differenz dieser beiden Componenten ist die Componente der Anziehung des Doppelatoms bei D nach der Richtung CO; dieselbe ist also

$$(1) \qquad \frac{2k(e-e')}{c^3} = \frac{4kl\cos\alpha}{\mu c^3}.$$

Die senkrecht auf CO gerichtete Componente der Anziehung des Atoms P ist

$$\frac{k}{r^2}\sin\beta = \frac{kh}{r^3}.$$

Und da man c—e für r setzen kann, so ist sie gleich

$$\frac{kh}{(c-e)^3} = \frac{kh}{c^3}\left(1-\frac{e}{c}\right)^{-3} = \frac{kh}{c^3}\left(1+\frac{3e}{c}\right) = \frac{kh}{c^3},$$

wenn man auch hier nur bis zu derselben Größenordnung vorschreitet, wie bei der anderen Componente. Ebenso ist die nach CF gerichtete Componente der Abstoßung des Atoms N gleich $\frac{kh'}{c^3}$, und die Differenz beider die Componente der Gesammtwirkung des Doppelatoms D nach CG, gleich

$$(2) \qquad \frac{k(h-h')}{c^3} = \frac{2kl\sin\alpha}{\mu c^3}.$$

Aus diesen beiden Resultaten (1) und (2), welche die Stärke der senkrechten Componenten der Gesammtwirkung des Doppelatoms bei D angeben, ist sowohl s, welches den Theilpunkt D von allen übrigen unterscheidet, als jede von s abhängige Größe h, e u. s. w. verschwunden. Daraus folgt, daß dieselben Resultate für alle Theilpunkte gelten, oder daß sämmtliche Doppelatome dieselbe Wirkung auf C ausüben. Auch die Richtung der obigen Componenten bleibt selbst bei dem Durchgang durch den Mittelpunkt O des Magneten ungeändert. Denn auf der Hälfte OB des letzteren sind allerdings die auf die positiven Elemente bezüglichen e und h kleiner als die zugehörigen e′ und h′ der negativen Elemente; trotzdem bleibt immer, wie man sich leicht überzeugt, auf der Geraden OO′ die Anziehung überwiegend. Auf der Geraden FG findet aber jetzt die Anziehung in der Richtung CF, die Abstoßung nach der Richtung CG Statt;

doch weil die letztere überwiegt $\left(\frac{kh'}{c^3} > \frac{kh}{c^3}\right)$, so hat die betreffende Componente der Gesammtwirkung jedes Doppelatoms auch hier die Richtung CG.

Die Gesammtwirkung des ganzen Magneten AB, der 2m Doppelatome enthält, auf das Element C ist also das 2mfache der Wirkung eines Doppelatoms, d. h. die Componente nach der Richtung CO

$$R' = \frac{8km l \cos\alpha}{\mu c^3},$$

und die Componente nach der Richtung CG

$$R'' = \frac{4km l \sin\alpha}{\mu c^3},$$

oder, wenn man

$$\frac{2m}{\mu} = \varepsilon$$

setzt:

$$R' = \frac{4k\varepsilon l \cos\alpha}{c^3}, \quad R'' = \frac{2k\varepsilon l \sin\alpha}{c^3}.$$

Von der Größe ε, die höchstens gleich 1 sein kann, hängt die Stärke der Wirkung des Magneten ab. Für ihren Grenzwerth $= 1 \left(\mu = 2m\right.$, oder vielmehr $\left.\frac{l}{\mu} = \frac{l}{2m}\right)$ ist diese Wirkung ein Maximum; was sich daraus erklärt, daß alsdann immer die ungleichnamigen Elemente je zweier benachbarter Atomenpaare zusammenfallen, sich also ihre Kräfte gegenseitig zerstören, und die Wirkung der äußersten Atome bei A(+) und B(—) nicht geschwächt werden kann. Ist aber ε, also um so mehr $\frac{l}{\mu}$, $= 0$, so fallen die beiden entgegengesetzten Atome jedes einzelnen Paares zusammen, z. B. N und P in D; dann ist die Wirkung des Magneten gleich Null, weil seine beiden magnetischen Kräfte noch nicht getrennt sind, sondern sich gegenseitig neutralisiren.

Nennt man die ganze Kraft des Magneten R (Fig. 76[b]), und den Winkel, den ihre Richtung mit der Mittellinie CO bildet, γ, so ist

$$(3) \quad R' = R\cos\gamma = \frac{4k\varepsilon l}{c^3}\cos\alpha,$$

$$(4) \quad R'' = R\sin\gamma = \frac{2k\varepsilon l}{c^3}\sin\alpha,$$

durch deren Division man die Relation

$$(5) \quad \operatorname{tg}\gamma = \tfrac{1}{2}\operatorname{tg}\alpha$$

erhält. Dieselbe gestattet zunächst schon eine Construction der Richtung von R. Denn errichtet man in C ein Loth auf OC bis zur Verlängerung des Magneten, CH, so ist $\operatorname{tg}\alpha = \frac{CH}{CO}$; folglich braucht man nur das in O auf OC errichtete Perpendikel $OK = \frac{1}{2} CH$ zu machen, um

$$\operatorname{tg} KCO = \frac{OK}{OC} = \frac{1}{2}\frac{CH}{CO} = \frac{1}{2}\operatorname{tg}\alpha,$$

also Winkel $KCO = \gamma$ zu erhalten. Man bedarf des letzten Lothes nicht einmal, denn wenn man nur $OL = \frac{1}{3} OH$ macht, so ist L der Punkt, in welchem der zweite Schenkel des Winkels γ die OH schneidet.

In Beziehung auf diese Construction leitet man auch noch für die Kraft selbst aus der (4)

$$R = \frac{2k\varepsilon l}{c^3}\,\frac{\sin\alpha}{\sin\gamma} = \frac{2k\varepsilon l}{c^3}\cdot\frac{CL}{OL}$$

ab. Sonst erhält man vermittelst der beiden senkrechten Componenten (§. 43)

$$R^2 = \frac{4k^2\varepsilon^2 l^2}{c^6}(\sin^2\alpha + 4\cos^2\alpha),$$

also

$$R = \frac{2k\varepsilon l}{c^3}\sqrt{1+3\cos^2\alpha}.$$

Für $\alpha = 0$, d. h. wenn das magnetische Element in der Verlängerung des wirkenden Magneten liegt, ergiebt dieser Ausdruck

$$R_0 = \frac{4k\varepsilon l}{c^3},$$

und für $\alpha = \frac{\pi}{2}$, d. h. wenn sich C über der Mitte des Magneten befindet

$$R_{\frac{\pi}{2}} = \frac{2k\varepsilon l}{c^3} = \tfrac{1}{2}R_0.$$

Würde also der Erdmagnetismus durch einen kleinen aber starken Magneten bewirkt, der im Erdmittelpunkt in der Richtung der Axe von S. nach N. läge, so wäre die Kraft desselben an den Polen doppelt so groß als am Aequator.

§. 113.

Man gelangt durch Construction zu denselben Resultaten.

A (Fig. 76[c]) sei ein positives, B ein negatives magnetisches Element in der Entfernung AB von einander; beide wirken auf das negativ magnetische Element in C; CA ist $= a$, $CB = b$. Dann erfährt, wenn k wieder die Kraft in der Einheit der Entfernung ist, C von A die Anziehung $\frac{k}{a^2}$ in der Richtung CA, und von B die Abstoßung $\frac{k}{b^2}$ in der Richtung BC. Man stelle nun die Größe der Kraft $\frac{k}{a^2}$ durch eine Strecke, die gleich b ist, dar, also durch CB', wenn $CB' = CB = b$ ist. Macht man alsdann CA', auf CB, gleich a, zieht A'B', und AE ⫲ A'B', so folgt aus den ähnlichen Dreiecken CAE und CB'A'

$$\frac{CE}{CA'} = \frac{CA}{CB'}, \quad \text{also } CE = \frac{a^2}{b},$$

und aus $\frac{k}{a^2} = b$, $CE = \frac{k}{b^2}$.

Verlängert man daher BC über C hinaus um $CG = CE = \frac{k}{b^2}$, und construirt aus CB' und CG das Parallelogramm, so giebt die Diagonale CF desselben, welche ⫲ EB' ist, die Richtung an, nach welcher C durch die Wirkung des magnetischen Doppelelementes AB gezogen wird.

Rückt nun C in's Unendliche, oder ist AB unendlich klein, so sind CB und CB' parallel (Fig. 76[d]), und stehen senkrecht auf AA' und BB'; BA' wird mit B'A gleich A'E. Zieht man also EL bis zur Verlängerung von BA senkrecht auf BE, d. h. ⫲ A'A, so ist $EL = 2AA' = 2BB'$. Ist Winkel $EBA = BAB' = \alpha$, $\angle BEB' = \gamma$, so ist also, wie oben,

$$\operatorname{tg}\gamma = \frac{BB'}{BE} = \frac{1}{2}\frac{EL}{BE} = \frac{1}{2}\operatorname{tg}\alpha.$$

Für $AB = \lambda$ ist $BA' = \lambda\cos\alpha$, $BE = 2\lambda\cos\alpha$ und, wenn man mit $1 = \frac{k}{a^2 b}$ multiplicirt:

$$BE = \frac{2k\lambda}{a^2 b}\cos\alpha = \frac{2k\lambda}{a^3}\cos\alpha.$$

Ebenso ist

$$BB' = \lambda \sin\alpha = \frac{k\lambda}{a^2 b} \sin\alpha = \frac{k\lambda}{a^3} \sin\alpha,$$

also

$$B'E = \sqrt{BE^2 + BB'^2} = \frac{k\lambda}{a^3} \sqrt{1 + 3\cos^2\alpha}.$$

Setzt man aber wie vorhin die Entfernung der beiden Atome A und B von einander $\lambda = \frac{2l}{\mu}$, so sind die Componenten

$$EB = \frac{4kl}{\mu a^3} \cos\alpha, \quad EE' (= BB') = \frac{2kl}{\mu a^3} \sin\alpha,$$

und folglich für den ganzen Magneten, der aus 2m Doppelatomen besteht, entsprechend

$$\frac{8kml}{\mu a^3} \cos\alpha = \frac{4k\varepsilon l}{a^3} \cos\alpha \quad \text{und}$$

$$\frac{4kml}{\mu a^3} \sin\alpha = \frac{2k\varepsilon l}{a^3} \sin\alpha,$$

welche Ausdrücke mit den oben erhaltenen (§. 112) übereinstimmen, da man a und c als gleich betrachten muß.

Attraction auf festverbundene Atomensysteme.

§. 114.

Wir haben in dem gegenwärtigen Kapitel zahlreiche Aufgaben über die Attraction behandelt, und gesehen, wie unter Zugrundelegung verschiedener Hypothesen und wegen der verschiedenen Gestaltungen der anziehenden Körper die erfolgende Attraction besonderen Gesetzen unterworfen ist. Wir haben aber stets nur die Wirkung eines anziehenden Körpers auf ein einziges Atom, und nicht auf einen anderen Körper oder ein verbundenes System von Atomen der Betrachtung unterworfen. Solche Aufgaben sind bedeutend schwieriger zu lösen, und entziehen sich häufig der Rechnung wegen der in dem angezogenen Körper auftretenden Spannungen, welche mit in Rechnung gebracht werden müssen, aber nur in den einfachsten Fällen sich eliminiren lassen. Aus diesem Grunde ist z. B. die Art der gegenseitigen Anziehung zwischen zwei Kugeln nicht durch so einfache Betrachtungen klar zu machen, wie man sie gewöhnlich hierbei anzustellen pflegt, sondern bedürfte einer eingehenden mathematischen Deduction. An einer früheren Stelle haben wir berechnet (§. 25 ff.), welche Anziehung eine gerade Linie von einem Atom oder einem Körper erfährt, der sich in ihrer Richtung befindet, und dies ist einer der wenigen Fälle, wo die Wirkung der Anziehung auf ein System von Atomen leichter zu ermitteln ist. Wir wollen jetzt noch einige ähnliche Aufgaben behandeln.

§. 115.

I) Die beiden Atomgruppen A und A′ (Fig. 77), aus je α Atomen bestehend und in der unveränderlichen Entfernung AA′ von einander gehalten, werden von dem Atome M, das auf der in der Mitte von AA′ errichteten Normalen liegt, angezogen. Es fragt sich, welche Geschwindigkeit jenes System nach der ersten Sekunde erlangt hat, wenn M stets dieselbe Entfernung von A und A′ beibehalten soll. — Die Kraft zwischen zwei einzelnen Atomen in der Entfernung AM, also auch A′M, sei a, und ein, abstoßender, Impuls zwischen zwei Atomen in A und A′ $= \frac{\lambda}{n}$. Es ist klar, daß sich wegen der vollständigen Symmetrie gegen die Axe BM das System AA′ sich selbst parallel und senkrecht gegen BM fortbewegen wird, so daß es etwa in die Lage CC′ gelangt. Es erfährt nun A jede n^{tel} Sekunde die Impulse

$AF = \frac{a}{n}$, dessen beide Componenten

$$AC = \frac{a}{n}\cos\varphi \text{ und } AE = \frac{a}{n}\sin\varphi \text{ sind, und}$$

$AH = \alpha\frac{\lambda}{n}$.

Dasselbe gilt für A′, und daher ist die Geschwindigkeit G, welche das System nach der ersten Sekunde besitzt,

$$G = a\cos\varphi,$$

so daß nur die der Bewegungsrichtung parallele Componente von der ganzen Kraft in Anwendung kommt.

Ferner ergiebt sich

$$\alpha\lambda = a\sin\varphi, \quad \lambda = \frac{a\sin\varphi}{\alpha}.$$

Hierdurch ist die Aufgabe gelöst, und gleichzeitig die Spannung des Systems berechnet. Es ist außerdem klar, daß die homogene

Kreislinie, deren Mittelpunkt B und Radius BA ist, welche durch Rotation der Figur um BM entsteht, dieselbe Anziehung $a \cos \varphi$ durch M erfahren muß.

Die Anziehung, welche umgekehrt das System AA' auf M ausübt, ergiebt sich unmittelbar $= 2\alpha a \cos\varphi$; enthält also M ebenfalls 2α Atome, so sind Actio und Reactio gleich; im Allgemeinen aber verhalten sie sich stets zu einander wie die Atomenzahlen der wirkenden Systeme (AA' und M).

II) Jetzt sei mit den beiden Gruppen A und A' noch eine dritte auf der Axe befindliche Gruppe B (Fig. 78) von β Atomen fest verbunden, und die Geschwindigkeit zu berechnen, welche dieses System durch die Anziehung von M erfährt.

Zur Bestimmung ist gegeben:

$$\angle AMB = A'MB = \varphi, \quad \angle BAA' = BA'A = \psi,$$

in M, A, A', B resp. 1, α, α, β Atome, die Stärke des Elementenimpulses zwischen A (oder A') und $M = \frac{a}{n}$, zwischen B und $M = \frac{b}{n}$, zwischen A und $A' = \frac{\nu}{n}$, zwischen A und B, B und $A' = \frac{\lambda}{n}$, ν und λ abstoßend gedacht.

Wegen der vollständigen Symmetrie bewegt sich das System parallel mit sich so fort, daß B auf der Axe BM bleibt, und kommt etwa in die Lage CDC'. Die Geschwindigkeit, welche es erlangt, sei G, und ist die Summe der nach BM(AC) gerichteten Componenten aller Kräfte, die auf A resp. A' und B wirken. Man findet demnach leicht

$$\text{für A und A': } G = a\cos\varphi + \beta\lambda\sin\psi,$$
$$\text{für B: } G = b \qquad -2\alpha\lambda\sin\psi;$$

außerdem hat man für die Spannungen auf AA', die sich aufheben müssen:

$$a\sin\varphi = \alpha\nu + \beta\lambda\cos\psi.$$

Multiplicirt man die beiden ersten Gleichungen entsprechend mit 2α und β, und addirt, so erhält man:

$$G = \frac{2\alpha a\cos\varphi + \beta b}{2\alpha + \beta},$$

oder für $\frac{\alpha}{\beta} = \alpha'$

$$G = \frac{b + 2\alpha' a\cos\varphi}{1 + 2\alpha'}.$$

Von μ Atomen in M würde das System ABA' natürlich eine μfache Geschwindigkeit erhalten. Die Anziehung, welche M durch ABA' erfährt, ist $2\alpha a\cos\varphi + \beta b$, so daß wieder, wenn beide Systeme gleich viel Atome enthalten, Actio und Reactio gleich groß ist.

Die Spannungen lassen sich auch berechnen. Durch Subtraction der ersten und zweiten Gleichung erhält man

$$\lambda = \frac{b - a\cos\varphi}{(2\alpha+\beta)\sin\psi};$$

dann liefert die dritte Gleichung

$$\nu = \frac{a\sin\varphi}{\alpha} - \frac{\beta(b - a\cos\varphi)\cos\psi}{\alpha(2\alpha+\beta)\sin\psi}$$

$$= \frac{\beta a\cos(\varphi-\psi) - \beta b\cos\psi + 2\alpha a\sin\varphi\sin\psi}{\alpha(2\alpha+\beta)\sin\psi}.$$

Auch diese Spannungen würden μ mal so groß werden, wenn M μ Atome statt eines enthielte.

Specielle Fälle:

1) $BM = AM$ oder $a = b = g$:

$$G = \frac{1+2\alpha'\cos\varphi}{1+2\alpha'}\cdot g = g - \frac{4\alpha'\sin^2\frac{\varphi}{2}}{1+2\alpha'}\cdot g.$$

2) $\beta = \alpha$, $\alpha' = 1$:

$$G = \tfrac{1}{3}(b + 2a\cos\varphi),$$

und wenn auch noch $b = a = g$ ist:

$$G = \frac{1+2\cos\varphi}{3}\cdot g.$$

3) Liegt B auf AA', bilden also die Gruppen eine gerade Linie, so ist $\psi = 0$, und es werden alle Spannungen unendlich groß; es ist also unmöglich, daß sich ein solches System in gerader Linie erhält.

4) β unendlich groß gegen α, d. h. $\alpha' = 0$:

$$G = b.$$

5) β unendlich klein gegen α, d. h. $\alpha' = \infty$:

$$G = a\cos\varphi,$$

wie oben.

6) $\varphi = 0$, ψ beliebig, d. h. das ganze System auf BM befindlich:

$$G = \frac{b + 2\alpha' a}{1+2\alpha'}.$$

7) $\varphi = \psi = 0$, d. h. die drei Gruppen gehen in einen Punkt über, und b wird $= a = g$:

$$G = g,$$

wie es sein muß.

III) Wir nehmen nun noch in symmetrischer Lage zwei Gruppen hinzu, um von den Resultaten, welche dieser Fall darbietet, auf die Art der Anziehung zu schließen, welche ein festes System von beliebig vielen symmetrisch vertheilten Gruppen, also eine gebrochene, materielle Linie erfährt.

Die Figur (Fig. 79), die Bezeichnungen, die Herleitung der Gleichungen ist nach dem Bisherigen von selbst klar; die Spannungen zwischen A und A′, B und B′ sind weggelassen, weil sie senkrecht gegen die Richtung der Bewegung wirken, also auf die resultirende Geschwindigkeit G, die wir allein berechnen wollen, keinen Einfluß ausüben können. Man hat nun

für A und A′: $G = a\cos\varphi + \beta\lambda\sin\psi$,

für B und B′: $G = b\cos\varphi' + \gamma\nu\sin\psi' - \alpha\lambda\sin\psi$,

für C: $G = c \quad -2\beta\nu\sin\psi'$.

Durch Multiplication dieser Gleichungen entsprechend mit 2α, 2β und γ, und ihre Addition erhält man:

$$G = \frac{2\alpha a\cos\varphi + 2\beta b\cos\varphi' + \gamma c}{2\alpha + 2\beta + \gamma},$$

oder für $\frac{\alpha}{\gamma} = \alpha'$, $\frac{\beta}{\gamma} = \beta'$:

$$G = \frac{2\alpha' a\cos\varphi + 2\beta' b\cos\varphi' + c}{2\alpha' + 2\beta' + 1}.$$

Ist $\alpha = \beta = \gamma$, also $\alpha' = \beta' = 1$, d. h. enthalten die Gruppen gleich viel Atome, so kommt

$$G = \tfrac{1}{5}(2a\cos\varphi + 2b\cos\varphi' + c).$$

Liegen die Gruppen auf einem Kreisbogen, dessen Centrum M ist, so ist $a = b = c = g$, also

$$G = \frac{2\alpha'\cos\varphi + 2\beta'\cos\varphi' + 1}{2\alpha' + 2\beta' + 1}\cdot g,$$

und wenn auch noch $\alpha = \beta = \gamma$ ist:

$$G = \frac{1 + 2\cos\varphi + 2\cos\varphi'}{5}\cdot g..$$

§. 116.

Man ersieht aus den vorstehenden Resultaten das Gesetz, nach welchem eine gebrochene materielle Linie von einer Atomgruppe angezogen wird, wenn sie zu derselben eine symmetrische Lage einnimmt. Werden nämlich die der Mittellinie des Systems parallelen Componenten der Kräfte, welche auf seine einzelnen Atomgruppen wirken, durch a, und die Anzahl der Atome der einzelnen Gruppen durch α bezeichnet, so ist die resultirende Geschwindigkeit G des Systems

$$G = \frac{\Sigma a \alpha}{\Sigma \alpha}$$

(vgl. §. 25), während die Gegenanziehung G', die das Atom M von dem Systeme erfährt, sich unmittelbar

$$G' = \Sigma a \alpha, \text{ d. h.}$$
$$= G . \Sigma \alpha$$

ergiebt. Diese beiden Anziehungen sind also proportional der Anzahl der sie bewirkenden Atome, mag das gegen die Gruppe symmetrisch vertheilte System eine sonst beliebig gestaltete Linie sein. Die durch Rotation dieser Linie erzeugte Fläche erfährt genau dieselbe Anziehung.

In Betreff der analytischen Resultate selber bemerken wir noch, daß bei Gleichheit aller α, und bei n Gruppen, die das System ausmachen,

$$G = \frac{1}{n} \Sigma a, \quad G' = \alpha \Sigma a = n \alpha G$$

und bei Gleichheit aller a, $G = \frac{a \Sigma \alpha}{\Sigma \alpha}$, also

$$G = a$$

wird.

§. 117.

Das eben ausgesprochene Gesetz über die gegenseitigen Anziehungen zwischen einem System und einer Gruppe lehrt, wie man aus der einen bekannten Anziehung die andere unmittelbar ableiten kann.

So ist z. B. nach §. 111 die dem Newtonschen Gesetz unterworfene Anziehung G' einer homogenen Geraden AA' (Fig. 80) auf ein senkrecht über ihrer Mitte in der Entfernung h befindliches Atom M, wenn die Längeneinheit der Geraden δ Atome enthält, der Einheitsfactor der Kraft k ist, und die von dem angezogenen Atom nach den Endpunkten der Geraden gehenden Richtungen den Winkel α bilden,

$$G' = \frac{2\delta k}{h} \sin\frac{\alpha}{2};$$

folglich ist die Anziehung G, welche die Gerade AA' durch M erfährt, wenn die Masse von AA', d. h. die Anzahl ihrer Atome $= \varDelta$ ist:

$$G = \frac{G'}{\varDelta};$$

nennt man $AA' = 2l$, $AM = r$, so ist $\varDelta = 2l\delta$, und man erhält

$$G = \frac{k}{hl}\sin\frac{\alpha}{2} = \frac{k}{hr}.$$

Namentlich die letzte Gestalt des Resultates zeigt seine große Analogie mit demjenigen, welches für die Anziehung einer Geraden durch ein Atom gilt, das sich auf ihrer Verlängerung befindet (§. 28).

Wird die Linie unendlich klein, d. h. zu einer einzigen Atomgruppe, so wird $h = r$, und $G = \frac{k}{h^2}$, wie es sein muß; je länger die Linie und damit r wird, um so mehr nimmt G ab, bis es schließlich, für $l = \infty$, zu Null wird: die endliche Masse M kann die große ausgedehnte Masse nicht in Bewegung setzen.

Beispiel. Welche Geschwindigkeit ertheilt die Erde dem zu einem Cylinder von 60 Erdradien Länge ausgezogenen Monde (Fig. 81), wenn er horizontal über der Erdoberfläche schwebt? (vgl. §. 28).

Diese Geschwindigkeit ist

$$G = \frac{g}{rr'},$$

wenn g die Schwerkraft der Erde, also 31'2649, $r = 1$ (ein Erdradius) und $r' = \sqrt{1+30^2} = \sqrt{901}$ ist. Man hat also

$$G = \frac{31',2649}{\sqrt{901}} = 1',041585.$$

Der horizontal schwebende Mondcylinder fällt also etwa doppelt so schnell, als wenn er vertical gegen die Erdoberfläche gerichtet ist.

Nach den Erörterungen des §. 116 giebt das erhaltene Resultat

$$G = \frac{k}{hr}$$

auch unmittelbar die Größe der Anziehung an, welche eine Kreisebene von einem auf ihrer Axe in der Entfernung h befindlichen Atome erfährt, wenn dieselbe durch Umdrehung einer homogenen materiellen Geraden von der Länge $l = \sqrt{r^2 - h^2}$ erzeugt ist.

§. 118.

Andererseits gestatten die in §. 115f. entwickelten Formeln eine directe Berechnung der Anziehung, welche den daselbst aufgestellten Anforderungen entsprechende Systeme oder Rotationsflächen durch ein Atom erfahren. Um hiervon ein Beispiel zu geben, wollen wir die Kraft G berechnen, mit welcher der homogene Kreisbogen AB (Fig. 82) von seinem Mittelpunkt M angezogen wird, wenn seine Atome auf 2n Theilpunkten vertheilt sind, r sein Radius, φ der Centriwinkel AMB, und k der Einheitsfactor der nach dem Newton-schen Gesetz wirksamen Attractionskraft ist. Nach §. 116 ist aber

$$G = \frac{k}{2nr^2}\left(1 + 2\cos\frac{\varphi}{2n} + 2\cos\frac{2\varphi}{2n} + 2\cos\frac{3\varphi}{2n} + \cdots + 2\cos\frac{n\varphi}{2n}\right)$$

$$= (\S.111)\ \frac{k}{2nr^2}\left(1 + \frac{2\cos\frac{\varphi}{4}\sin\frac{\varphi}{4}}{\sin\frac{\varphi}{4n}}\right),$$

und weil n unendlich groß ist, also $\frac{k}{2nr^2}$ verschwindet:

$$G = \frac{k\sin\frac{\varphi}{2}}{r^2} \cdot \frac{2}{\varphi} \cdot \frac{\frac{\varphi}{4n}}{\sin\frac{\varphi}{4n}};$$

der letzte Quotient ist bekanntlich gleich 1, also

$$(1) \quad G = \frac{\sin\frac{\varphi}{2}}{\frac{\varphi}{2}} \cdot \frac{k}{r^2}.$$

Umgekehrt, wenn die Längeneinheit des Kreisbogens δ Atome enthält, seine ganze Masse also $= \delta\varphi r$ ist, so übt er auf seinem Mittelpunkt M die Anziehung

$$G' = 2\delta\sin\frac{\varphi}{2} \cdot \frac{k}{r}$$

aus, der Halbkreis also ($\varphi = \pi$) die Anziehung $G' = \frac{2\delta k}{r}$, der ganze Kreis $G' = 0$.

Beispiel. Die Anziehung des Saturns auf ein Stück seines Ringes. Der Saturn ist bekanntlich von zwei mit ihm concentrischen Ringen umgeben, deren Dicke nach Bessel etwa 30 G. Meilen beträgt. Der Radius des Saturns selbst ist 8545 G. Ml. groß, der innere Ring ist von der Oberfläche des Planeten 4122 Ml. entfernt, und besitzt eine Breite von 3708 Ml. Die Schwerkraft auf der Oberfläche des Planeten ergiebt sich 34',07 Rh.

Wir nehmen nun an, daß die Masse des inneren Ringes auf seiner Mittellinie, die vom Centrum des Planeten eine Entfernung von 14321 Ml. besitzt, gleichmäßig vertheilt sei, und wollen unter dieser Voraussetzung ermitteln, mit welcher Geschwindigkeit die Hälfte dieses Ringes auf den Saturn stürzen würde, d. h. mit welcher Kraft dieselbe von dem Planeten angezogen wird. Man hat dann nur in der Formel (1)

$$\varphi = \pi, \quad k = 34{,}07 . 8545^2 \text{ Rh. Fuß}, \quad r = 14321,$$

also

$$G = \frac{2 . 34{,}07 . 8545^2}{\pi . 14321^4} \text{ Rh. Fuß}$$

zu setzen, und erhält

$$G = 7', 722 \text{ Rh.}$$

Fünftes Kapitel.

Die der Entfernung proportionale Centralkraft.

§. 119.

Wir rufen uns die Darstellung in's Gedächtniß zurück, welche zur Herleitung der Gesetze der Schwungkraft diente (§. 65). Wenn ein Atom die gleich großen Sehnen AB, BC, CD, DE etc. (Fig. 83) eines Kreises mit constanter Geschwindigkeit durchlaufen sollte, so daß es zu diesen Wegen je $\frac{1}{n}$ Secunde gebrauchte, so mußte es, nachdem es die erste Sehne zurückgelegt hatte, am Ende der einzelnen Zeittheilchen die nach dem Kreiscentrum gerichteten gleich großen Impulse BG, CI, DL etc. erfahren. Es waren zum Beweise dieses Satzes die Parallelogramme FG, HI, KL etc. erforderlich, die unter sich congruent, und deren Diagonalen BC, CD, DE etc. den Seiten BF, CH, DK etc. gleich sind. Nun lege man durch den Durchmesser AQ des Kreises unter einem beliebigen Winkel eine andere Ebene, und projicire auf dieselbe die Kreisfigur, d. h. man führe eine Gerade, mit sich selbst parallel, durch alle Linien der Figur herum; dann beschreibt dieselbe auf der zweiten Ebene eine Figur, welche die Projection der Kreisfigur heißt. Der Kreis selber erscheint in der Projection als Ellipse, als der Durchschnitt eines schiefen Kreiscylinders mit einer Ebene. AQ wird die Richtung eines Durchmessers dieser Ellipse, M ihr Mittelpunkt; die gleich großen Radien des Kreises werden verschieden große Halbmesser AM, B'M, C'M, ... derselben *); die einzelnen Parallelogramme am Kreise

---

*) Die Figur 83 stellt diejenige Projection dar, für welche die projicirenden Linien senkrecht auf der Projectionsebene stehen In diesem Falle wird der Durchmesser AQ des Kreises die große Axe der Ellipse, A und Q sind also zwei Scheitel der Kurve. Alle Linien in der Projectionsfigur sind mit accentuirten Buchstaben bezeichnet, die den Buchstaben der Kreisfigur entsprechen.

bleiben auch Parallelogramme an der Ellipse, wie F′G′, H′I′, K′L′, weil die gegenüberliegenden Seiten in diesen Projectionsvierecken Durchschnittslinien von parallelen Ebenen mit einer dritten Ebene sind; aber während dort die Parallelogramme congruent sind, sind sie hier weder congruent noch gleich. Aus einfachen geometrischen Gründen sind ferner die einzelnen geraden Linien in der Projection den ihnen entsprechenden Linien der projicirten Figur proportional getheilt, z. B. ist $\frac{B'G'}{G'M} = \frac{BG}{GM}$. Weil also $AB = BF$, $BC = CH$ etc., so ist auch

$$AB' = B'F' = \text{und} \mp G'C', \quad B'G' = \text{und} \mp F'C',$$
$$B'C' = C'H' = \text{und} \mp I'D', \text{ etc.}$$

Daraus folgt nach dem Parallelogramm der Kräfte, daß ein Atom, welches vermöge einer anfänglichen Geschwindigkeit die Sehne AB′ der Ellipse in $\frac{1}{n}$ Sekunde durchläuft, mithin in der nächsten n^{tel} Sekunde nach F′ gelangen würde, in diesem Zeittheilchen vielmehr die zweite Sehne B′C′, die nicht gleich AB′ ist, zurücklegen wird, wenn es in B′ einen nach dem Mittelpunkt der Ellipse gerichteten Impuls empfängt, der es für sich allein in dieser n^{tel} Sekunde durch den Weg B′G′ triebe. Damit es nun in der dritten n^{tel} Sekunde nicht nach H′ sondern nach D′ komme, muß es in C′ wiederum einen nach dem Mittelpunkt der Ellipse gerichteten Impuls von der Wirkung C′I′ erhalten; desgleichen treibt es ein Impuls n.D′L′, zu Anfang der nächsten n^{tel} Sekunde ertheilt, durch die Sehne D′E′, etc.

Nun hat man aus der Figur die Proportionen:

$$BM:BG = B'M:B'G', \quad CM:CI = C'M:C'I', \quad DM:DL = D'M:D'L', \text{ etc.},$$

in denen sämmtlich die ersten Verhältnisse identisch sind, weshalb auch

$$B'M:B'G' = C'M:C'I' = D'M:D'L' \text{ etc.}$$

ist; d. h.: die Linien B′G′, C′I′, D′L′ etc., welche die n^{ten} Theile der betreffenden Impulse repräsentiren, sind den Radien proportional, auf denen sie liegen; dasselbe gilt mithin für die ganzen Impulse. So ergiebt sich, daß ein Atom, welches mit geeigneter Geschwindigkeit eine Sehne der Ellipse in $\frac{1}{n}$ Sekunde durchlaufen hat, seinen Weg mit veränderlicher Geschwindigkeit in einem in die Ellipse beschriebenen Sehnenvieleck fortsetzen wird, wenn es zu Ende jedes Zeittheilchens Impulse erfährt, die nach dem Mittelpunkt der Ellipse gerichtet, und der Entfernung des Atoms von diesem Punkte proportional sind. — Und durch den Uebergang zur Grenze, d. h. indem man diese Kraft stetig wirksam, also n unendlich groß und die einzelnen Sehnen unendlich klein annimmt, folgt:

Wenn ein Atom von einer Kraft getrieben wird, die stets nach einem festen Punkt gerichtet, und der Entfernung des Atoms von diesem Punkte proportional ist, so beschreibt es bei einer seitlichen Anfangsgeschwindigkeit eine Ellipse, deren Centrum der feste Punkt ist.

Die Geschwindigkeit des Atoms bei dieser Bewegung ist nicht mehr wie bei der Bewegung im Kreise constant. Die Breite der Bahnellipse hängt, nach unserer Herleitung, von der Richtung der projicirenden Linien gegen die Projectionsebene ab, also, wie sich daraus ergiebt, von der anfänglichen Geschwindigkeit (n.AB′) des Atoms und dem Winkel, den dieselbe mit dem gemeinsamen Durchmesser des Kreises und der Ellipse bildet. Je kleiner dieser Winkel ist, um so schmaler wird die Ellipse, bis die Bahn des Atoms, wenn er verschwindet, in die gerade Linie AQ übergeht. In diesem Falle liegen nämlich die projicirenden Linien in der Ebene der projicirten Figur selber. Alsdann besteht die Bewegung des Atoms — als ein besonderer Fall der allgemeinen elliptischen Bewegung — in einer fortwährenden Oscillation, die sich auf der geraden Linie AQ zu beiden Seiten von M gleich weit erstreckt. Bei dem Zusammenhange der Kreisfigur und aller möglichen Projectionen derselben ist ferner klar, daß alle Ellipsen, denen dieselbe Kreisfigur zu Grunde liegt, und die daher auch alle einen gemeinschaftlichen Durchmesser in der Richtung AQ haben, von den bewegten Atomen in derselben Zeit durchlaufen werden, wie der Kreis. Man kann ferner den Ort construiren, wo sich zu jeder Zeit das Atom auf der Ellipse befindet, indem man nur von dem den Kreis durchlaufenden Atome die Projicirende, welche dem betrachteten Zeitpunkte entspricht, nach der Ellipse zu ziehen braucht; denn beide Atome befinden sich stets gleichzeitig in den Endpunkten einer Projicirenden. Endlich folgt aus dieser Correspondenz der Bewegungen, daß das Atom auf der Ellipse an der Stelle dieselbe Geschwindigkeit hat wie das Atom, welches den Kreis durchläuft, wo dieses Atom parallel mit dem gemeinschaftlichen Durchmesser fortschreitet, weil hier die Projectionssehnen parallel den projicirten Sehnen des Kreises sind.

Beispiel. Es sei AM = 20′; M sei der Sitz einer Kraft, die proportional der Entfernung wirkt, und in der Entfernung AM die Stärke von 45′ besitzt, also z. B. in der Entfernung $\frac{AM}{3}$ nur 15′ beträgt. Da nun, wie unsere Herleitung durch die Figur erweist, der erste, in der Richtung AM erfolgende, Impuls für den Kreis so wie für die geradlinige oder elliptische Bewegung derselbe ist, indem er durch dasselbe Stück von AM dargestellt wird, dieser Impuls aber die Schwungkraft des Atoms im Kreise bestimmt, so folgt aus der Formel $c = \frac{v^2}{r}$ (§. 65), daß das Atom den Kreis von dem Radius AM mit der constanten Geschwindigkeit von 30′ durchläuft. Beschreibt also das andere Atom, welches von der der Entfernung proportionalen Kraft getrieben wird, die Gerade AQ, so besitzt es in M ebenfalls eine Geschwindigkeit von 30′. Zur Ausmittelung der Umlaufs- resp. der Schwingungszeit dient die Gleichung $c = \frac{4\pi^2 r}{t^2}$, also $t = 2\pi\sqrt{\frac{20}{45}} = \frac{4}{3}\pi = 4{,}18877$ Sekunden. Nach dieser Zeit ist das Atom wieder in A, mag es die gerade Linie oder eine Ellipse von beliebiger Breite, also einen verschieden großen Weg durchlaufen haben. Die Dauer einer Schwingung des auf der Geraden AQ oscillirenden Atoms beträgt aber 2″,09439, wenn man unter einer Schwingung die Zeit versteht, die es zu dem Wege AQ gebraucht.

§. 120.

Aufgabe. Berechnung der elliptischen Bahn eines Atoms, welches von einer Kraft getrieben wird, die nach einem festen Punkte gerichtet und der Entfernung des Atoms von diesem Centrum proportional ist.

Die auf das Atom B (Fig. 84) einwirkende Kraft sei stets nach dem festen Punkte O gerichtet, der Entfernung des Atoms von diesem Punkte proportional, und in der Entfernung BO = d von der Stärke $\varkappa$. An eben dieser Stelle B besitze das Atom eine Geschwindigkeit c in der Richtung BD, welche mit BO den Winkel α bildet. Es sollen nun von der Ellipse FBF′, die alsdann das Atom um O als Mittelpunkt beschreiben muß (§. 119), die Halbaxen OF = a, OF′ = a′, und die Richtungen derselben, welche der Winkel BOF = β näher bestimmt, gefunden werden.

Auf der Peripherie FB′G′ des Kreises, der a zum Radius und O zum Mittelpunkt hat, werde ein Atom durch eine Schwungkraft herumgeführt, die gleich der Kraft ist, welche das die Ellipse durchlaufende Atom im Scheitel F derselben erfährt, also $= \frac{\varkappa a}{d}$. Heißt mithin die constante Geschwindigkeit des Atoms im Kreise c′, so ist

$$\frac{c'^2}{a} = \frac{\varkappa a}{d}, \quad \text{also} \quad c' = a\sqrt{\frac{\varkappa}{d}};$$

auch ist

$$\theta^2 a = \frac{\varkappa a}{d} \ (\text{§. } 68), \quad \text{also} \quad \theta = \sqrt{\frac{\varkappa}{d}} = \frac{2\pi}{t},$$

und

$$t = 2\pi\sqrt{\frac{d}{\varkappa}},$$

wodurch die Umlaufszeit des Atoms im Kreise und des Atoms in der Ellipse bestimmt ist.

Nun sei BD der Weg, den das letztere Atom in der ersten n^{tel} Sekunde zurücklegt, also gleich $\frac{c}{n}$, und B′D′ der entsprechende Weg des anderen Atoms, der $= \frac{c'}{n} = \frac{a}{n}\sqrt{\frac{\varkappa}{d}}$ ist, und die Richtung der Tangente des Kreises im Punkte B′ besitzt (§. 66, S. 107).

Nennt man demnach den Winkel B′OF = φ, und bemerkt, daß Kreis und Ellipse dieselbe Subtangente EA haben müssen, wie man sogleich sieht, wenn die Ellipse als senkrechte Projection der Kreisfigur aufgefaßt wird, so ergiebt sich zur Berechnung von a, a′, β und φ aus der Figur:

$$EO = \frac{a}{\cos\varphi}, \quad EB' = a\,\mathrm{tg}\,\varphi,$$

$$\frac{EB}{EO} = \frac{\sin\beta}{\sin\alpha}, \quad EB = \frac{a\sin\beta}{\sin\alpha\cos\varphi},$$

$$\frac{BD}{B'D'} = \frac{EB}{EB'}, \text{ d. i.}$$

$$\frac{c}{n} : \frac{c'}{n} = \frac{a \sin\beta}{\sin\alpha\cos\varphi} : a \operatorname{tg}\varphi,$$

also

$$c.\sin\alpha\sin\varphi = c'\sin\beta = a\sqrt{\frac{\varkappa}{d}}\cdot\sin\beta,$$

oder:

$$\frac{a}{d}\sin\beta = \frac{c}{\sqrt{\varkappa d}}\sin\alpha\sin\varphi.$$

Setzt man das bekannte

$$\frac{c}{\sqrt{\varkappa d}} = \operatorname{tg}\lambda,$$

und das unbekannte

$$\frac{a}{d} = x,$$

so erhält man

$$(1) \quad . x\sin\beta = \operatorname{tg}\lambda\sin\alpha\sin\varphi.$$

Aus der Figur folgt ferner

$$a\cos\varphi = d\cos\beta,$$

also

$$(2) \quad x\cos\varphi = \cos\beta;$$

außerdem ist im $\triangle OBE$

$$\frac{d}{\sin(\alpha-\beta)} = \frac{EO}{\sin\alpha} = \frac{a}{\cos\varphi\sin\alpha},$$

folglich

$$(3) \quad x\sin(\alpha-\beta) = \sin\alpha\cos\varphi.$$

Die drei Gleichungen (1), (2), (3) dienen nun zur Berechnung der drei Unbekannten x, β, φ. Man erhält aus ihnen:

$$\sin\varphi = \frac{x\sin\beta\operatorname{ctg}\lambda}{\sin\alpha},$$

$$\cos\varphi = \frac{\cos\beta}{x},$$

folglich durch Quadrirung und Addition

$$(4) \quad 1 = \frac{x^2\sin^2\beta\operatorname{ctg}^2\lambda}{\sin^2\alpha} + \frac{\cos^2\beta}{x^2}.$$

Ferner ist das Product aus (2) und (3)

$$x^2\sin(\alpha-\beta) = \sin\alpha\cos\beta,$$

wodurch die (4) in

$$1 = \frac{\sin^2\beta\cos\beta\,\mathrm{ctg}^2\lambda}{\sin\alpha\sin(\alpha-\beta)} + \frac{\cos\beta\sin(\alpha-\beta)}{\sin\alpha}$$

und nach einigen Reductionen in

$$\mathrm{ctg}^2\lambda = \frac{\sin 2(\alpha-\beta)}{\sin 2\beta}$$

übergeht. Addirt und subtrahirt man hier auf beiden Seiten 1, so gelangt man durch Division beider Ausdrücke leicht zu der Gleichung

$$(5) \qquad \mathrm{tg}(\alpha-2\beta) = \cos 2\lambda\,\mathrm{tg}\,\alpha.$$

Dividirt man noch (1) und (2) durch einander, so erhält man sehr schnell

$$(6) \qquad \sin 2\varphi = \frac{\sin 2\beta\,\mathrm{ctg}\,\lambda}{\sin\alpha},$$

und endlich aus der (2)

$$(7) \qquad \mathrm{a} = \frac{\mathrm{d}\cos\beta}{\cos\varphi}.$$

So liefern die drei letzten Gleichungen auf die einfachste Weise β, dann φ und zuletzt a, und zwar für jede dieser Unbekannten ein Werthepaar. Ergiebt nämlich die Gleichung (5) unmittelbar für die Unbekannte den Werth β_1, so genügt auch der Werth $\beta_2 = \beta_1 - \frac{\pi}{2}$. Diesen beiden Werthen entsprechen in der (6) φ_1 und $\varphi_2 = \varphi_1 + \frac{\pi}{2}$, und in der (7)

$$\mathrm{a}_1 = \frac{\mathrm{d}\cos\beta_1}{\cos\varphi_1}, \qquad \mathrm{a}_2 = -\frac{\mathrm{d}\sin\beta_1}{\sin\varphi_1},$$

ohne Rücksicht auf das negative Zeichen.

Beispiel. Es sei

$$\lambda = 40^\circ, \qquad \alpha = 60^\circ;$$

dann ergeben sich:

$$\begin{aligned} \beta_1 &= 21^\circ 37' 48'',76, & \beta_2 &= -68^\circ 22' 11'',24, \\ \varphi_1 &= 35^\circ 17' 14'',4, & \varphi_2 &= 125^\circ 17' 14'',4, \\ \mathrm{a}_1 &= 1{,}138824\,\mathrm{d}, & \mathrm{a}_2 &= 0{,}638098\,\mathrm{d}. \end{aligned}$$

Ist $\alpha = 90^\circ$, so verwandeln sich die Gleichungen (1) bis (3) in folgende:

$$\mathrm{x}\sin\beta = \mathrm{tg}\,\lambda\sin\varphi, \quad \mathrm{x}\cos\varphi = \cos\beta, \quad \mathrm{x}\cos\beta = \cos\varphi,$$

von denen die letzteren

$$x^2 = 1, \quad x = 1 \quad \text{also} \quad a = d$$

$$\text{und} \quad \beta = \varphi = 0 \quad \text{(nach der Gleichung (3))}$$

liefern; woraus folgt, daß in diesem Falle das Atom von einem Scheitel der Ellipse aus seine Bewegung beginnt. Aus der ersten Gleichung findet man alsdann noch den anderen Werth

$$x = \operatorname{tg}\lambda = \frac{c}{\sqrt{\varkappa d}}$$

hinzu, so daß die beiden Werthe von x als die beiden Halbaxen der Ellipse

$$a_1 = d, \quad a_2 = c\sqrt{\frac{d}{\varkappa}}$$

ergeben.

Wäre $a_1 = a_2 = d$, also die Kurve ein Kreis, so folgt übereinstimmend mit den Gesetzen von der Schwungkraft

$$\varkappa \text{ constant } = \frac{c^2}{d}.$$

Es läßt sich auch berechnen, wo sich das Atom B nach t Sekunden auf der Ellipse befindet. Ist es alsdann nach G gelangt, so sind nur die beiden Winkel GOF $= \beta'$ und G'OF $= \varphi'$ zu bestimmen. Das Atom im Kreise hat die Winkelgeschwindigkeit $\theta = \sqrt{\frac{\varkappa}{d}}$; war also das Atom B' oder auch B vor τ Sekunden in F, so ist $\tau\theta = \varphi$, also $\tau = \frac{\varphi}{\theta} = \varphi\sqrt{\frac{d}{\varkappa}}$. Da nun der Kreisbogen B'G' in t Sekunden durchlaufen werden soll, so ist Winkel B'OG $= \theta t$; man kennt also $\varphi' = \theta(\tau + t)$; aus φ' findet man aber β' durch die Gleichung $\frac{\operatorname{tg}\beta'}{\operatorname{tg}\varphi'} = \frac{GH}{G'H} = \frac{a_2}{a_1} = \frac{\operatorname{tg}\beta_1}{\operatorname{tg}\varphi_1}$ in seinem absoluten Werthe, also

$$\operatorname{tg}\beta' = \operatorname{tg}\varphi' \cdot \frac{\operatorname{tg}\beta_1}{\operatorname{tg}\varphi_1}.$$

Beispiele einer der Entfernung proportionalen Centralkraft.

§. 121.

1) **Bewegungen der in ihrem Gleichgewichte gestörten Atome elastischer Flüssigkeiten.** Es werde vorausgesetzt, daß eine beliebige Gruppe von Atomen im Gleichgewicht befindlich sei, so daß die Resultante aller auf jedes Atom einwirkenden anzie-

henden und abstoßenden Molekularkräfte gleich Null sei. Figur 85 stellt in größerem Maßstabe eine Reihe benachbarter Atome dar, so daß in unendlich kleinen mit einander vergleichbaren Entfernungen die Atome A, B, C etc. das Atom M umgeben. Nun denke man M durch Einwirkung irgend einer äußeren Kraft um eine kleine Strecke, etwa bis M', die jedoch im Vergleich zu den Entfernungen MA, MB etc. unendlich klein, also ein unendlich Kleines höherer Ordnung sein soll, aus seiner Gleichgewichtslage herausgebracht, und alsdann sich selbst überlassen: so ist nicht nur klar, daß es durch die auf dasselbe thätigen Impulse der umgebenden Atome zurückgetrieben, sondern auch, daß dies mit einer Kraft geschehen wird, die der jedesmaligen Entfernung des Atoms von M proportional, also doppelt oder dreimal so stark ist, wenn es zwei- oder dreimal so weit von M entfernt wird. Denn die Stärke dieser das Atom angreifenden Impulse muß nothwendiger Weise eine Function der bezeichneten Entfernung sein, ist mithin, wenn letztere $= x$ gesetzt wird, und a, α, β, γ etc. irgend welche Constanten bezeichnen, gleich

$$a + \alpha x + \beta x^2 + \gamma x^3 + \text{etc.}$$

Zunächst leuchtet ein, daß $a = 0$ ist, weil der vorstehende Ausdruck für $x = 0$ in a übergeht, aber in M das Atom in Ruhe ist. Ferner sind aber die höheren Potenzen von x wegen ihrer Kleinheit gegen die erste Potenz zu vernachlässigen, so daß man einfach für die Kraft den Ausdruck

$$\alpha x$$

erhält, wodurch sich unsere Behauptung als richtig erweist. Mithin unterliegt die Bewegung, welche das Atom annimmt, den in diesem Kapitel entwickelten Gesetzen (§. 119 f.). Das Atom wird also um M, wenn es eine anfängliche seitliche Geschwindigkeit besitzt, Ellipsen beschreiben, und, ohne eine solche, geradlinige Schwingungen durch M hindurch ausführen, ohne aber diese kürzeren Wege in kürzerer Zeit zurückzulegen.

Diese Betrachtung gewährt eine Vorstellung von den Bewegungen der Atome einer in ihrem Gleichgewichte gestörten Luftmasse so wie des schwingenden Aethers, durch welche einerseits der Schall andererseits das Licht erzeugt wird.

§. 122.

2) **Aufgabe. Welche Bewegungen führt ein Körper in einem diametral durch die ganze Erde gegrabenen Schachte aus?**

Eine Vollkugel zieht ein Atom ihres Innern stets nach ihrem Mittelpunkte und proportional der Entfernung des Atoms von demselben an, nämlich mit der Kraft $\frac{4}{3}\pi\lambda k a$ (§. 105 Nr. 6), wenn a die Entfernung des Atoms vom Mittelpunkt angiebt, und die anderen Buchstaben ihre im Früheren stets gebrauchte Bedeutung haben. Betrachtet man also die Erde als eine homogene Kugel, so handelt es sich bei der gestellten Aufgabe um ein Beispiel der in §. 119 entwickelten Bewegung. Der Körper wird daher ewig durch die ganze Länge des Schachtes in gleichen Zeiten hin und her oscilliren, im Mittelpunkt der Erde die größte Geschwindigkeit erreichen, von hier aus mit stets verzögerter Geschwindigkeit fortgehen, bis dieselbe auf der entgegengesetzten Oberfläche zu Null geworden ist, und genau in derselben Weise zurückkehren. Da wir außerdem nach einem früher berechneten Beispiele (§. 77) wissen, daß ein der Erdschwere unterworfener Körper in einem größten Kreise um die Erdoberfläche gleichförmig herumläuft, wenn er mit einer horizontalen Anfangsgeschwindigkeit von etwa einer G. Meile ausgesandt wird, also seine Umlaufszeit ungefähr $1\frac{2}{5}$ Stunden beträgt, so folgt auch für unser gegenwärtiges Problem in angenäherten Werthen, daß die Geschwindigkeit des Körpers im Mittelpunkt der Erde eine Meile ist, und daß er auf der anderen Seite der Oberfläche nach 42 Minuten erscheint, und nach $1\frac{2}{5}$ Stunden wieder an seinen Ausgangspunkt zurückgekehrt ist.

§. 123.

3) **Longitudinalschwingungen einer Spiralfeder.** Wenn eine elastische Feder, z. B. eine spiralförmig gewundene Metallfeder vertical aufgehängt, und alsdann ihre Länge durch angehängte Gewichte vergrößert wird, so gilt das experimentell ermittelte Gesetz, daß innerhalb der Elasticitätsgrenzen diese Ausdehnung der Feder proportional den sie bewirkenden Gewichten ist. Sind z. B. diese Ausdehnungen a und a', wenn man m bezüglich m' Atome an die

Feder hängt, so ist

$$\frac{a}{a'} = \frac{m}{m'}.$$

Nun werde die Feder AB (Fig. 86) durch m an sie befestigte Atome um die Strecke a=BC ausgedehnt, werde aber außerdem noch mit der Hand bis zu einem beliebigen Punkte D ausgezogen, und darauf sich selbst überlassen; es ist klar, daß alsdann ihr bewegliches Ende D, an welchem sich die m Atome befinden, auf und nieder schwingen wird. Die Art und namentlich die Dauer dieser Schwingungen sollen jetzt näher bestimmt werden.

Wenn man an die bis C herabreichende, durch m Atome beschwerte Feder noch m Atome anbringt, so dehnt sie sich in Folge dessen um eine neue Strecke CC' = a aus, weil ja ihre Ausdehnung proportional den Gewichten ist. Dieselbe Verlängerung der Feder würde aber auch dadurch hervorgerufen werden, daß statt der Vermehrung um neue m Atome eine doppelte Kraft der Erde auf die schon in C befindlichen m Atome wirkte. Denn die Atome der Feder AC würden offenbar ganz auf dieselbe Weise afficirt werden, wenn eine Kraft g die 2m Atome, oder wenn eine Kraft 2g nur die m Atome in C antriebe. Man kann also die neue Ausdehnung der Feder, CC' = a, ebenso gut durch eine Kraft g wie durch ein Gewicht von m Atomen bewirkt denken; wenn daher das Ende der Feder in C' in Ruhe ist, so ist diese Ruhe eine Folge von gleichen und entgegengesetzten Kräften g, durch welche C' in verticaler Richtung angegriffen ist. Aus analogen Schlüssen würde eine Ausdehnung CC'' = 2a der Feder, die sie durch 2m in C befestigte Atome erführe, durch eine Kraft 2g, und allgemein eine Ausdehnung μa durch eine Kraft μg bewirkt werden. Zieht man also die Feder AC, an welcher in C m Atome hängen, mit der Hand um die Strecke CD = μa aus, und überläßt sie darauf sich selbst, so wird sie mit einer Kraft μg nach C zurückgetrieben, d. h. mit einer Kraft, welche proportional der Entfernung des Punktes D von C ist. Daraus folgt nach der zu Anfang dieses Kapitels behandelten Theorie, daß das Ende der Feder geradlinige Schwingungen um C als Mittelpunkt ausführt. Die Dauer der einzelnen Schwingungen ist aber gleich der halben Umlaufszeit eines Atoms, das sich in einem Kreise von dem Radius CD bewegt, und von einer Schwungkraft getrieben wird, die mit der Kraft übereinstimmt, welche die m Atome in D nach C zurücktreibt. Wenn aber ein Atom einen Kreis von dem Radius r mit der Schwungkraft k durchläuft, so gilt die Gleichung

$$k = \frac{4\pi^2 r}{t^2}, \quad \text{also} \quad t = 2\pi\sqrt{\frac{r}{k}}.$$

Da hier $r = \mu a$, $k = \mu g$ ist, so ist die Schwingungsdauer der Feder

$$(1) \qquad T = \pi\sqrt{\frac{a}{g}}.$$

Die Schwingungsdauer der Feder ist also unabhängig von der Schwingungsweite 2 CD, abhängig aber von der ursprünglichen Ausdehnung a, welche die Feder durch die m an sie gehängten Atome erfährt; wird sie durch m' Atome um die Strecke a' verlängert, und mit diesen m' Atomen in Schwingungen versetzt, so ist ihre Schwingungszeit

$$T' = \pi\sqrt{\frac{a'}{g}},$$

während zwischen a und a' die Relation

$$(2) \qquad \frac{a'}{a} = \frac{m'}{m}$$

besteht.

Indem man die Ausdehnung a der Feder mißt, und ihre Schwingungsdauer T beobachtet, ließe sich aus der vorstehenden Formel der Werth von g bestimmen.

Das theoretische Resultat stimmt gut mit den Zahlen überein, die sich bei einem Versuche Eisenlohr's experimentell ergaben *). Seine Feder hatte die Länge AB = 0^m,84; m = 150^{gr} dehnten sie 0^m,225 d. i. um BC = a aus; weitere 30^{gr} verlängerten sie um 0^m,045; also $\frac{1}{5}$ des Gewichtes rief $\frac{1}{5}$ der Ausdehnung hervor. Es findet sich mit diesen Bestimmungen, von denen man jedoch nur des Werthes von a bedarf,

$$t = 2\pi\sqrt{\frac{0{,}225}{9{,}8126}} = 0{,}951435.$$

---

*) S. Dessen Physik, 7. Auflage 1857, pag. 55.

Damit die Schwingungsdauer eine Sekunde sei, muß a größer werden, z. B. a', so daß zwischen dieser Ausdehnung und dem entsprechenden Gewicht m' die Relation (2) Statt findet, welche $m' = \frac{a'm}{a}$ ergiebt. Ferner besteht die Gleichung $1 = 2\pi\sqrt{\frac{a'}{g}}$, aus der $a' = \frac{g}{4\pi^2}$ folgt. Daher ist $m' = \frac{mg}{4\pi^2 a} = \frac{150.9,8126}{4\pi^2.0,225} = 165,704^{gr}$, was auch mit Eisenlohr's Versuch stimmt.

Sechstes Kapitel.

Bewegung eines Atoms unter dem Einfluß einer Centralkraft im Verein mit anderen Kräften.

Gesetze dieser Bewegung.

§. 124.

Auf ein Atom A (Fig. 87) wirken zu Anfang jeder n^{tel} Sekunde zwei Kräfte ein, von denen die eine stets nach einem festen Punkte O gerichtet, die andere aber keiner Bedingung unterworfen sein soll. Die Entfernung des Atoms von O, AO, sei gleich l, die Centralkraft gleich k, die andere Kraft gleich p; die Wege, welche vermöge dieser Kräfte das Atom in der ersten n^{tel} Sekunde zurückzulegen hätte, seien $AA' = \frac{k}{n^2}$ und $AB = \frac{p}{n^2}$, der wahre Weg ist also die Diagonale AC des Parallelogramms A'B. Daher ist zu Anfang des zweiten Zeitintervalles die Entfernung des Atoms von O, $CO = l_1$; die beiden Kräfte, welche es hier angreifen, seien k_1 und p_1, deren Größe in keinem Zusammenhange angenommen werde mit der Größe der in A wirkenden Kräfte. CG gleich AC, würde von C in Folge der Trägheit in der zweiten n^{tel} Sekunde beschrieben werden; CF ist die Diagonale aus CG und CE $\left(= \frac{p}{n^2}\right)$, und CH die Diagonale aus $CC' = \frac{k_1}{n^2}$ und CF, also der wahre Weg während des zweiten Zeitintervalles. Ebenso ist für die neuen Kräfte k_2 und p_2 der Weg HL construirt worden, den das Atom in der dritten n^{tel} Sekunde zurücklegt u. s. w.

Es sollen zunächst einige allgemeine Sätze abgeleitet werden, welche für die eben erläuterte Bewegung bestehen. Dabei ist noch zu bemerken, daß nicht blos, wie in Figur 87, die Bahn ACHL... des Atoms construirt werden kann, wenn die beiden Kräfte k und p an jeder Stelle bekannt sind, sondern daß auch umgekehrt aus der bekannten Bahn und den Kräften p sich die Centralkräfte k durch Zeichnung bestimmen lassen. Es bedarf sogar nur geringer Umänderungen, um die Construction auf die Bewegung auszudehnen, welche ein, von beliebigen Kräften p ergriffenes, Atom auf vorgeschriebener Bahn, d. h. auf einer beliebigen Kurve, verfolgt, indem alsdann im Allgemeinen die Richtungen der Kräfte k, welche nun den Widerstand der Kurve repräsentiren, und an jeder Stelle normal gegen dieselbe gerichtet sein müssen, sich in einer stetigen Reihe von Punkten wie O durchschneiden. —

Zieht man von G und E die Linien GI und EK parallel mit CO oder FH bis auf CH, so erhält man leicht, weil CE = GF, und die durch G gedachte mit IH Parallele gleich IH ist, daß CK = IH, also auch CI = HK ist.

Nun verbinde man mit dem Centrum O die Punkte B, E, G *), I, K, F; H (HO = l_2), so daß eine Reihe von Dreiecken entstehen, die alle in O sich vereinigen.

Der vom Centrum O nach dem bewegten Atome gezogene Radius Vector (l, l_1, l_2) hat in der ersten n^{tel} Sekunde das Dreieck AOC, in der zweiten n^{tel} Sekunde das Dreieck COH beschrieben. Dieses letztere Dreieck ist

$$\triangle COH = COK + KOH.$$

Es ist aber

$$COK = COE,$$

weil EK ∦ CO ist. Ferner ist

$$\triangle KOH = COI,$$

weil KH = CI ist, und weiter

$$= \triangle COG,$$

weil GI ∦ CO ist, und endlich

$$= \triangle AOC,$$

weil AC = CG ist.

Man hat also den für die bezeichnete Bewegung allgemein gültigen Satz

$$\text{(I)} \quad \triangle COH = \triangle AOC + \triangle COE;$$

---

*) Diese Verbindungslinie GO konnte in der Figur nicht gezeichnet werden.

ebenso für die nächste n^{tel} Sekunde:

$$\triangle HOL = \triangle COH + \triangle HOW$$
etc.

Wir nehmen jetzt an, daß alle Kräfte p parallel der Richtung OY seien, und bezeichnen sie durch Y, Y_1, Y_2 etc., so daß $AB = \frac{Y}{n^2}$, $CE = \frac{Y_1}{n^2}$, $HW = \frac{Y_2}{n^2}$ etc. ist. Für diesen besonderen Fall kann man alsdann die Gleichung (I) auf einfache Weise analytisch ausdrücken. Wir bestimmen zu diesem Zwecke die Punkte A, C, H u. s. w. durch ihre orthogonalen Coordinaten x und y, bezogen auf die senkrechten Axen OX und OY. So hat A die Coordinaten $x = AM$, $y = MO$; entsprechend C die Coordinaten x_1 und y_1, H aber x_2 und y_2 (s. Fig.). Dann ist.

$$\triangle COH = \triangle CON + \text{Paralleltrapez } CNPH - \triangle HOP,$$

also

$$2\triangle COH = x_1 y_1 + (x_1 + x_2)(y_2 - y_1) - x_2 y_2$$
$$= x_1 y_2 - x_2 y_1.$$

Ebenso ist

$$2\triangle AOC = x y_1 - x_1 y,$$

während sich

$$2\triangle COE = \frac{Y_1 x_1}{n^2}$$

ergiebt. Die (I) wird mit Hülfe dieser Werthe

$$(x_1 y_2 - x_2 y_1) - (x y_1 - x_1 y) = \frac{Y_1 x_1}{n^2}$$

oder

$$y_1 x_2 - \left(y_2 + y - \frac{Y_1}{n^2}\right) x_1 + y_1 x = 0,$$

und wenn man in dieser Weise bis zu den Werthen fortschreitet, welche dem $(m+1)^{ten}$ und $(m+2)^{ten}$ Zeitintervalle der Bewegung angehören:

$$\text{(II)} \qquad x_{m+2} - \left(y_{m+2} + y_m - \frac{Y_{m+}}{n^2}\right) \frac{x_{m+1}}{y_{m+1}} + x_m = 0.$$

Diese Gleichung ist vollständig analog der Gleichung $(4)_0$ des §. 55, nur von größerer Allgemeinheit, und gestattet daher unter besonderen Bedingungen eine gleiche Bestimmung des Werthes x_m.

§. 125.

Man kann auch durch andere Betrachtungen zu dem Resultate (II) gelangen, vermittelst Gleichungen, die von großer Wichtigkeit sind.

Wie die Figur zeigt, ist nämlich

$$NP + PR = NS + SR.$$

Man hat aber $PR = FH.\cos FHW = \frac{k_1}{n^2} \cdot \cos CON = \frac{k_1 y_1}{n^2 l_1}$,

$$NS = MN = y_1 - y, \text{ weil } CG = CA,$$

$$SR = GF = C'E = \frac{Y_1}{n^2},$$

folglich

$$y_2 - y_1 + \frac{k_1 y_1}{n^2 l_1} = y_1 - y + \frac{Y_1}{n^2},$$

oder

$$y_2 - 2y_1 + y = \frac{Y_1}{n^2} - \frac{k_1 y_1}{n^2 l_1}$$

und allgemein

$$\text{(III)} \quad y_{m+2} - 2y_{m+1} + y_m = \frac{Y_{m+1}}{n^2} - \frac{k_{m+1} y_{m+1}}{n^2 l_{m+1}}.$$

Ebenso ist

$$QT = QU + UT,$$

also, weil sich leicht

$$QU = x - x_1,$$

$$UT = GS - HP = FH.\sin FHW = \frac{k_1 x_1}{n^2 l_1}$$

ergiebt,

$$x_1 - x_2 = x - x_1 + \frac{k_1 x_1}{n^2 l_1},$$

oder

$$x_2 - 2x_1 + x = -\frac{k_1 x_1}{n^2 l_1},$$

und allgemein

$$\text{(IV)} \quad x_{m+2} - 2x_{m+1} + x_m = -\frac{k_{m+1} x_{m+1}}{n^2 l_{m+1}}.$$

Durch Elimination von $\frac{k_{m+1}}{l_{m+1}}$ aus den beiden Gleichungen (III) und (IV) gelangt man wieder zu der (II). Auch die (IV), welche man

$$x_{m+2} - \left(2 - \frac{k_{m+1}}{n^2 l_{m+1}}\right) x_{m+1} + x_m = 0$$

schreiben kann, ist ganz von der Form der $(4)_0$ in §. 55, und gestattet wie dort unter speciellen Voraussetzungen die Auflösung nach x_m.

Hätte man die ganz beliebig gerichteten Kräfte p (s. o.) angewendet, und ihre Componenten nach den Richtungen OY und OX mit Y und X bezeichnet, so hätte man statt der (IV) die der Gleichung (III) vollständig entsprechende Gleichung

$$\text{(IV')} \quad x_{m+2} - 2x_{m+1} + x_m = \frac{X_{m+1}}{n^2} - \frac{k_{m+1}\,x_{m+1}}{n^2 l_{m+1}}$$

erhalten *).

Das Pendel.

§. 126.

Wir specialisiren nun das vorstehende allgemeine Problem dahin, daß das Atom A (Fig. 87) einen Kreisbogen, dessen Mittelpunkt O ist, zu durchlaufen genöthigt ist, indem es den in der Richtung OY erfolgenden Impulsen der Erdschwere unterworfen ist. Diese Bewegung kann dadurch bewerkstelligt werden, daß ein Atom an einem schwerlosen Faden OA = l befestigt, dieser Faden in O aufgehängt, und alsdann aus der verticalen Ruhelage OY erhoben wird; oder dadurch, daß ein Atom auf eine glatte, feste und hohle Kugelfläche gelegt ist. Die erstere Vorrichtung heißt ein mathematisches oder einfaches Pendel, und der Radius AC seine Länge. In diesem Falle sind also, als Radien des Kreises, alle l einander gleich; ebenso alle Parallelkräfte Y, also $CD = FD_1 = GD_2 = HD_3 = \frac{g}{n^2}$ (Fig. 88); die $\frac{k}{n}$ aber, nämlich nCE, nFE_1, nGE_2, ... sind die Impulse des Fadens oder der festen Fläche, und nicht gleich.

---

*) Nach der Anmerkung zu §. 55 (S. 79) kann man den Gleichungen (III) und (IV') die Form

$$\Delta^2 y_m = \frac{Y_{m+1}}{n^2} - \frac{k_{m+1}\,y_{m+1}}{n^2 l_{m+1}}$$

und

$$\Delta^2 x_m = \frac{X_{m+1}}{n^2} - \frac{k_{m+1}\,x_{m+1}}{n^2 l_{m+1}}$$

geben, und hat darin, wenn man zum Unendlichkleinen übergeht, die Differentialgleichungen:

$$\frac{\partial^2 x}{\partial t^2} = X - \frac{kx}{l} \quad \text{und} \quad \frac{\partial^2 y}{\partial t^2} = Y - \frac{ky}{l}.$$

Da die Ermittelung der vollständigen Bewegung des Atoms C größeren Schwierigkeiten unterworfen ist, so wollen wir im Folgenden nur bestimmen, in welcher Zeit das um einen sehr kleinen Winkel α erhobene Pendel AC in die verticale Lage AY gelangt. Für seine weitere Bewegung ist klar, daß es alsdann auf die andere Seite der AY übergeht, hier bis zu einem gewissen Ruhepunkte aufsteigt, und von diesem aus seine Schwingungen um AY von Neuem beginnt.

Die Winkel, welche das Pendel AC während seiner Bewegung zu Beginn der einzelnen Zeittheilchen mit der AY bildet, seien α, α_1, α_2, ..., also zu Anfang der $(m+1)^{ten}$ n^{tel} Sekunde oder am Ende der m^{ten} n^{tel} Sekunde α_m, dann α_{m+1} u. s. w. Die Geschwindigkeiten, welche das bewegte Atom zu Anfang und während dieser Zeiträume gerade besitzt, sind nmal so groß als die in denselben Zeitintervallen durchlaufenen Sehnen. Wir bezeichnen diese Geschwindigkeiten mit v, v_1, v_2, ..., also mit v_m für die $(m+1)^{te}$ n^{tel} Sekunde, u. s. f. Diese Geschwindigkeiten lassen sich nun auf zwei verschiedene Weisen ausdrücken, erstens durch die geometrischen Eigenschaften der Figur, und zweitens durch den früher bewiesenen Satz (§. 50), nach welchem das Atom an jeder Stelle seiner krummlinigen Bahn dieselbe Geschwindigkeit besitzt, wie ein Atom, welches durch die verticale Projection seiner ganzen schon zurückgelegten Bahnstrecke frei und ohne Anfangsgeschwindigkeit herabgefallen ist.

Wenn der Winkel $FAY = \alpha_m$, also $GAY = \alpha_{m+1}$ und $FG = \frac{v_m}{n}$ gesetzt wird, so folgt aus dem gleichschenkligen Dreieck FAG:

$$\frac{1}{n} v_m = 2l \sin\tfrac{1}{2}(\alpha_m - \alpha_{m+1}).$$

Ist aber I die Projection des Anfangspunktes der Bewegung auf AY, also AI = y, während $AM = y_m$ ist, so ist nach dem vorher angeführten Satze auch

$$v_m = \sqrt{2g(y_m - y)} = \sqrt{2gl(\cos\alpha_m - \cos\alpha)}.$$

Setzt man mithin $\cos\alpha = 1 - 2\sin^2\frac{\alpha}{2}$, etc., so folgt:

$$(1) \quad n \sin\tfrac{1}{2}(\alpha_m - \alpha_{m+1}) = \sqrt{\frac{g}{l}\left(\sin^2\frac{\alpha}{2} - \sin^2\tfrac{1}{2}\alpha_m\right)}.$$

Nun führe man durch die Gleichung

$$(2) \qquad \sin\tfrac{1}{2}\alpha_m = \sin\frac{\alpha}{2}\sin\varphi_m$$

den Winkel φ_m als Hülfsgröße ein; man hat dann ebenso:

$$\sin\tfrac{1}{2}\alpha_{m+1} = \sin\frac{\alpha}{2}\sin\varphi_{m+1},$$

aber

$$\cos\tfrac{1}{2}\alpha_m = \sqrt{1-\sin^2\frac{\alpha}{2}\sin^2\varphi_m} = 1-\tfrac{1}{2}\sin^2\frac{\alpha}{2}\sin^2\varphi_m = 1-\frac{\alpha^2}{8}\sin^2\varphi_m$$

und

$$\cos\tfrac{1}{2}\alpha_{m+1} = 1-\frac{\alpha^2}{8}\sin^2\varphi_{m+1},$$

wenn man wegen der Kleinheit des Winkels α die höheren Potenzen von $\sin^2\frac{\alpha}{2}$ vernachlässigt, und für den sin. den Winkel selbst setzt.

Mit Hülfe dieser Werthe findet man

$$\sin\tfrac{1}{2}(\alpha_m-\alpha_{m+1}) = \sin\frac{\alpha}{2}(\sin\varphi_m-\sin\varphi_{m+1})\left(1+\frac{\alpha^2}{8}\sin\varphi_m\sin\varphi_{m+1}\right),$$

$$\sin^2\frac{\alpha}{2}-\sin^2\tfrac{1}{2}\alpha_m = \sin^2\frac{\alpha}{2}\cos^2\varphi_m,$$

so daß die (1)

$$(3) \qquad \frac{1}{n}\sqrt{\frac{g}{l}}\cdot\cos\varphi_m = (\sin\varphi_m-\sin\varphi_{m+1})\left(1+\frac{\alpha^2}{8}\sin\varphi_m\sin\varphi_{m+1}\right)$$

oder vermöge

$$2\sin\varphi_m\sin\varphi_{m+1} = \cos(\varphi_m-\varphi_{m+1})-\cos(\varphi_m+\varphi_{m+1}),$$
$$\sin\varphi_m-\sin\varphi_{m+1} = 2\cos\tfrac{1}{2}(\varphi_m+\varphi_{m+1})\sin\tfrac{1}{2}(\varphi_m-\varphi_{m+1}),$$
$$\cos\varphi_m = \cos\tfrac{1}{2}(\varphi_m+\varphi_{m+1}),$$
$$\cos(\varphi_m+\varphi_{m+1}) = \cos 2\varphi_m$$

zu

$$(4) \qquad \frac{1}{n}\sqrt{\frac{g}{l}} = 2\sin\tfrac{1}{2}(\varphi_m-\varphi_{m+1})\left(1+\frac{\alpha^2}{16}\cos(\varphi_m-\varphi_{m+1})-\frac{\alpha^2}{16}\cos 2\varphi_m\right)$$

wird. Setzt man endlich den sin. des sehr kleinen Winkels $\varphi_m-\varphi_{m+i}$ diesem Winkel selbst gleich, und seinen cos. $=1$, so ist

$$(5) \qquad \frac{1}{n}\sqrt{\frac{g}{l}} = (\varphi_m-\varphi_{m+1})\left(1+\frac{\alpha^2}{16}\right)-\frac{\alpha^2}{16}(\varphi_m-\varphi_{m+1}).\cos 2\varphi_m.$$

Wenn die Bewegung des Pendels t Sekunden oder nt Zeittheilchen gedauert hat, so ist der Index $m+1 = nt$. Soll das Pendel zu dieser Zeit in die Verticale AY gelangt sein, so läßt sich die zugehörige Zeitdauer t daraus berechnen, daß man der Reihe nach in der (5)

$$m = 0, 1, 2, \ldots, nt-1$$

setzt, und alle diese Gleichungen addirt.

Nach der (2) ist, weil α_0 der ursprüngliche Elongationswinkel α ist,

$$\sin\varphi_0 = 1, \text{ also } \varphi_0 = \frac{\pi}{2},$$

und weil α_{nt} oder α_{nt-1} gleich Null sein soll,

$$\sin\varphi_{nt-1} = 0, \quad \text{also} \quad \varphi_{nt} \text{ oder } \varphi_{nt-1} = 0.$$

Betrachten wir nun zunächst das letzte Glied der (5), das außer einem constanten Factor aus dem Product $(\varphi_m - \varphi_{m+1})\cos 2\varphi_m$ besteht, so ergiebt sich leicht, daß die zu bildende Summe

$$(6) \quad (\varphi_0-\varphi_1)\cos\pi + (\varphi_1-\varphi_2)\cos 2\varphi_1 + (\varphi_2-\varphi_3)\cos 2\varphi_2 + \cdots + (\varphi_{nt-1}-\varphi_{nt})\cos 0$$

gleich Null ist. Um dieses einzusehen, construire man die Kurve $\psi = \cos 2\varphi$ für das ganze Intervall von $\varphi = 0$ an bis zu $\varphi = \frac{\pi}{2}$ hin, indem man die φ als Abscissen und die ψ als zugehörige senkrechte Ordinaten wählt. Diese Kurve besteht aus zwei congruenten gegen die Abscissenaxe und deren Mitte $\varphi = \frac{\pi}{4}$ symmetrisch gelegenen Theilen, deren äußerste Punkte die Ordinaten $(\varphi = 0)$ $\psi = 1$ (Fig. 88[a]) und $\left(\varphi = \frac{\pi}{2}\right)$ $\psi = -1$ haben, während sie sich auf der Abscissenaxe für $\varphi = \frac{\pi}{4}$ $(\psi = 0)$ vereinigen. Ebenso sind die beiden Flächenräume A und B congruent, welche von der Abscissenaxe, den beiden äußersten Ordinaten und den beiden congruenten Kurvenstücken begrenzt werden. Wenn man nun in der ganzen Ausdehnung $\frac{\pi}{2}$ auf der Abscissenaxe alle Punkte bestimmt denkt, welche den in der (6) vorkommenden Werthen $\varphi_0, \varphi_1, \varphi_2, \ldots, \varphi_{nt}$ entsprechen, von $\varphi_{nt} = 0$ an bis zu $\varphi_0 = \frac{\pi}{2}$ hin, und die diesen

Punkten zugehörigen Ordinaten ψ oder $\cos 2\varphi$ zieht, so stellt die Summe (6) die Summe aller Rechtecke vor, welche die einzelnen Abscissenstückchen und eine der jedesmal zugehörigen Ordinaten zu Seiten haben, unter denen jedoch diejenigen unterhalb der Abscissenaxe ($\psi < 0$) subtractiv in Rechnung zu bringen sind. Da aber selbst das größte Theilintervall auf der Abscissenaxe immer noch unendlich klein ist, so ist jedes dieser Rechtecke identisch mit dem von der Kurve selbst begrenzten Paralleltrapez, weil alsdann die an der Kurve abgeschnittenen oder hinzugefügten Dreiecke gleich Null sind. Dann bedeutet die Summe (6) die algebraische Summe der beiden Flächenräume A und B, ist also gleich $A+B$, oder weil $B = -A$ ist, gleich Null.

Man hat daher nur noch die Summe der nt Gleichungen

$$\frac{1}{n}\sqrt{\frac{g}{l}} = (\varphi_0 - \varphi_1)\left(1+\frac{\alpha^2}{16}\right),$$

$$\frac{1}{n}\sqrt{\frac{g}{l}} = (\varphi_1 - \varphi_2)\left(1+\frac{\alpha^2}{16}\right),$$

$$\cdots\cdots\cdots\cdots\cdots\cdots$$

$$\frac{1}{n}\sqrt{\frac{g}{l}} = (\varphi_{nt-2} - \varphi_{nt-1})\left(1+\frac{\alpha^2}{16}\right),$$

$$\frac{1}{n}\sqrt{\frac{g}{l}} = (\varphi_{nt-1} - \varphi_{nt})\left(1+\frac{\alpha^2}{16}\right)$$

zu bilden, wodurch man, da sich rechts alle φ von φ_1 an bis zu φ_{nt-1} heben, und $\varphi_0 = \frac{\pi}{2}$, $\varphi_{nt} = 0$ ist,

$$\frac{nt}{n}\sqrt{\frac{g}{l}} = \frac{\pi}{2}\left(1+\frac{\alpha^2}{16}\right),$$

also

$$t = \left(1+\frac{\alpha^2}{16}\right)\frac{\pi}{2}\sqrt{\frac{l}{g}}$$

erhält.

Aus dem Satze, den wir oben angewendet haben, und der einen Zusammenhang zwischen der Geschwindigkeit des Atoms am Pendel und der eines frei fallenden Atoms constatirt, folgt, daß sich auf der anderen Seite der AY das Pendel ebenso weit, d. h. bis zu dem Winkel α, erheben, und diesen Weg in derselben Zeit zurücklegen muß;

daher ist die Dauer T einer Schwingung des Pendels

$$(7)\quad T = \left(1+\frac{\alpha^2}{16}\right)\pi\sqrt{\frac{l}{g}}.$$

Ist der Winkel α so klein, daß man auch noch α^2 vernachlässigen kann, so ist noch einfacher

$$(8)\quad T = \pi\sqrt{\frac{l}{g}}.$$

Diese letzte Formel hätte man auch aus der (II) des §. 125 erhalten, wenn man in ihr annäherungsweise $y_{m+2} = y_{m+1} = y_m = l$ gesetzt, und x_m nach der schon früher benutzten Methode (§ 55) entwickelt hätte.

§. 127.

Bei der Wichtigkeit, welche das Pendel und ganz besonders die Formel (8) des vorstehenden §. hat, wollen wir dieselbe noch auf einem anderen Wege herleiten.

Wenn das Atom des Pendels auf herabgehender Bahn in C (Fig. 89) angelangt ist, und der zugehörige Winkel CAB, welchen der Radius AC mit der Verticalen AB bildet, α genannt wird, so wird das in verticaler Richtung von dem Impuls der Schwerkraft $\frac{g}{n}$ ergriffene Atom in seiner Bahn mit der Geschwindigkeit $\frac{g}{n}\sin\alpha$ weitergetrieben, welche als Mittelkraft aus dem verticalen Impuls $\frac{g}{n}$ und aus dem Widerstande der Kugelfläche oder der Spannung des Fadens $\frac{g}{n}\cos\alpha$ resultirt. Nennt man die augenblickliche Entfernung des Atoms von der Verticalen AB, welche seine Ruhelage bezeichnet, CK = x, so ist $\sin\alpha = \frac{x}{l}$, und der Ausdruck für die Kraft, welche das Atom stetig angreift,

$$g\sin\alpha = \frac{g}{l}x,$$

woraus hervorgeht, daß dieselbe proportional der Entfernung des Atoms von der Verticalen AB ist. Ist diese Entfernung in G mmal kleiner als in C, so erhält es in G auch nur einen mmal weniger wirksamen Impuls; in B selbst ist der Impuls = 0.

Wenn nun vorausgesetzt wird, daß das Pendel nur um einen so kleinen anfänglichen Winkel α aus seiner Ruhelage AB (Fig. 89[a]) erhoben wird, daß der Kreisbogen BC als geradlinig angesehen werden darf, so fällt die Entfernung des Atoms C von der Verticalen AB mit seiner Entfernung von dem Ruhepunkte B zusammen. Alsdann wird es also von einer Kraft getrieben, die proportional seiner Entfernung von einem festen Punkte ist. Daher ist für diesen Fall seine Bewegung den im fünften Kapitel (§. 119) entwickelten Gesetzen unterworfen, vorausgesetzt, daß dem Atom in C keine anfängliche Geschwindigkeit verliehen, sondern es allein den Wirkungen der Schwere überlassen ist. Dasselbe wird demzufolge auf dem Bogen CC′, dessen Mitte B ist, ewig oscilliren, und zu jeder Schwingung, d. h. zu jedem Wege CC′ oder C′C eine gleiche Zeit gebrauchen. Diese Schwingungsdauer stimmt mit der Zeit überein, in welcher ein Atom auf dem um B mit dem Radius CB = a beschriebenen Kreise einen halben Umlauf von C bis C′ vermöge einer Schwungkraft vollführt, die gleich der Kraft ist, welche das Atom in C nach B treibt, also von der Größe $\frac{g}{l}$ a. Zur Bestimmung der Schwingungsdauer T dient also die Gleichung

$$\frac{g\,a}{l} = \frac{4\pi^2 a}{t^2},$$

welche

$$t = 2\pi\sqrt{\frac{l}{g}}$$

und

$$T = \pi\sqrt{\frac{l}{g}}$$

ergiebt. Es ist auf die große Analogie des vorstehenden Resultates mit dem für die Schwingungsdauer einer Spiralfeder abgeleiteten (§. 123) aufmerksam zu machen.

Die Geschwindigkeit, mit welcher das Pendel im tiefsten Punkte B seiner Bahn anlangt, ist gleich der constanten Geschwindigkeit v des zugehörigen Atoms im Kreise (§. 119), welche durch die Gleichung

$$\frac{v^2}{a} = \frac{g\,a}{l}$$

bestimmt wird, also

$$v = a\sqrt{\frac{g}{l}}$$

ist. Den Ort des Atoms auf der CC' findet man aber für jede Zeit, indem man von dem Ort des sich gleichzeitig in dem zugehörigen Kreise bewegenden Atoms ein Perpendikel auf CC' herabläßt.

Aus der Formel $T = \pi \sqrt{\frac{l}{g}}$ folgt, daß das Pendel einer endlichen Zeit bedarf, um selbst eine unendlich kleine Strecke zurückzulegen, und daß andererseits diese Zeit unabhängig ist von dem ursprünglichen Elongationswinkel α oder der Schwingungsweite 2a, so lange man wenigstens das Quadrat von α gegen 1 vernachlässigen darf (nach der (7) §. 126). Diese Schwingungsweite CC' muß zwar immer außerordentlich klein gegen die Länge l des Pendels sein, kann aber doch beliebig groß gemacht werden, wenn nur dem Pendel selbst eine hinreichende Länge gegeben wird. Die Schwingungsdauer eines mathematischen Pendels ist also unter der Voraussetzung, daß die Bahn des Atoms als geradlinig betrachtet werden kann, proportional der Quadratwurzel aus der Länge des Pendels; für ein viermal so langes Pendel ist die Dauer einer Schwingung doppelt, für ein Pendel von neunfacher Länge dreimal so groß etc. Die Anzahl der Schwingungen aber in einer bestimmten Zeit ist der Quadratwurzel aus der Pendellänge umgekehrt proportional: ein Pendel von vierfacher, neunfacher Länge u. s. w. macht in einer bestimmten Zeit, z. B. in einer Stunde, nur $\frac{1}{2}$, $\frac{1}{3}$, ... so viel Schwingungen als das Pendel, mit dessen Länge man die der übrigen vergleicht.

Ein Sekundenpendel ist ein Pendel, dessen Schwingungsdauer eine Sekunde beträgt; die obige Formel ergiebt für seine Länge

$$l = \frac{g}{\pi^2}.$$

Da g für die verschiedenen Orte der Erde variirt, so ist auch dieser Werth ein verschiedener; für Paris ist $g = 9^m,80896$, und da $1^m = 3',186199$ Rh. $= 3',078444$ Par. zu $144'''$ und $1'$ Rh. $= 139''',13$ Par. ist, so findet man für die Länge des Sekundenpendels in Paris:

$993^{mm},856 = 3',05953$ Par. $= 440''',572$ Par. $= 3',16662$ Rh., in Berlin ($g = 31',2649$ Rh., s. §. 11)

$$3',16780 \text{ Rh.} = 440''',733 \text{ Par.} = 994^{mm},224,$$

in Königsberg

$$440''',818 \text{ Par.}$$

§. 128.

Einfluß der Sonne auf die Pendelschwingungen. Man kann für das Pendel dieselbe Frage erörtern, die wir für die vertical abgeschossene Kanonenkugel aufwarfen (§. 21), welchen Einfluß nämlich die im Zenith oder Nadir stehende Sonne auf seine Bewegung ausüben müßte, und welchen Einfluß sie in der That ausübt. Wenn nämlich um Mitternacht die Sonne im Nadir steht, so ist die Schwerkraft, durch welche das schwingende Atom des einfachen Pendels getrieben wird, nicht mehr die Erdschwere allein, sondern es addirt sich noch die Anziehungskraft, welche Körper auf der Erdoberfläche durch die Sonne erfahren, und welche (ebend.) $= \frac{360000 g}{24000^2} = \frac{g}{1600}$ ist. Die Schwingungsdauer des Pendels müßte daher

$$T' = \pi \sqrt{\frac{l}{g + \frac{g}{1600}}} = \pi \sqrt{\frac{l}{g}} \sqrt{\frac{1600}{1601}},$$

also kleiner sein; setzt man

$$\pi \sqrt{\frac{l}{g}} = T,$$

so ist

$$T' = T\left(1 + \frac{1}{1600}\right)^{-\frac{1}{2}},$$

und näherungsweise, nach dem binomischen Lehrsatz entwickelt:

$$T' = T - \frac{1}{3200} T,$$

so daß ein Sekundenpendel um Mitternacht $\frac{1}{3200}''$ vorgehen und ebenso viel um Mittag zurückbleiben müßte, wo durch die im Zenith stehende Sonne die Schwerkraft g der Erde auf Körper ihrer Oberfläche verringert wird.

Trotzdem behält das Pendel einen gleichmäßigen Gang bei, weil die eben bezeichneten Impulse der Sonne nur dazu verwendet werden, das Pendel gleichzeitig mit der ganzen Erde dem anziehenden Gestirne zu nähern, und überhaupt die Centralbewegung derselben um die Sonne zu bewerkstelligen. Der Einfluß dieser Anziehung würde nur dann an den Schwingungen des Pendels zu Tage treten, wenn plötzlich die Erde angehalten würde, so daß sie den Impulsen der Sonne nicht nachgeben könnte.

§. 129.

Das conische Pendel. Wenn das an einem schwerlosen Faden AB (Fig. 90) bei A aufgehängte Atom B aus seiner verticalen Ruhelage AB um den Winkel $\alpha = CAB$ entfernt und in C sich selbst überlassen wird, so beschreibt es den Kreisbogen CBC′ in der Verticalebene CAB; wenn es aber eine Anfangsgeschwindigkeit z. B. in der Richtung CD erhält, so wird es eine Kurve CB′C′FC beschreiben, die jedenfalls auf der um A mit dem Radius $AC = l$ construirten Kugelfläche liegt. Statt das Atom C vermittelst des Fadens l in A aufzuhängen, könnte man auch annehmen, daß es auf der inneren Fläche einer festen, d. h. undurchdringlichen Kugelschale frei beweglich sei, dieselbe aber nicht verlassen dürfe. Wird aber das Pendel AB nur unendlich wenig von der Verticalen erhoben, etwa bis E, so daß BE als geradlinig gelten kann, so ist die Kraft, welche es nach B zurücktreibt, seiner Entfernung von B in jedem Augenblick proportional (§. 127), und es beschreibt alsdann ohne anfängliche Geschwindigkeit geradlinige Schwingungen in der oben ausgeführten Weise (§. 127), wenn ihm aber eine geringe seitliche Anfangsgeschwindigkeit mitgetheilt wird, nach den Entwicklungen des §. 119 eine Ellipse um B. Die Schwingungsdauer dieses sogenannten mathematischen conischen oder Raumpendels ist gleich der des ebenen Pendels, also $\pi\sqrt{\frac{l}{g}}$.

Den mit dem Radius $EB = a$ um B in horizontaler Ebene beschriebenen Kreis wird das Atom in dem besonderen Falle durchlaufen, daß seine anfängliche und ihm verbleibende Geschwindigkeit tangentiell zu diesem Kreise und so beschaffen ist, daß die Umlaufszeit $2\pi\sqrt{\frac{l}{g}}$ ist; darnach ergiebt sich zur Bestimmung dieser Geschwindigkeit

$$\frac{v^2}{a} = \frac{4\pi^2 ag}{4\pi^2 l}, \qquad v = a\sqrt{\frac{g}{l}}$$

(s. denselben Ausdruck für das ebene Pendel §. 127).

Man vergleiche übrigens die Erörterung in §. 88, welche die zuletzt betrachtete Bewegung als speciellen Fall in sich schließt, so wie sie selbst wiederum ein besonderer Fall der allgemeinen Aufgabe ist, die in dem gegenwärtigen §. angedeutet ist.

§. 130.

Das physische Pendel. Wenn sich ein starrer Körper, d. h. ein System von Atomgruppen, die in unveränderlichen Entfernungen von einander gehalten werden, um einen seiner Punkte, der als fest gedacht wird, bewegt, so liefert die Untersuchung dieser Bewegung ein sehr schwieriges Problem der Mechanik, das nur mit Hülfe der höheren Analysis behandelt werden kann. Geht aber die Bewegung um zwei feste Punkte vor sich, die mit dem Körper selbst in fester Verbindung stehen, giebt es also eine Rotationsaxe, so wird die Betrachtung wesentlich vereinfacht, und kann zum Theil von uns mit Hülfe der früheren Entwickelungen angestellt werden. Der hauptsächlichste Unterschied zwischen beiden Bewegungen ist nämlich der, daß im ersteren Falle zwar auch stets eine Drehungsaxe im Körper vorhanden sein muß, die sich aber mit jedem Augenblicke ändern kann, während dieselbe im zweiten Falle unveränderlich fest ist; daß dort also die Schwingungen im Raume vor sich gehen, hier aber sich auf Schwingungen in einer Ebene reduciren.

Ein Körper, der Schwingungen um eine solche feste Drehungsaxe ausführt, heißt ein physisches Pendel; es kann im Allgemeinen von ganz beliebiger Gestalt sein, soll aber behufs unserer gegenwärtigen Betrachtung eine einfache starre Gerade bilden. Dadurch geht die Drehungsaxe wieder in einen Punkt, den Drehpunkt über, und das Pendel, das sowohl conische als ebene Schwingungen auszuführen vermag, unterscheidet sich vom einfachen oder mathematischen Pendel nur dadurch, daß es in seiner ganzen Längenausdehnung Atome enthält, während jenes nur ein schweres Atom besitzt. Man sieht daher, daß die in dem Kapitel von der Schwungkraft §. 91 behandelte Aufgabe, in der die Gesetze der Rotation einer materiellen Geraden um eine feste Axe entwickelt sind, der Lehre vom physischen Raumpendel angehört, und daß die dort abgeleiteten Resultate Gültigkeit für dasselbe wenigstens in dem Falle haben, wo es den Mantel eines senkrechten Kegels beschreibt. Wenn also die Atomgruppe dieses Pendels, welche sich in der Entfernung a vom Drehpunkte befindet, aus m Atomen besteht, α die Abweichung des Pendels von der Vertikalen und θ seine Winkelgeschwindigkeit bezeichnet, so gilt für seine Bewegung die Formel

$$\cos\alpha = \frac{g}{\theta^2} \cdot \frac{\Sigma m a}{\Sigma m a^2}.$$

Diese Formel liefert die ganze und halbe Schwingungszeit t und T des Pendels; denn man erhält

$$\theta = \sqrt{\frac{g \Sigma m a}{\cos\alpha \Sigma m a^2}} = \frac{2\pi}{t},$$

also

$$T = \pi \sqrt{\frac{\Sigma m a^2}{g \Sigma m a} \cos\alpha}.$$

und für ein sehr kleines $\alpha (\cos\alpha = 1)$

$$T = \pi \sqrt{\frac{\Sigma m a^2}{g \Sigma m a}}.$$

Der Ausdruck $\Sigma m a^2$ heißt das Trägheitsmoment des Körpers in Beziehung auf den festen Drehpunkt.

Das Pendel bestehe z. B. aus einer Stange NM (Fig. 91) von der Länge 2a, an deren Enden in N und M sich Gruppen von n bezüglich m Atomen befinden, während sein Drehpunkt A in der Mitte liege. Auch für diesen Fall hat die aus dem §. 91 entlehnte vorstehende Formel ihre Gültigkeit, wiewohl bei der zu Grunde liegenden Aufgabe der feste Punkt des rotirenden Systems alle Atomgruppen auf derselben Seite hatte; es ist aber leicht ersichtlich, wie sich jene Aufgabe dahin modificiren ließe, daß der Drehpunkt innerhalb des Systems liege, und daß dadurch das Resultat nicht alterirt würde; nur müssen alsdann die Entfernungen der Gruppen von dem festen Punkte auf seiner einen Seite negativ in Rechnung gebracht werden. Bezeichnet man nun das Trägheitsmoment der Stange allein in Beziehung auf A mit $\Sigma m' a'^2$, so ist

$$\Sigma m a^2 = \Sigma m' a'^2 + m a^2 + n a^2,$$
$$\Sigma m a = \Sigma m' a' + m a - n a.$$

Ist ferner A der Schwerpunkt der Stange 2a, so ist $\Sigma m' a' = 0$ (§. 84, S. 128), und man hat für diesen Fall

$$T = \pi \sqrt{\frac{\Sigma m' a'^2 + (m+n) a^2}{g a (m-n)} \cdot \cos\alpha}.$$

Wenn unter übrigens gleichen Umständen die Gewichte m und n durch andere, m' und n', ersetzt werden, so ist das neue

$$T' = \pi \sqrt{\frac{\Sigma m' a'^2 + (m'+n') a^2}{g a (m'-n')} \cdot \cos\alpha}.$$

Hat man also

$$m + n = m' + n',$$

so wird

$$\frac{T}{T'} = \sqrt{\frac{m'-n'}{m-n}}.$$

Diese Formel bestetigte sich durch Versuche, welche Holzmann in Mannheim i. J. 1843 mit einem Pendel anstellte, an dem dieselben Massen auf verschiedene Weisen in M und N vertheilt werden konnten *). Es waren nämlich zusammen bei M und N fünf Scheiben x, y, z, u, v angebracht, deren Totalgewicht $1^{kgr.}$ betrug, und deren Einzelgewichte den Bestimmungen entsprachen

$$(1)\quad x+y+z+u+v = 25\mu = 1^{kgr.}$$
$$(2)\quad x+y+z+u-v = 16\mu$$
$$(3)\quad x+y+z-u-v = 9\mu$$
$$(4)\quad x+y-z-u-v = 4\mu$$
$$(5)\quad x-y-z-u-v = \mu.$$

Aus diesen Gleichungen findet sich $\mu = 0{,}04^{kgr.}$ und

$$x = 0{,}52,\quad y = 0{,}06,\quad z = 0{,}1,\quad u = 0{,}14,\quad v = 0{,}18 \text{ Kilogr.}$$

Bezeichnen nun die 5 Gleichungen (1) bis (5) 5 verschiedene Anordnungen der Scheiben, indem alle, die mit dem Zeichen plus versehen sind, in M, die übrigen in N befestigt werden, und sind T_1, T_2, etc. die diesen 5 verschiedenen Pendeln zugehörigen Schwingungs-

---

*) Poggendorff Annalen etc. 58, pag. 133.

zeiten, so hat man

$$\frac{T_1}{T_5} = \sqrt{\frac{\mu}{25\mu}} = \tfrac{1}{5}, \quad T_1 = \tfrac{1}{5} T_5,$$

$$\frac{T_2}{T_5} = \sqrt{\frac{\mu}{16\mu}} = \tfrac{1}{4}, \quad T_2 = \tfrac{1}{4} T_5, \quad \text{etc.}$$

T_5 ergab sich $\frac{1}{30}''$, also $T_1 = \frac{1}{150}''$, $T_2 = \frac{1}{120}''$ etc.

§. 131.

Pendel mit beweglichem Aufhängungspunkte. Durch die starre Gerade AB (Fig. 92) seien die beiden Atomgruppen A und B, welche entsprechend aus α und β Atomen bestehen, in der unveränderlichen Entfernung $AB = l$ von einander gehalten. Die Gruppe A sei gezwungen, auf der horizontalen und mit AB in derselben Verticalebene befindlichen Geraden X'X zu verbleiben, könne sich aber auf dieser frei und ohne alle Reibung nach beiden Seiten hin bewegen. Daher übt die Erdschwere g, von welcher A erfaßt ist, keinen anderen Einfluß aus, als daß die Gerade X'X einen Druck erfährt. Die β Atome, welche in B hängen, und auch der Kraft g unterworfen sind, werden von derselben vertical nach unten gezogen. Nun sei C der Schwerpunkt des Systems A und B, OY die durch denselben gelegte Verticale, und die auf den Anfangspunkt O bezogenen Abscissenwerthe von B und A: $OD = x$, $OA = z$, endlich $\angle BCY = \varphi$, $AC = l_1$, $CB = l_2$; dann hat man

$$\alpha l_1 = \beta l_2,$$

also auch, durch Multiplication mit $\sin\varphi$:

$$\alpha z = \beta x.$$

Nun sei zwischen zwei einzelnen Atomen in A und B die Kraft λ thätig, durch welche die Entfernung AB zwischen beiden Gruppen constant erhalten wird. B wird also in der Richtung nach A hin von der Kraft $\alpha\lambda$, und vertical nach unten von der Kraft g, A aber nach B zu von der Kraft $\beta\lambda$, und vertical nach unten ebenfalls von g ergriffen. Ist $BE = \frac{\alpha\lambda}{n^2}$, oder die Strecke, die B in Folge des ersten Impulses $\frac{\lambda}{n}$ in der ersten n^{tel} · Sekunde zurücklegen würde, und $BG = \frac{\alpha\lambda}{n^2}\sin\varphi$ die horizontale Projection dieses

Weges, so folgt, daß B am Ende dieses Zeittheilchens in die durch G gehende Verticale, etwa nach B_1 gelangt sein muß, indem die übrigen Impulse nur in verticaler Richtung auf B einwirken, also die horizontale Bewegung allein durch jene Componente von λ hervorgerufen werden kann. Natürlich ist BB_1 die Diagonale des aus BE und $BF = \frac{g}{n^2}$ construirten Parallelogramms. Wenn $AE' = \frac{\beta\lambda}{n^2}$, $AA_1 = \frac{\beta\lambda}{n^2}\sin\varphi$, so folgt ebenso, daß zu derselben Zeit A nach A_1 gekommen sein muß; dabei ist $A_1B_1 = l$ geblieben. Man hat hieraus, wenn man die Abscissenwerthe von A_1 und B_1 entsprechend z_1 und x_1 nennt:

$$x_1 = x - \frac{\alpha\lambda}{n^2}\sin\varphi, \qquad z_1 = z - \frac{\beta\lambda}{n^2}\sin\varphi,$$

folglich

$$\alpha z_1 - \beta x_1 = \alpha z - \beta x = 0,$$

also

$$\alpha z_1 = \beta x_1.$$

Wenn aber A_1B_1 die OY in C_1 durchschneidet, und mit ihr den $\angle \varphi_1$ bildet, so ist

$$z_1 = A_1C_1 \sin\varphi_1, \qquad x_1 = C_1B_1 \sin\varphi_1,$$

folglich

$$\alpha A_1C_1 = \beta C_1B_1,$$

mithin ist C_1 der Schwerpunkt C, und dieser in der ersten n^{tel} Sekunde auf der OY fortgerückt.

Ist auf ähnliche Weise am Ende des zweiten Zeittheilchens AB in die Lage A_2B_2 gekommen, und sind z_2, x_2 die zugehörigen Abscissenwerthe, so hat man, wenn man nicht außer Acht läßt, daß in diesem Zeitintervall die horizontale Geschwindigkeit von B und A durch den neu hinzutretenden Impuls um die Größe $\frac{\alpha\lambda}{n}\sin\varphi_1$ und entsprechend $\frac{\beta\lambda}{n}\sin\varphi_1$ vermehrt wird, für diese und analog für die den folgenden Zeittheilchen zugehörigen Abscissenwerthe:

$$x_2 = x_1 - \frac{\alpha\lambda}{n^2}(\sin\varphi + \sin\varphi_1), \qquad z_2 = z_1 - \frac{\beta\lambda}{n^2}(\sin\varphi + \sin\varphi_1),$$

$$x_3 = x_2 - \frac{\alpha\lambda}{n^2}(\sin\varphi + \sin\varphi_1 + \sin\varphi_2), \qquad z_3 = z_2 - \frac{\beta\lambda}{n^2}(\sin\varphi + \sin\varphi_1 + \sin\varphi_2),$$

$$\cdots\cdots\cdots\cdots \qquad \cdots\cdots\cdots\cdots$$

$$x_m = x_{m-1} - \frac{\alpha\lambda}{n^2}\sum_0^{m-1}\sin\varphi. \qquad z_m = z_{m-1} - \frac{\beta\lambda}{n^2}\sum_0^{m-1}\sin\varphi.$$

Durch successive Elimination der $\Sigma\sin\varphi$ aus den gleichvielten Gleichungen beider Systeme folgt allgemein, daß

$$\alpha z_m = \beta x_m,$$

und daraus wieder auf dieselbe Weise wie oben, daß der Schwerpunkt C des Systems A und B stets auf der Verticalen OY verbleibt, während A die horizontale X'X hin und her durchläuft, und B in verticaler Ebene Schwingungen um B_0, seinen Durchgangspunkt durch die OY, vollführt.

Die Kurve, welche dabei B beschreibt, ist leicht zu ermitteln. Es soll zu diesem Zwecke die Linie AB = a (Fig. 93) so fortbewegt werden, daß ihr Endpunkt A stets auf der Geraden Y'Y verbleibt, während der Punkt C, welcher von AB ein bestimmtes Stück CB = b abschneidet, die OX, die senkrecht zu Y'Y steht, durchläuft. Nennt man nun die Coordinatenwerthe von B: OD = y, DB = x, so folgt aus der Figur

$$b^2 = y^2 + C'B^2, \quad \frac{C'B}{x} = \frac{b}{a}, \quad \text{also}$$

$$b^2 = y^2 + \frac{b^2 x^2}{a^2}, \quad \text{oder}$$

$$\frac{x^2}{a^2} + \frac{y^2}{b^2} = 1,$$

d. i. die Mittelpunktsgleichung einer Ellipse. Der geometrische Ort des Punktes B ist also eine Ellipse, deren große Halbaxe AB = a auf OX liegt, und deren kleine Halbaxe = b ist.

Mithin schwingt der Punkt B (Fig. 92) in dem Bogen einer Ellipse, die die Länge l des Pendels zur großen Halbaxe, und $CB = \frac{\alpha l}{\alpha + \beta}$ zur kleinen Halbaxe, und in dem Scheitel, der durch den Endpunkt der ersteren gebildet wird, ihre tiefste Stelle hat. Dabei kommt es auf die ursprüngliche Neigung der Geraden AB nicht an, die eben so gut endlich als unendlich klein sein kann. Noch ist zu beachten, weil zur Herstellung dieser Bewegung die Erdschwere g gar nicht in Rechnung gekommen ist, sondern dieselbe nur auf die Größe der verticalen Ordinate y Einfluß übt, daß eine solche Bewegung auch bei ganz beliebiger auf B einwirkenden Kraft bewerkstelligt wird, wenn anders letztere nur vertical gerichtet ist. Bei Berücksichtigung dieses einen nothwendigen Umstandes kann sich diese Verticalkraft auch während der Bewegung beliebig ändern, bald nach oben, bald nach unten gehen, oder ganz aufhören etc. Stets wird B auf derselben Ellipse mit den beiden Halbaxen l und $\frac{\alpha l}{\alpha + \beta}$ verbleiben, und durch die verticale Kraft nur die Geschwindigkeit und die Bewegung von B auf der Ellipse alterirt werden.

Physikalisch-geographische Anwendungen des Pendels.

§. 132.

1) Bestimmung der Erdschwere. Die Formel für die Schwingungsdauer T eines mathematischen Pendels ist

$$T = \pi \sqrt{\frac{l}{g}} \quad (\text{§. 126 f.}).$$

Da sich dieselbe aber experimentell mit der größten Genauigkeit bestimmen läßt, indem man die Anzahl der Schwingungen während eines größeren Zeitraums zählt, und da ebenso genau die Pendellänge gemessen werden kann, so giebt die obige Formel ein Mittel an die Hand, die Schwerkraft g der Erde auf das Genaueste durch den einfachen Ausdruck

$$g = \frac{\pi^2 l}{T^2}$$

zu berechnen. Durch dieses Verfahren ist die wichtigste Constante der Mechanik ermittelt worden, deren Werthe wir in §. 11 und 127 angegeben haben.

2) Schwingungsdauer desselben Pendels in verschiedenen Höhen. Da sich die Erdschwere mit zunehmender Entfernung vom Erdmittelpunkt nach dem Newtonschen Gravitationsgesetze verringert, so folgt, daß auch dasselbe Pendel in verschiedenen Hö-

hen und geographischen Breiten verschiedene Schwingungsdauer haben muß, und zwar, daß es in größeren Höhen langsamer schwingen, eine Pendeluhr also daselbst nachgehen wird.

Stellt der Kreis um M (Fig. 94) die Erde mit dem Radius $AM = r$ vor, und ist die Schwerkraft auf der Erdoberfläche in A gleich g, so ist sie in B in der Höhe h über dem Horizont $\frac{g r^2}{(r+h)^2}$, und während in A die Schwingungsdauer eines Pendels $T = \pi \sqrt{\frac{l}{g}}$ Sekunden beträgt, ist sie in B $T' = \pi \sqrt{\frac{l (r+h)^2}{g r^2}} = T + \frac{h}{r} T$.

Ist z. B. $h = 236' = \frac{1}{100}$ G. Meile, der Erdradius $= 860$ Meilen, also $\frac{h}{r} = \frac{1}{86000}$, so folgt, daß auf einem Thurme von 236′ Höhe ein Pendel eine um $\frac{1}{86000}$ größere Schwingungsdauer besitzt als am Fuße des Thurmes, daß also ein Sekundenpendel auf dem Thurme täglich etwa 1 Sekunde nachgeht, da der Tag gegen 86000″ (genau 86400″) hat. Es versteht sich, daß dabei von allen übrigen modificirenden Einflüssen, z. B. den Differenzen der Temperatur, welche die Länge des Pendels verändert, abgesehen wird.

Ebenso findet man, daß ein Sekundenpendel auf dem Brocken, der 3500′ hoch ist, für welchen also $\frac{h}{r}$ etwa $\frac{1}{5798}$ beträgt, 11 bis 12 Sekunden täglich nachgehen würde.

Das Pendel kann also auch, durch Berechnung von h aus der letzten Formel, welche $h = \frac{r(T'-T)}{T}$ ergiebt, zu Höhenmessungen angewendet werden. Die wesentlichsten Dienste leistet es aber zur Ermittelung der Erdgestalt, zur Berechnung der Abplattung der Erde, da es mit so bedeutender Genauigkeit auf den Werth von g führt. —

§. 133.

Bestimmung der mittleren Dichtigkeit der Erde. Wir wollen jetzt zeigen, wie man mit Hülfe des Pendels die mittlere Dichtigkeit der Erde bestimmen kann.

Die *absolute Dichtigkeit* eines Körpers ist die Anzahl seiner Atome in einer Kubikeinheit. Die *relative Dichtigkeit* oder das specifische Gewicht eines Körpers ist hingegen das Verhältniß seiner absoluten Dichtigkeit zu der des Wassers. Das specifische Gewicht des Wassers ist also $=1$, und das specifische Gewicht eines anderen Körpers die Zahl, welche angiebt, wieviel mal mehr Atome derselbe enthält als ein gleiches Volumen Wasser. Die Zahl der Atome, welche ein Körper enthält, kann zwar nicht bestimmt werden, indessen bietet die Wage ein Mittel dar, die Atomenzahlen zweier Körper mit einander zu vergleichen, indem die Gewichte, welche sie für diese Körper angiebt, jenen Zahlen proportional sind. Das specifische Gewicht eines Körpers wird also gefunden, wenn man sein absolutes Gewicht durch das Gewicht eines gleich großen Volumens Wassers dividirt. Man sieht, daß vom specifischen Gewicht oder von der Dichtigkeit eines Körpers im Grunde nur die Rede sein kann, wenn er homogen ist, d. h. wenn alle seine Atome gleichmäßig durch sein ganzes Volumen vertheilt sind; trotzdem spricht man auch bei einem nicht homogenen Körper von seiner mittleren Dichtigkeit, und versteht darunter die Dichtigkeit eines homogenen Körpers von gleichem Volumen und gleicher Masse.

Der um M (Fig. 95) mit dem Radius $AM = r$ beschriebene Kreis stelle die Erdkugel vor, die aus homogenen concentrischen Schichten bestehen soll. Die kleinere concentrische Kugel habe den Radius $MB = \varrho$, welcher im Vergleich zur Größe des Erdradius nur unbedeutend kleiner als derselbe sei, so daß zwischen den beiden Kugelflächen eine Kugelschale von nur geringer Dicke liegt, welche die Rinde der Erdoberfläche bis zu verhältnißmäßig nicht bedeutender Tiefe darstellt. Die Schwerkraft der Erde in A sei g, in B $= \gamma$; beide werden als bekannt angenommen, und lassen sich durch Pendelversuche direct ermitteln (§. 132, 1)). Während nach der Theorie, nach welcher die Anziehung im Innern einer Kugel proportional der Entfernung des angezogenen Atoms vom Mittelpunkt der Kugel abnimmt (§. 105, Nr. 6), γ kleiner als g sein müßte, ergeben solche Pendelversuche immer das entgegengesetzte Resultat. Dasselbe läßt sich nur durch die Annahme einer nach dem Erdmittelpunkt zunehmenden Dichte der Erde erklären, da nach derselben Formel ($\frac{4}{3}\pi\lambda kr$) die Anziehung auch der absoluten Dichtigkeit der Kugel proportional ist.

Wir nehmen nun an, daß die ganze Erde a, die kleinere Kugel von dem Radius ϱ aber a', also die Erdrinde $a - a' = b$ Atome enthalte. Es kommt alsdann zur Lösung unserer Aufgabe nur auf die Bestimmung des Quotienten $\frac{a'}{a}$ oder $\frac{b}{a}$ an.

Setzt man die Anziehungskraft eines Atomes in der Entfernung 1 gleich k, und

$$r = \varrho(1+\delta),$$

wo $\delta = \frac{r-\varrho}{\varrho}$ nach den Bestimmungen der Aufgabe eine sehr kleine positive Größe ist, deren höhere Potenzen gegen sie selbst vernachlässigt werden müssen, so erhält man demnach (§. 101 und §. 99)

$$g = \frac{ak}{r^2}, \quad \gamma = \frac{a'k}{\varrho^2},$$

folglich

$$\frac{\gamma}{g} = \frac{a'}{a}(1+\delta)^2 = \frac{a'}{a}(1+2\delta).$$

Wenn ferner t und τ die, g und γ zugehörigen, Schwingungszeiten eines und desselben Pendels von der Länge l, und n und ν die Anzahlen der in ein und derselben Zeit vollführten Schwingungen dieses Pendels bedeuten, so ergiebt sich aus

$$t = \pi\sqrt{\frac{l}{g}}, \quad \tau = \pi\sqrt{\frac{l}{\gamma}}:$$

$$\frac{\gamma}{g} = \frac{t^2}{\tau^2} = \frac{\nu^2}{n^2}.$$

Ist nun

$$\frac{\gamma}{g} = 1+\varepsilon,$$

wo auch $\varepsilon = \frac{\gamma - g}{g}$ eine sehr kleine positive Zahl ist, deren höhere Potenzen ebenfalls zu vernachlässigen sind, so liefert die Entwickeluug nach dem binomischen Lehrsatz für die zu ermittelnden Quotienten $\frac{a'}{a}$ und $\frac{b}{a}$ die Ausdrücke

$$\frac{a'}{a} = \frac{1+\varepsilon}{1+2\delta} = 1+\varepsilon-2\delta,$$

also

$$\frac{b}{a} = 2\delta - \varepsilon.$$

Ein Kubikfuß der homogen gedachten Erde enthalte nun α Atome, so daß α zur Berechnung ihrer mittleren Dichtigkeit dient;

16 *

in einem Kubikfuß der Erdschale seien β Atome, eine Zahl, deren Verhältniß zu der Anzahl der Atome in einem Kubikfuß Wasser auf empirischen Wege ermittelt ist. Dann ist

$$\tfrac{4}{3}\pi r^3 \alpha = a, \quad \tfrac{4}{3}\pi(r^3-\varrho^3)\beta = b,$$

$$r^3-\varrho^3 = r^3-r^3(1+\delta)^{-3} = 3r^3\delta,$$

also

$$b = \tfrac{4}{3}\pi r^3 . 3\delta\beta,$$

und

$$\frac{b}{a} = \frac{3\delta\beta}{\alpha} = 2\delta-\varepsilon,$$

folglich

$$\frac{\alpha}{\beta} = \frac{3}{2-\frac{\varepsilon}{\delta}}.$$

Nimmt man also an, daß ein Kubikfuß Wasser μ Atome enthalte, so ist das bekannte specifische Gewicht der Erdrinde $s = \frac{\beta}{\mu}$, die mittlere Dichtigkeit der Erde $\varDelta = \frac{\alpha}{\mu}$, und weil $\frac{\varDelta}{s} = \frac{\alpha}{\beta}$ ist,

$$\varDelta = \frac{3}{2-\frac{\varepsilon}{\delta}} s.$$

Auf diese Weise hat Airy *) in der Kohlengrube zu Harton bei South Shields die Dichtigkeit der Erde bestimmt.

Das untere Pendel ging bei seinem Versuche in einem Tage 2″,24 vor, also war $\varepsilon = \frac{1}{19288}$, wobei die Unsicherheit weniger als 0″,01 betrug. Airy fand die mittlere Dichte der Erde =6,566. —

Haughton**) hat die Rechnung Airy's auf elementarem Wege dargestellt und modificirt. Die näheren Bestimmungen sind folgende:

Der Schacht $AB = r-\varrho$ war 1260′ (engl.) = 384^m tief; ε wurde $= \frac{1}{19200}$ gefunden, und der Erdradius 4000 engl. Ml. ***) = 6437260^m angenommen. Daraus ergiebt sich $\frac{\alpha}{\beta} = 2,662$.

Nun ist die mittlere Höhe der Continente über dem Meere nach Humboldt 1000′ (engl.), und die Oberfläche des Landes l zu der des Meeres m nach Rigaud = 1:2,815; also $\frac{m}{l} = 2,815$.

*) Poggendorff, Annalen etc. 1856, 97 pag. 601.

**) Ebend. Bd. 99, pag. 332.

***) 1 engl. Ml. = 5280′ à 0^m,3047945.

Die mittlere Dichtigkeit der Erdrinde ist 2,75. Da nun die mittlere Höhe der Continente über der Sohle des Schachts 2200′ betrug, so hat man für die gesammte in der Kugelschale enthaltene Masse der Continente, ein gleiches Volumen Wasser $= 1$ gesetzt: $l.2200.2{,}75$, so wie für die ebendaselbst befindliche Wassermasse $m.1200.1$. Es ist also

$$l.2200.2{,}75 + m.1200.1 = (l+m).1200.s,$$

oder

$$22.\frac{11}{4} + 12.2{,}815 = (1+2{,}815).12.s;$$

$$3{,}815\,s = \frac{121}{24} + 2{,}815 = 7{,}857$$

$$s = 2{,}059.$$

Nun ist aber

$$\frac{\varDelta}{s} = \frac{\alpha}{\beta} = 2{,}662,$$

also

$$\varDelta = 2{,}059.2{,}662 = 5{,}481.$$

§. 134.

Der Foucault'sche Pendelversuch. Ein irgendwo im Raume befindliches in unendlich kleine ebene Schwingungen versetztes Pendel wird seine Oscillationen unverändert in einer und derselben Geraden vollführen, so lange keine Umstände eintreten, welche diese Bahn des Atoms verändern. Macht ein Pendel z. B. Schwingungen durch die gerade Linie AB (Fig. 96), und wirkt nur die seine schwingende Bewegung hervorrufende Kraft, so wird es ewig auf der Geraden AB verbleiben, und nicht etwa allmählig auf eine andere Gerade, wie A′B′, übergehen. Auf der Erdoberfläche ist aber diese Bedingung für die Erhaltung der unveränderlichen Bahn eines schwingenden Pendels durch die Rotation der Erde aufgehoben. Nicht bloß, daß mit der rotirenden Erde auch das auf ihr befindliche Pendel seinen absoluten Ort im Raume verändert, es tritt dadurch auch eine stete Veränderung der Richtung ein, in der die Schwingungen des Pendels erfolgen. Wenn z. B. das Pendel in A (Fig. 97) in der Richtung AB schwingt, A aber nach einer gewissen Zeit durch die Rotation der Erde in A′ angelangt ist, so würde der Beobachter in A, der jetzt ebenfalls in A′ sich befindet, keine Veränderung in der Schwingungsrichtung des Pendels wahrnehmen, wenn dieselbe A′B′, $\mp$AB, wäre, oder noch genau in derselben Himmelsrichtung erfolgte, wie in A; ist sie aber vielmehr A′C′, so ist eine Drehung der Richtung eingetreten, die für den Beobachter den Winkel B′A′C′ beträgt. Foucault hat diese Drehung der Schwingungsrichtung des Pendels i. J. 1851 entdeckt, und dadurch einen directen Beweis für die Rotation der Erde geliefert. Wir wollen jetzt die Größe der Drehung, welche von der Zeit und der geographischen Breite des Ortes auf eine einfache Weise abhängig ist, ermitteln.

Das Pendel sei ein mathematisches, und werde durch ein in einer hohlen Kugelschale befindliches Atom (§. 126) ersetzt gedacht, welches nur unendlich kleine Schwingungen ausführt, und deswegen eine geradlinige und in der Horizontalebene des Ortes gelegene Bahn besitzt. Dieser Ort sei B (Fig. 98) auf dem Parallelkreise BB′, von der geographischen Breite $BOQ = \beta$. Sein Meridian ist NBS, und die in der Meridianebene gelegene Tangente schneide die Verlängerung der Erdaxe NS in A; dann ist das $\triangle$OBA bei B rechtwinklig, also $\angle OAB = \beta$. Wenn nach $\frac{1}{n}$ Sekunde B durch die Rotation der Erde von Westen nach Osten nach B′ gelangt ist, so ist NB′S die Meridianebene des Ortes, und AB′ die neue Lage der Tangente AB, $\angle OAB' = \beta$. Weil der Bogen BB′ wegen der unendlich kleinen Zeit, in der er zurückgelegt ist, als geradlinig anzusehen ist, liegt das gleichschenklige $\triangle$BAB′ sowohl in der Horizontalebene für B als für B′, in welcher auch das Atom des Pendels seine Bewegungen ausführt. In B habe es eine Geschwindigkeit, vermöge deren es der Richtung und Größe nach in $\frac{1}{n}$ Sekunde den Weg BC zurücklegen würde, welcher mit der Mittagslinie BA des Ortes den $\angle CBA = \alpha$ bilde; außerdem wird es aber auch der Richtung und Größe nach durch die Rotation der Erde von dem Impuls nBB′ getrieben, so daß es, während B nach B′ gelangt, vermöge des Parallelogramms der Kräfte selber nach C′ kommt, also für den Beobachter in B′ in der Richtung B′C′ erscheint, welche mit dem Meridian des Ortes den Winkel $AB'C' = \alpha'$ bildet. Figur 99 stellt das gleichschenklige $\triangle$BAB′, dessen Ebene das Parallelogramm der

Kräfte für das Atom enthält, besonders dar, und zeigt sofort, wenn der Winkel an der Spitze des Dreiecks β' genannt, und $B'A' \mp BA$ gezogen wird, daß $\alpha' = \alpha + \beta'$ ist, und die Schwingungsrichtung des Pendels sich um den Winkel $A'B'A = \beta'$ geändert hat. Zur Auffindung der erfolgten Drehung ist also nur $\angle \beta'$ zu bestimmen.

Der unendlich kleine Bogen BB' des Parallelkreises (Fig. 98) kann gleichzeitig als Bogen des um A mit AB in der Horizontalebene beschriebenen Kreises betrachtet werden; dann folgt aus den beiden Kreissectoren O'BB' und ABB' (Fig. 100), in denen BB' gemeinschaftliches Element ist, und weil $O'B = AB \sin\beta$:

$$BB' = BOB' . AB \sin\beta = \beta' . AB,$$

also, wenn man die Winkelgeschwindigkeit der Erde θ nennt, d. h. $\angle BO'B' = \frac{\theta}{n}$ ist:

$$\beta' = \frac{\theta}{n} \cdot \sin\beta.$$

Soviel beträgt also in $\frac{1''}{n}$ die Drehung des Radius Vector, welcher vom festen geographischen Orte (dem Ruhepunkte des Pendels) aus nach dem Atome gezogen werden kann. Und da sich diese Erscheinung alle n^{tel} Sekunden genau wiederholt, so ist, wenn ω die Winkelgeschwindigkeit dieser Drehung bezeichnet, d. h. die Größe der Drehung in einer Sekunde, $\beta' = \frac{\omega}{n}$, also

$$\omega = \theta \sin\beta,$$

d. h. proportional dem Sinus der geographischen Breite des Ortes.

Nach τ Sekunden beträgt also die Größe der Drehung $\omega\tau = \tau\theta \sin\beta$. Bezeichnet τ_0 die Dauer einer vollständigen Rotation des Radius Vector, so muß $\tau_0 \theta \sin\beta = 2\pi$, also $\tau_0 = \frac{2\pi}{\theta \sin\beta}$ sein; oder auch, da $\theta = \frac{2\pi}{t}$, wo t die Umdrehungszeit der Erde $=86164'',09$:

$$\tau_0 = \frac{t}{\sin\beta}.$$

Auf dem Aequator $(\beta = 0)$ findet also gar keine Drehung Statt, oder es scheint dem Beobachter das Pendel seine Richtung unverändert beizubehalten. Unter den Polen ist $\beta = \frac{\pi}{2}$, und das Pendel kehrt nach 24 Stunden in seine ursprüngliche Richtung zurück. Unter jeder anderen geographischen Breite ist die Dauer einer vollständigen Rotation des Radius Vector größer als ein Tag, und nimmt mit Abnahme der geographischen Breite zu. Für Berlin ($\beta = 52^\circ 30' 16',7$) ist die Umdrehungszeit 30 Stunden 10′0″,73. Diese Drehung erfolgt, wie die Betrachtung der Figur sofort ergiebt, auf der nördlichen und südlichen Hemisphäre in entgegengesetzten Richtungen, auf der nördlichen von Westen über Norden nach Osten, auf der südlichen von Westen über Süden nach Osten, also hier in demselben, dort im entgegengesetzten Sinne mit der Rotation der Erde.

Wir machen noch auf die Unklarheit der Vorstellungen aufmerksam, welche man gewöhnlich mit der Erklärung dieser Erscheinung verbindet. Man spricht dabei von der Drehung der Schwingungs*ebene* des Pendels, unter der man die Ebene verstanden wissen will, welche durch die aufeinanderfolgenden Lagen der Pendelstange erzeugt wird. Für ein Pendel, welches die Richtung seiner Schwingungen wirklich nicht ändert, ist eine solche auch in der That vorhanden. Aber ein Pendel auf der Erdoberfläche besitzt wegen der Axendrehung der Erde eine solche Ebene gar nicht; das Pendelatom beschreibt vielmehr die complicirtesten Kurven, die Pendelstange ebenso complicirte Flächen; von einer Schwingungsebene und einer Drehung derselben kann also gar nicht die Rede sein, und sie höchstens ideal behauptet werden, indem man in jedem Augenblicke die Ebene fixirt, welche die Pendelstange beschreiben würde, wenn sie in der Richtung sich wirklich fortbewegte, die sie in diesem Augenblicke gerade besitzt. Und selbst für das an einem Pole anzustellende Experiment ist eine solche Behauptung nur in *dem* Falle begründet, wenn die freie Bewegung des Pendels aus seiner Ruhelage her beginnt, indem alsdann der den Pol umgebende Theil der Erdoberfläche gegen das stets in derselben Ebene schwingende Pendel sich herumdreht, diese also scheinbar in entgegengesetzter Richtung rotirt. Anderenfalls aber müßte auch hier das Atom des Pendels von der durch die Rotation erzeugten Kraft ergriffen werden, und würde dadurch seine unveränderliche Schwingungsebene verlieren.

§. 134*.

Bewegung eines Atoms auf einer rotirenden Geraden.

Auf einer starren Geraden, die in dem Punkte O (Fig. 93ᵃ) fest ist, kann sich ein Atom frei bewegen. Man soll die Art seiner Bewegung ermitteln, wenn die Gerade mit beliebiger Geschwindigkeit um O in einer Ebene rotirt, und das Atom von keinen äußeren Kräften angegriffen ist.

Nach unserer Auffassungsweise ist innerhalb der einzelnen Zeitintervalle, welche eine Dauer von $\frac{1}{n}$ Sekunde besitzen, jede Bewegung geradlinig; daher kann sich das Atom auch nur zu Beginn und am Schluß dieser einzelnen Zeitabschnitte auf der rotirenden Geraden befinden; innerhalb derselben ist es in seiner geradlinigen Bewegung nicht behindert.

OA sei die Lage der rotirenden Geraden, wenn die Bewegung m n^{tel} Sekunden angedauert hat; sie werde bestimmt durch den Winkel AOX = φ^{m}, den ihre Richtung mit der festen Axe OX bildet; das sich gleichzeitig bewegende Atom befinde sich zu derselben Zeit in A, in der Entfernung OA = r_m vom festen Centrum, und besitze eine augenblickliche Geschwindigkeit', vermöge deren es in der beginnenden n^{tel} Sekunde der Richtung und Größe nach den Weg AB zurücklegt. Nach den Bedingungen der Aufgabe liegt B wieder auf der durch O gehenden Geraden, deren neue Lage, am Schluß dieses Zeitabschnitts, OB ist, und mit OX den Winkel BOX = φ_{m+1} bildet; OB sei = r_{m+1}. In der nächsten n^{tel} Sekunde gelange die Gerade in die Lage OC, welche durch den Winkel φ_{m+2} bestimmt ist. Das Atom B würde in derselben Zeit vermöge seiner Trägheit in der Richtung AB um die Strecke BD fortschreiten, die gleich AB ist; da es aber vielmehr nach einem Punkte der Geraden OC kommen muß, so muß noch ein anderer Impuls auf B einwirken, der im Verein mit BD dem Atome die geeignete Geschwindigkeit verleihet. Dieser Impuls wird durch einen Stoß der Geraden in der Richtung BB' bewirkt, wenn OB' = OB ist. Denn da der Punkt B der Geraden selber in dem betrachteten Zeitraume die Strecke BB' beschreibt, so wird er auch das in ihm befindliche Atom in derselben

Richtung fortzuführen streben. Zieht man also durch D die Gerade C′C parallel mit BB′, und CE parallel DB, so giebt BE den Weg an, den vermöge des Impulses der Geraden das Atom B in der n^{tel} Sekunde zurücklegen würde, und die Diagonale BC des aus BD und BE construirten Parallelogramms den wirklichen Weg des Atoms während dieser Zeit. Am Schlusse derselben befindet es sich also in dem Punkte C auf der Geraden OC, in der Entfernung $OC = r_{m+2}$ von O.

Es sollen nun zunächst BE und r_{m+2} ermittelt werden, indem r_m, r_{m+1}, φ_m, φ_{m+1} und φ_{m+2} als gegeben vorausgesetzt werden. Der Abkürzung wegen bezeichnen wir aber diese Größen entsprechend mit r_2, r, r_1, φ, φ_1, φ_2.

Man fälle von A und D aus auf OC′ die Lothe AF und DG; aus der Congruenz der Dreiecke BAF und BDG folgt ihre Gleichheit.

Nun ergiebt sich aus dem gleichschenkligen Dreiecke COC′

$$CC' = 2.OC.\sin\frac{COC'}{2}$$

d. h.

$$CC' = 2r_2\sin\tfrac{1}{2}(\varphi_2-\varphi_1);$$

ferner ist

$$DC' = \frac{DG}{\sin DC'G},$$

aber

$$DG = AF = r\sin(\varphi_1-\varphi)$$

und

$$\angle DC'G = \frac{\pi}{2}-\tfrac{1}{2}(\varphi_2-\varphi_1)$$

also

$$DC' = \frac{r\sin(\varphi_1-\varphi)}{\cos\frac{1}{2}(\varphi_2-\varphi_1)}.$$

Nun ist aber $EB = CD = CC'-DC'$, also vermöge der obigen Werthe

$$\text{(I)}\quad BE = \frac{r_2\sin(\varphi_2-\varphi_1)-r\sin(\varphi_1-\varphi)}{\cos\frac{1}{2}(\varphi_2-\varphi_1)}.$$

In diesem Ausdruck für BE ist noch r_2 unbekannt, zu dessen Ermittelung wir uns jetzt wenden.

Man mache $OA' = OA = r_m$; dann ist

$$\text{(1)}\quad OC' = r_2 = OB+BC';$$

hier ist OB bekannt $= r_1$, aber

$$BC' = BG + GC',$$

so daß noch BG und GC' durch die gegebenen Größen auszudrücken sind.

$$BG = BF = OB - OF = r_1 - r\cos(\varphi_1 - \varphi),$$

$$GC' = DG \operatorname{ctg} DC'G$$

$$= (\text{s. o.})\ r\sin(\varphi_1 - \varphi)\operatorname{tg}\tfrac{1}{2}(\varphi_2 - \varphi_1).$$

Mit Hülfe dieser Werthe wird die (1) nach leichten Reductionen

$$\text{(II)}\quad r_2 = 2r_1 - r\left(1 - \frac{2\sin\frac{1}{2}(\varphi_1 - \varphi)\sin\frac{1}{2}(\varphi_2 - \varphi)}{\cos\frac{1}{2}(\varphi_2 - \varphi_1)}\right).$$

Unter der speciellen Voraussetzung, daß die starre Gerade mit constanter Winkelgeschwindigkeit θ rotire, ist

$$\varphi_2 - \varphi_1 = \varphi_1 - \varphi = \frac{\theta}{n};$$

dann nimmt der vorstehende Ausdruck für r_{m+2} die Gestalt an

$$r_2 = 2r_1 - r\left(1 - \frac{2\sin\frac{\theta}{2n}\sin\frac{\theta}{n}}{\cos\frac{\theta}{2n}}\right),$$

was

$$\text{(II')}\quad r_2 = 2r_1 - r\left(1 - 4\sin^2\frac{\theta}{2n}\right)$$

ergiebt.

Ist auch noch $n = \infty$, d. h. erfolgen die Impulse der starren Geraden unendlich oft mal in der Sekunde, so ist der Bogen für den sin. selbst zu setzen, und man hat

$$\text{(II)}_0\quad r_2 = 2r_1 - \left(1 - \frac{\theta^2}{n^2}\right)r.$$

Unter dieser letzten Voraussetzung, für welche die (II)_0 Statt hat, wollen wir nun die von dem Atom beschriebene Bahncurve ermitteln, d. h. eine Gleichung zwischen dem Radius Vector r_{nt} und dem zugehörigen Winkel θt herleiten, durch welche der Ort des Atoms zu irgend einer Zeit t bestimmt wird.

Die Gleichung (II)_0 kann

$$\text{(2)}\quad r_{m+2} - 2r_{m+1} + \left(1 - \frac{\theta^2}{n^2}\right)r_m = 0$$

geschrieben werden *). In §. 55 ist aber das Verfahren angegeben

*) Nach dem, was in der Anmerkung, Seite 79, angeführt ist, läßt sie sich auch

$$\Delta^2 r = \frac{\theta^2}{n^2}\cdot r,$$

worden, wie man aus Gleichungen dieser Art den Werth von r_m entwickeln kann. Darnach ist

$$r_m = Ap^m + Bq^m,$$

wenn A und B willkürliche, nach den Bedingungen der Aufgabe zu bestimmende, Constanten, aber p und q die beiden Wurzeln der quadratischen Gleichung

$$u^2 - 2u + 1 - \frac{\theta^2}{n^2} = 0$$

bezeichnen. Letztere Gleichung liefert

$$u = 1 \pm \frac{\theta}{n},$$

daher ist

$$p = 1 + \frac{\theta}{n}, \quad q = 1 - \frac{\theta}{n},$$

und zunächst

$$r_m = A\left(1 + \frac{\theta}{n}\right)^m + B\left(1 - \frac{\theta}{n}\right)^m.$$

Jetzt werde aber unter r_m die Größe verstanden, welche der Radius Vector nach t Sekunden besitzt, während deren die Bewegung des Atoms gedauert habe; da alsdann $m = nt$ ist, so hat man für diese Zeit

$$r_{nt} = A\left(1 + \frac{\theta}{n}\right)^{nt} + B\left(1 - \frac{\theta}{n}\right)^{nt}.$$

Wie in demselben §. angeführt ist, ist für ein unendlich großes n

$$\left(1 \pm \frac{\theta}{n}\right)^n = e^{\pm\theta}, \quad e = 2{,}7182818\ldots,$$

also

$$(3) \quad r_{nt} = Ae^{\theta t} + Be^{-\theta t}.$$

Man hat mithin die verlangte Polargleichung der Kurve, wenn man noch in (3) A und B bestimmt. Dazu sei gegeben, daß zu Anfang der Bewegung, d. h. für $t = 0$, das Atom die Entfernung a vom Centrum besitze. Stellt also in der Figur 93ª A

---

oder, wenn man $\frac{\theta}{n} = \Delta\theta$ setzt,

$$\frac{\Delta^2 r}{\Delta\theta^2} = r$$

schreiben, was auf die Differentialgleichung (S. 224, Anm.) des Problems $\frac{\partial^2 r}{\partial\theta^2} = r$ führt.

den anfänglichen Ort des Atoms vor, so ist $OA = r_0 = a$, aber auch $r_1 = a = OA'$, weil anfangs das noch ruhende Atom nur die Geschwindigkeit des Punktes A der starren Geraden annimmt. Aus der (3) folgt nun für $t = 0$

$$(3')\quad r_0 = a = A + B,$$

und für $t = \frac{1}{n}$

$$r_1 = a = Ae^{\frac{\theta}{n}} + Be^{-\frac{\theta}{n}},$$

oder nach den bekannten Reihen

$$e^{\pm\frac{\theta}{n}} = 1 \pm \frac{1}{1!}\frac{\theta}{n} + \frac{1}{2!}\frac{\theta^2}{n^2} \pm \cdots$$

mit Vernachlässigung aller Glieder von höherem als dem ersten Grade

$$a = A\left(1+\frac{\theta}{n}\right) + B\left(1-\frac{\theta}{n}\right)$$

$$= a + A\frac{\theta}{n} - B\frac{\theta}{n},$$

also

$$(3'')\quad 0 = A - B.$$

Die (3') und (3'') ergeben

$$A = B = \frac{a}{2},$$

mithin für die Gleichung der Kurve

$$(4)\quad r = \frac{a}{2}(e^{\theta t} + e^{-\theta t}).$$

Auch die Größe der Seitenwege BE, deren allgemeiner Werth in der (I) angegeben ist, läßt sich nun für unseren speciellen Fall vollständig durch die Constanten der Aufgabe bestimmen. Wir wollen die Stoßkraft der starren Geraden mit λ bezeichnen; dann ist der einzelne Impuls $= \frac{\lambda}{n}$, und der Weg, welcher in Folge eines solchen Impulses in $\frac{1}{n}$ Sekunde zurückgelegt wird, wie BE, $= \frac{\lambda}{n^2}$. Unter der Voraussetzung, daß die starre Gerade mit constanter Winkelgeschwindigkeit θ rotirt, nimmt die (I) die Form

$$(I')\quad \frac{\lambda}{n^2} = \frac{(r_{m+2} - r_m)\sin\frac{\theta}{n}}{\cos\frac{\theta}{2n}}$$

an, und wenn n noch unendlich groß angenommen wird, also $\sin\frac{\theta}{n} = \frac{\theta}{n}$, $\cos\frac{\theta}{2n} = 1$ zu setzen ist, erhält man

$$(\mathrm{I})_0 \quad \frac{\lambda}{n^2} = \frac{\theta}{n}(r_{m+2} - r_m).$$

Zur Zeit t ist $m = nt$, $m+2 = nt+2 = n\left(t+\frac{2}{n}\right)$; die (4) giebt also unmittelbar den Werth von r_m an; und setzt man in ihr $t+\frac{2}{n}$ für t, so erhält man den Werth von r_{m+2}; berücksichtigt man, daß die darin vorkommenden Exponentialgrößen $e^{\pm\frac{2\theta}{n}}$ wegen des unendlich kleinen Exponenten nur $= 1 \pm \frac{2\theta}{n}$ sind, so findet sich

$$r_{m+2} = r_m + \frac{a\theta}{n}(e^{\theta t} - e^{-\theta t}),$$

mithin

$$r_{m+2} - r_m = \frac{a\theta}{n}(e^{\theta t} - e^{-\theta t}),$$

also vermöge $(\mathrm{I})_0$

$$(5) \quad \lambda = a\theta^2(e^{\theta t} - e^{-\theta t}).$$

Anmerkung 1. Die vorstehend behandelte Aufgabe muß übrigens, als specieller Fall einer Centralbewegung, den allgemeinen Gesetzen unterworfen sein, welche zu Anfang dieses Kapitels (§. 124 f.) entwickelt, und durch die beiden Gleichungen ((III) und (IV'), §. 125)

$$x_2 - 2x_1 + x = \frac{X_1}{n^2} - \frac{k_1 x_1}{n^2 l_1},$$

$$y_2 - 2y_1 + y = \frac{Y_1}{n^2} - \frac{k_1 y_1}{n^2 l_1}$$

ausgedrückt sind. Wir wollen kurz andeuten, wie sich diese Gleichungen für unser gegenwärtiges Problem gestalten, und wie sie ebenfalls auf die oben hergeleitete Gleichung (II) zurückführen.

Zunächst ist zu bemerken, daß hier keine Centralkräfte k vorhanden sind, mithin die vorstehenden Gleichungen sich zu

$$(6) \quad x_2 - 2x_1 + x = \frac{X_1}{n^2},$$

$$(7) \quad y_2 - 2y_1 + y = \frac{Y_1}{n^2},$$

vereinfachen. Indem wir ferner betreffs der Bedeutung der Buchstaben x, ..., y, ..., X und Y auf §. 125 verweisen, ergiebt sich leicht aus Fig. 93^a, wo noch OY senkrecht zu OX gezogen ist, daß

$$x = r\cos\varphi, \ldots; \quad y = r\sin\varphi, \ldots$$

und daß BE mit den beiden Axen OX und OY die Winkel $\frac{\pi}{2} + \frac{\varphi_2 + \varphi_1}{2}$, resp. $\frac{\varphi_2 + \varphi_1}{2}$ bildet, mithin die Componenten von BE nach diesen Richtungen entsprechend

$$\frac{X_1}{n^2} = -BE.\sin\tfrac{1}{2}(\varphi_2 + \varphi_1)$$

und

$$\frac{Y_1}{n^2} = BE.\cos\tfrac{1}{2}(\varphi_2 + \varphi_1)$$

sind.

Die Gleichungen (6) und (7) sind daher identisch mit den folgenden:

$$r_2\cos\varphi_2 - 2r_1\cos\varphi_1 + r\cos\varphi = -BE.\sin\tfrac{1}{2}(\varphi_2 + \varphi_1),$$
$$r_2\sin\varphi_2 - 2r_1\sin\varphi_1 + r\sin\varphi = \quad BE.\cos\tfrac{1}{2}(\varphi_2 + \varphi_1),$$

deren Division nach einfachen Reductionen auf die Gleichung

$$\text{(III)} \quad r_2 - 2r_1 + r\cdot\frac{\cos(\varphi - \frac{1}{2}(\varphi_2 + \varphi_1))}{\cos\frac{1}{2}(\varphi_2 - \varphi_1)} = 0$$

führt. Der Coefficient von r ist gleich

$$1 - \frac{\cos\frac{1}{2}(\varphi_2 - \varphi_1) - \cos(\varphi - \frac{1}{2}(\varphi_2 + \varphi_1))}{\cos\frac{1}{2}(\varphi_2 - \varphi_1)}$$
$$= 1 - \frac{2\sin\frac{1}{2}(\varphi_1 - \varphi)\sin\frac{1}{2}(\varphi_2 - \varphi)}{\cos\frac{1}{2}(\varphi_2 - \varphi_1)},$$

wodurch die Identität der (II) und (III) erwiesen ist.

Anmerkung 2. Man könnte auch unsere gegenwärtige Aufgabe dahin erweitern, daß man noch äußere Kräfte, z. B. die Erdschwere g, auf das Atom A (Fig. 93^a) einwirken läßt. Doch übergehen wir die nähere Betrachtung dieses Falles.

Siebentes Kapitel.

Die Keplerschen Gesetze.

§. 135.

Wir haben schon früher (§. 76) das dritte der drei Keplerschen Gesetze unter der Voraussetzung, daß die Planeten Kreisbahnen um die Sonne beschreiben, als eine unmittelbare Folgerung der für die Schwungkraft geltenden Theoreme hergeleitet. Wir betrachten jetzt diese Gesetze im Zusammenhange und in ihren Consequenzen. Sie lauten:

1) Die Planeten beschreiben Ellipsen um die Sonne, die in einem Brennpunkte dieser Kurven steht.

2) Die Radien Vectoren, welche man von diesem Brennpunkt nach dem sich bewegenden Gestirne zieht, beschreiben in gleichen Zeiten gleiche Sectoren.

3) Die Quadrate der Umlaufszeiten der verschiedenen Planeten verhalten sich wie die Kuben ihrer mittleren Entfernungen von der Sonne.

§. 136.

Das zweite Keplersche Gesetz. Wir entwickeln zunächst das zweite Gesetz, das in viel größerer Allgemeinheit gilt, als es bei der Planetenbewegung ausgesprochen wird, und das im folgenden Lehrsatz enthalten ist:

Wenn ein bewegtes Atom von einem festen Centrum nach einem beliebigen Gesetze, welches sich selbst ändern kann, angezogen oder abgestoßen wird, so beschreiben die vom Attractionscentrum nach dem Atom gezogenen

Radien Vectoren in gleichen Zeiten gleiche Flächenräume.

Der Beweis wird am besten und mit völliger Strenge geometrisch geführt. M (Fig. 101) sei die anziehende Masse, A das angezogene Atom; AA′ der Weg, den vermöge des ersten, anziehenden Impulses A in der ersten n^{tel} Sekunde, und AA″ der Weg, den es vermöge seiner Anfangsgeschwindigkeit in derselben Zeit zurücklegen würde. Nach dem Parallelogramm der Kräfte befindet es sich also zu Ende dieses Zeittheilchens in B; hier erhält es dann den Impuls nBB′ von M aus, dessen Intensität aber mit der von AA′ keinen Zusammenhang zu haben braucht; durch seine Trägheit würde es im zweiten Zeittheilchen den Weg BB″ = AB beschreiben, mithin gelangt es in dieser Zeit nach C. Auf diese Weise ist sein Weg ABCDEFGH... zu construiren, der ihm durch die Impulse AA′, BB′ (anziehend), CC′, DD′ (abstoßend), EE′ (anziehend), u. s. w. vorgeschrieben wird. In F und G hat man sich die Centralkraft plötzlich vernichtet gedacht, weshalb sich das Atom nun in gerader Linie mit constanter Geschwindigkeit weiter bewegt.

Weil BB″ = AB, so ist △BB″M = △BAM, und da B″C parallel BM, so ist △MCB = △MBB″, folglich △MCB = △MAB.

Auf gleiche Weise zeigt man, daß die folgenden Dreiecke MCD, MDE, MEF u. s. w. eben so groß sind wie ABM. Es sind also die vom Radius Vector in den einzelnen Zeittheilchen beschriebenen Dreiecke einander gleich.

Man sieht, daß der eben bewiesene Satz ein specieller Fall des in §. 124 bewiesenen Theorems ist, welchem die Figur 88 zugehört, und welches in das zweite Keplersche Gesetz übergeht, wenn die Kräfte p daselbst sämmtlich gleich Null sind.

§. 137.

Folgerung. KLN (Fig. 102) sei die gebrochene oder krummlinige Bahn eines Atoms, das von dem festen Atom M angezogen wird, für dessen Bewegung also das zweite Keplersche Gesetz gilt (§. 136); ferner sei AB der von ihm in einer n^{tel} Sekunde mit der Geschwindigkeit v, und A′B′ der in einer spätern n^{tel} Sekunde mit der Geschwindigkeit v′ zurückgelegte Weg; endlich seien MC = p, MC′ = p′

die auf die Richtungen dieser Wege von M aus gefällten Perpendikel; dann hat man:

$$AB = \frac{v}{n}, \quad A'B' = \frac{v'}{n};$$

$$\triangle MAB = \frac{pv}{2n}, \quad \triangle MA'B' = \frac{p'v'}{2n},$$

folglich nach dem zweiten Keplerschen Gesetze

$$pv = p'v'$$

oder

$$v : v' = p' : p.$$

Darin ist das für jede Centralbewegung gültige wichtige Gesetz ausgesprochen, daß die Geschwindigkeiten des bewegten Atoms umgekehrt proportional den Entfernungen des Centrums von den jedes Mal durchlaufenen Tangenten der Kurve sind. Je näher also im Allgemeinen die angezogenen Körper den anziehenden sind, um so größer ist ihre Geschwindigkeit.

§. 138.

Das erste Keplersche Gesetz. Wir wollen hier beweisen, daß, wenn eine nach dem Brennpunkt einer Ellipse gerichtete stetige Kraft ein Atom in dieser Kurve fortführt, diese Kraft dem Newtonschen Gesetz unterworfen sein muß.

Das Atom C (Fig. 103) hat in einer n^{tel} Sekunde die unendlich kleine Sehne CB = a der Ellipse durchlaufen, so daß es sich vermöge der Trägheit in dem nächsten Zeittheilchen in derselben Richtung durch die gleiche Strecke BA fortbewegen würde; ein nach dem Brennpunkt F gerichteter Impuls der stetigen Kraft, welcher das Atom in B erfaßt, bewirkt aber, daß es statt nach A nach dem Punkte D der Ellipse gelangt, in welchem die durch A mit dem Radius Vector BF = r parallel gezogene Sekante AE die Kurve schneidet. Legt man also zur Construction des Parallelogramms der Kräfte durch D die Gerade DB' parallel mit AB, so stellt BB' die Strecke vor, welche in Folge des in B wirksamen Impulses der Centralkraft das Atom in der beginnenden n^{tel} Sekunde zurücklegen würde, und welche der n^{te} Theil des Impulses selber ist. Man muß also BB' oder das ihm gleiche AD = x berechnen, um das Gesetz der wirksamen Kraft zu ermitteln; denn wenn dieselbe an der Stelle **B** von der Größe k ist, so ist ihr Impuls $\frac{k}{n}$, also $x = \frac{k}{n^2}$.

Wir gehen zur Bestimmung von x von folgender Eigenschaft der Ellipse aus. Wenn von einem beliebigen Punkte A (Fig. 104) der Ebene des Kegelschnitts zwei beliebige Sekanten ABC und ADE, und von irgend einem anderen Punkte A' zwei den ersteren parallele Linien A'B'C' und A'D'E' durch die Kurve gezogen werden, so hat man zwischen den Abschnitten dieser Sekanten die Relation

$$(1) \quad \frac{AB . AC}{AD . AE} = \frac{A'B' . A'C'}{A'D' . A'E'}.$$

Zum Beweise dieses Satzes, der übrigens für alle Kegelschnitte gültig ist, denke man die Figur 104^a, die einen Kreis mit zwei sich schneidenden Sekanten AQR und AST vorstellt, auf irgend eine Ebene projicirt, indem man durch alle ihre Linien eine Gerade parallel mit sich herumführt (vgl. §.119). Weil dadurch der Mantel eines Cylinders erzeugt wird, so ist die Projection des Kreises eine Ellipse, als der Durchschnitt einer Ebene mit jenem Mantel. Bezeichnet man nun die Projectionen von AQR und AST entsprechend mit ABC und ADE (Fig. 104), so hat man, weil die Projectionen den projicirten Linien proportional getheilt sind:

$$\frac{AB}{AQ} = \frac{AC}{AR} = \alpha, \quad \frac{AD}{AS} = \frac{AE}{AT} = \beta,$$

wo α und β bestimmte Zahlenwerthe bedeuten; es ist also

$$AB = \alpha . AQ, \quad AD = \beta . AS,$$
$$AC = \alpha . AR, \quad AE = \beta . AT.$$

Da aber nach einer bekannten Eigenschaft des Kreises AQ.AR = AS.AT ist, so folgt aus den obigen Relationen für die Secanten der Ellipse die Gleichung

$$AB . AC . \beta^2 = AD . AE . \alpha^2.$$

Indem man die Secanten A'B'C', A'D'E' ebenfalls als Projectionen zweier entsprechenden, den ersteren parallelen, Secanten desselben Kreises auffassen kann, besteht auch zwischen ihnen die analoge Gleichung

$$A'B' . A'C' \beta^2 = A'D' . A'E' \alpha^2.$$

Aus der Division dieser beiden Gleichungen geht die (1) hervor.

Zieht man also in der Ellipse, auf welcher sich das Atom bewegt (Fig. 103), durch F die Sehne A'C' parallel AC, verlängert BF über F hinaus bis zum anderen Durchschnitt G, und bezeichnet die Vectoren

$$FB = r, \quad FG = r', \quad FA' = \varrho, \quad FC' = \varrho',$$
$$AE = s, \quad AB = BC = a, \quad AD = x,$$
$$\angle BFH = \alpha, \quad \angle CBF = BFA' = \beta,$$

endlich den constanten in einer Sekunde beschriebenen Sector (§. 136) $= c$: so liefert die Anwendung des Satzes (1) auf die beiden sich in A und F schneidenden Systeme paralleler Sekanten

$$\frac{xs}{2a^2} = \frac{rr'}{\varrho\varrho'},$$
$$x = \frac{2a^2rr'}{\varrho\varrho's}.$$

$\triangle FBC$ ist $= \frac{1}{2} ar\sin\beta$, und, als der in einer n^{tel} Sekunde durchlaufene Sector, $= \frac{c}{n}$; daher

$$a = \frac{2c}{nr\sin\beta}.$$

Mit Hülfe dieses Werthes, und weil s, unendlich nahe an BG, sich auch nur unendlich wenig von dieser Sehne unterscheidet, d. h. $= r + r'$ gesetzt werden kann, geht der obige Ausdruck für x zunächst in

$$(2) \quad x = \frac{8c^2}{n^2r^2\left(\frac{1}{r} + \frac{1}{r'}\right)\varrho\varrho'\sin^2\beta}$$

über.

Die auf den Brennpunkt F als Pol und auf die nach dem nächsten Scheitel H gehende Axenrichtung bezogene Polargleichung der Ellipse ist

$$r = \frac{p}{1 + e\cos\alpha},$$

p ihr halber Parameter, e ihre Excentricität. Aus dieser Gleichung leitet man Ausdrücke für die Factoren ab, welche noch aus dem Nenner des letzten Werthes von x zu eliminiren sind. Denn ist der r benachbarte Vector $FD = r_1$, $\angle DFH = \alpha_1$, so folgt durch Subtraction von

$$1+e\cos\alpha = \frac{p}{r} \quad \text{und}$$

$$\frac{1+e\cos\alpha_1 = \frac{p}{r_1}}{2e\sin\frac{\alpha_1+\alpha}{2}\sin\frac{\alpha_1-\alpha}{2} = \frac{p(r_1-r)}{rr_1}},$$

und indem man zur Grenze übergeht, d. h. $r_1 = r$ und $\alpha_1 = \alpha$, also $\sin\frac{\alpha_1-\alpha}{2} = \frac{\alpha_1-\alpha}{2}$ setzt:

$$\frac{er\sin\alpha}{p} \quad \text{oder} \quad \frac{e\sin\alpha}{1+e\cos\alpha} = \frac{r_1-r}{r(\alpha_1-\alpha)}.$$

Beschreibt man aber mit $FB = r$ (Fig. 103[a]) um F einen Kreisbogen BD' zwischen den beiden Vectoren, so ist das Flächenstück DD'B wegen der unendlichen Kleinheit seiner Seiten als geradlinig zu betrachten; und weil $\angle DD'B = D'BF = \frac{\pi}{2}$, so ist

$$\frac{DD'}{D'B}, \quad \text{d. i.} \quad \frac{r_1-r}{r(\alpha_1-\alpha)} = \operatorname{tg} DBD' = \operatorname{ctg}\beta,$$

also

$$(3) \qquad \operatorname{ctg}\beta = \frac{e\sin\alpha}{1+e\cos\alpha}.$$

Hieraus ergiebt sich $\cos\beta = -e\cos(\alpha+\beta)$, also

$$\sin^2\beta = 1-e^2\cos^2(\alpha+\beta),$$

ferner aus der Figur (103) und der Gleichung der Ellipse:

$$1+e\cos(\alpha+\beta) = \frac{p}{\varrho},$$

$$1-e\cos(\alpha+\beta) = \frac{p}{\varrho'}.$$

Durch Multiplication dieser beiden Gleichungen erhält man sofort

$$1-e^2\cos^2(\alpha+\beta) = \frac{p^2}{\varrho\varrho'},$$

also

$$\varrho\varrho'\sin^2\beta = p^2,$$

und durch ihre Addition die eine interessante Eigenschaft der Ellipse involvirende Relation

$$\frac{1}{\varrho} + \frac{1}{\varrho'} = \frac{2}{p},$$

also auch

$$\frac{1}{r} + \frac{1}{r'} = \frac{2}{p}.$$

Mit Hülfe aller dieser Werthe wird die (2)

$$x = \frac{4c^2}{n^2 p r^2}$$

und

$$k = \frac{4c^2}{p} \cdot \frac{1}{r^2},$$

d. h.: die nach dem Brennpunkt gerichtete stetige Kraft, welche auf das die Ellipse durchlaufende Atom einwirkt, ist umgekehrt proportional seiner Entfernung von diesem Centrum, also die Newtonsche Gravitationskraft.

Anmerkung 1. Nach der sonst üblichen, von der unsrigen abweichenden Auffassungsweise einer krummlinigen Bewegung findet dieselbe in jedem Augenblick in der Richtung der betreffenden Tangente der Bahncurve Statt; sie ändert sich also momentan, d. h. selbst in dem unendlich kleinen Zeittheilchen von $\frac{1}{n}$ Sekunde noch unendlich oft mal, weil die treibende Kraft im strengsten Sinne des Wortes als stetig wirksam gedacht wird. Dem entsprechend besitzt alsdann zu Anfang einer gewissen Zeit das Atom in B die Richtung der Tangente BA (Fig. 105), und würde in der beginnenden n^{tel} Sekunde vermöge seiner augenblicklichen Geschwindigkeit bis A fortschreiten, während es in Wirklichkeit durch die stetige Centralkraft nach dem Punkte D der Ellipse gelangt, in welchem die Kurve von dem nach A gezogenen Radius Vector FA geschnitten wird; dann zeigt, weil die Radien AF und BF als parallel angesehen werden können, AD = BB′ den Weg an, den in dem angegebenen Zeitraume das Atom in Folge der stetigen Anziehung von F aus zurückgelegt haben würde, und welcher, wenn die Kraft in B = k ist, durch die Formel $s = \frac{1}{2} k t^2$ angegeben wird. Man erhält also, nicht übereinstimmend mit dem obigen Werthe $x = \frac{k}{n^2}$, nur die Hälfte dieser Linie, nämlich

$$AD = \frac{k}{2n^2}.$$

Dies bestetigt auch die Rechnung. Denn wenn

$$\angle AFB = \alpha_1 - \alpha = \delta$$

und AF = q gesetzt wird, so ist $\angle A = \beta - \delta$, folglich im $\triangle FAB$

$$\frac{\sin(\beta - \delta)}{\sin \beta} = \cos\delta - \sin\delta \operatorname{ctg}\beta = \frac{r}{q},$$

also, nach der Gleichung der Ellipse und wegen der (3)

$$\frac{p}{q} = (\cos\delta - \operatorname{ctg}\beta \sin\delta)(1 + e\cos\alpha)$$
$$= \cos\delta + \frac{p}{r_1} - 1,$$

woraus weiter

$$2\sin^2\frac{\delta}{2} = \frac{p(q-r_1)}{q r_1}$$

hervorgeht. Hier ist wieder $\frac{\delta}{2}$ statt $\sin\frac{\delta}{2}$, und rechts im Nenner r_1 für q zu setzen, weil das Product qr_1 eine endliche Größe ist, und sich die beiden Factoren doch nur unendlich wenig von einander unterscheiden. Dadurch erhält man

$$\frac{\delta^2}{2} = \frac{p(q-r_1)}{r_1^2},$$
$$q - r_1 = AD = \frac{\delta^2 r_1^2}{2p}.$$

Ferner ist

$$\triangle AFB = \frac{r^2\delta}{2} = \frac{c}{n},$$

also

$$\delta = \frac{2c}{nr^2}, \qquad \delta^2 = \frac{4c^2}{n^2r^4},$$

und

$$AD = \frac{2c^2}{n^2pr^2}.$$

Auf ähnliche Weise leitet man gewöhnlich die Formel für die Schwungkraft her. Nennt man dieselbe c, und ist v die Geschwindigkeit des Atoms, so hat man für den in $\frac{1}{n}$ Sekunde durch sie hervorgebrachten Weg x nach der Formel $s = \frac{1}{2}ct^2$

$$x = \frac{c}{2n^2};$$

aber nach der Figur (Fig. 106):

$$\frac{v^2}{n^2} = x(2r - x) = 2rx,$$
$$x = \frac{v^2}{2rn^2} = \frac{c}{2n^2},$$

also

$$c = \frac{v^2}{r}.$$

Anmerkung 2. Da die zu Grunde liegende Gleichung der Bahn $r = \frac{p}{1+e\cos\alpha}$ die Polargleichung aller Kegelschnitte ist, und sich für die verschiedenen Arten derselben nur durch die Werthe von e unterscheidet, so ist auch das erhaltene Resultat für alle Kegelschnitte gültig, und lautet in dieser Allgemeinheit, daß die nach dem Brennpunkt irgend eines Kegelschnittes gerichtete Kraft, welche auf ein denselben durchlaufendes Atom einwirkt, umgekehrt proportional dem Quadrat seiner Entfernung vom Brennpunkt sein muß.

§. 139.

Der Krümmungsradius der Kurven und allgemeiner Ausdruck für die Centralkraft. Wenn man in eine Kurve ein gleichseitiges Sehnenvieleck beschreibt, so werden sich die Seiten desselben immer mehr der Kurve nähern, je kleiner man sie annimmt, bis an der Grenze, d. h. wenn sämmtliche Sehnen unendlich klein sind, das Sehnenvieleck von unendlich vielen Seiten mit der Kurve selbst zusammenfällt. Die Kurve kann deshalb als eine gebrochene Linie betrachtet werden, deren einzelne Strecken unendlich klein sind. Die aufeinanderfolgenden Endpunkte der Sehnen sind dann die aufeinanderfolgenden Punkte der Kurve, die einzelnen Sehnen, die man Elemente der Kurve nennt, verlängert gedacht, ihre Tangenten an den betreffenden Punkten, und die auf denselben in ihren Mitten errichteten Lothe die zugehörigen Normalen der Kurve. Der Kreis, welcher durch drei, von zwei nächsten Elementen bestimmte Punkte der Kurve geht, heißt ihr Krümmungskreis an dieser Stelle, und hat hier mit der Kurve nicht nur eine Tangente, sondern auch die beiden bestimmenden Elemente gemeinschaftlich, während jeder andere Kreis, welcher dieselbe Tangente und denselben Berührungspunkt besitzt, nur ein Element mit der Kurve gemein hat. Der Krümmungsmittelpunkt, d. i. der Mittelpunkt jenes Kreises, ist der Durchschnittspunkt der beiden zugehörigen Normalen, und die gleichen Längen dieser beiden Normalen können, wegen der Kleinheit der Sehnen, als die Länge des Krümmungsradius angesehen werden. — Aus dieser Betrachtung folgt, daß man jede Kurve in aller Strenge als aus unendlich kleinen Theilen der Peripherien ihrer aufeinanderfolgenden Krümmungskreise zusammengesetzt denken, sie mithin an jeder Stelle durch das Element des zugehörigen Krümmungskreises ersetzen kann.

Nach dieser Auseinandersetzung denken wir uns nun ein Atom A (Fig. 107) die ganz beliebige Kurve K durchlaufen, indem es von einer nach dem festen Punkte O gerichteten stetigen Kraft afficirt sei. In A besitze es, in der Richtung der Tangente AT der Kurve, eine Geschwindigkeit v, so daß es vermöge seiner Trägheit mit dieser Geschwindigkeit in derselben Richtung fortgehen würde. Da es aber nach der Voraussetzung und im Anschluß an die vorher erörterte Auffassungsweise eben ein Element des Krümmungskreises in A durchläuft, dessen Radius ϱ auf der Normale AN liegt, so ist dazu (Kapitel III) die nach N gerichtete Schwungkraft $\frac{v^2}{\varrho}$ erforderlich. Diese kann nur von der auf AN gelegenen Componente der Centralkraft, welche in A von der Stärke k sei, geleistet werden; so daß man, wenn φ den Winkel NAO zwischen der Normalen AN und dem Radius Vector AO = r bezeichnet, $k \cos\varphi = \frac{v^2}{\varrho}$, also $k = \frac{v^2}{\varrho \cos\varphi}$ erhält. Bezeichnet nun l das vom Centrum O auf die Tangente gefällte Loth, so ist nach dem zweiten Keplerschen Gesetze für jede Centralbewegung vl constant, gleich 2c, wenn c den Flächeninhalt des in einer Sekunde beschriebenen Sectors angiebt. Man hat also

$$(1) \quad v = \frac{2c}{l} = \frac{2c}{r\cos\varphi},$$

und

$$(2) \quad k = \frac{4c^2}{\varrho r^2 \cos^3\varphi}.$$

Hierdurch ist für jeden besonderen Fall die wirkende Kraft bekannt, wenn sich ϱ, r und φ ermitteln lassen.

§. 140.

Eigenschaften der Ellipse. Bevor wir das vorstehende Resultat auf die Bewegung eines Atoms in einer Ellipse anwenden können, müssen wir Ausdrücke für den Krümmungsradius ϱ derselben und für einige andere dabei nothwendige Bestimmungsstücke ableiten.

Zu diesem Zwecke seien B und B_1 (Fig. 108) zwei benachbarte Punkte der Ellipse von den Halbaxen a und b, und ihre Mittelpunktscoordinaten x, y, resp. x_1, y_1. O sei der Mittelpunkt der Ellipse, BF = r, BF' = r' die beiden nach B gehenden Radien Vectoren; die Tangente in B bilde den Winkel α mit der verlängerten Hauptaxe; die zugehörige Normale bis zur Hauptaxe sei BC = n, bis zur kleinen Axe BG = n'; der Krümmungsradius BD = ϱ, die Mittelpunktscoordinaten des Krümmungsmittelpunktes D seien ξ und η; der Winkel zwischen Normale und Radius Vector FBC = F'BC = β, und Winkel BCA der Normale mit der Hauptaxe $= \alpha' = \frac{\pi}{2} - \alpha$. Dann giebt die Gleichung der Ellipse

$$\frac{x^2}{a^2} + \frac{y^2}{b^2} = 1, \quad \frac{x_1^2}{a^2} + \frac{y_1^2}{b^2} = 1,$$

und durch Subtraction

$$\frac{y_1 - y}{x_1 - x} = -\frac{b^2(x_1 + x)}{a^2(y_1 + y)},$$

also für $y_1 = y$, $x_1 = x$, weil B und B_1 unendlich nahe liegen:

$$\frac{y_1 - y}{x_1 - x} = -\frac{b^2 x}{a^2 y},$$

folglich (s. Fig.)

$$(1.) \quad \operatorname{tg}\alpha = \frac{b^2 x}{a^2 y}.$$

Daraus ergiebt sich

$$1 + \operatorname{tg}^2\alpha = \frac{1}{\cos^2\alpha} = \frac{a^4 y^2 + b^4 x^2}{a^4 y^2} = \frac{a^4 b^2\left(1 - \frac{x^2}{a^2}\right) + b^4 x^2}{a^4 y^2}$$
$$= \frac{b^2(a^2 - e^2 x^2)}{a^2 y^2},$$

wo e die Excentricität der Ellipse $\frac{\sqrt{a^2 - b^2}}{a}$ bezeichnet.

Nun ist aber bekanntlich

$$(2') \quad r = a - ex, \quad r' = a + ex,$$

folglich

$$(2) \quad rr' = a^2 - e^2 x^2,$$

daher

$$(3) \quad \cos\alpha = \frac{a y}{b\sqrt{r r'}},$$

und, wie sich mit Hülfe des obigen Werthes von $\operatorname{tg}\alpha$ sofort ergiebt:

$$(4) \quad \sin\alpha = \frac{b x}{a\sqrt{r r'}}.$$

Ferner ist die

$$(5) \quad \text{Subnormale } CA = y \operatorname{tg}\alpha = \frac{b^2 x}{a^2},$$

und

$$OC = x - \frac{b^2 x}{a^2} = e^2 x,$$

$$(6) \quad n = \frac{y}{\cos\alpha} = \frac{b}{a}\sqrt{r r'}, \qquad (6') \quad n' = \frac{x}{\sin\alpha} = \frac{a}{b}\sqrt{r r'},$$

$$(7) \quad n n' = r r', \qquad (7') \quad \frac{n}{n'} = \frac{b^2}{a^2} = \frac{p}{a},$$

da $\frac{b^2}{a}$ der halbe Parameter p der Ellipse ist. Dann hat man

$$e^2 x - \xi = \eta \operatorname{tg}\alpha = \frac{\eta b^2 x}{a^2 y},$$

und ebenso

$$e^2 x_1 - \xi \qquad = \frac{\eta b^2 x_1}{a^2 y_1},$$

also durch Subtraction:

$$e^2(x_1 - x) = \frac{\eta b^2}{a^2} \cdot \frac{x_1 y - y_1 x}{y_1 y} = \frac{\eta b^2}{a^2 y_1 y}\big((x_1 - x) y - (y_1 - y) x\big),$$

folglich für $x_1 = x$, $y_1 = y$ und mit Benutzung der obigen Werthe

$$(8) \quad \eta = \frac{a^2 e^2 y^3}{b^4} = \frac{(a^2 - b^2) y^3}{b^4}.$$

Wie sich leicht aus einer Betrachtung der Figur ergiebt, erhält man hieraus ξ, indem man bloß a und b, x und y vertauscht, wobei man aber ξ negativ nehmen muß, also

$$(8') \quad \xi = \frac{(a^2 - b^2) x^3}{a^4} \text{ *)}.$$

Es ist nun weiter

$$y + \eta = \frac{y}{b^2}(a^2 - e^2 x^2) = \frac{y r r'}{b^2},$$

*) Hieraus ergiebt sich auch schnell die auf den Mittelpunkt O der Ellipse bezogene Gleichung der Evolute, d. i. des geometrischen Ortes aller Krümmungs-

also endlich

$$(9)\quad \varrho = \frac{y+\eta}{\cos\alpha} = \frac{(rr')^{\frac{3}{2}}}{ab} = \frac{(nn')^{\frac{3}{2}}}{ab},$$

oder mit Hülfe des Werthes von $n' = \frac{a^2 n}{b^2}$, also $(nn')^{\frac{3}{2}} = \frac{n^3}{\frac{b^3}{a^3}}$,

und des halben Parameters der Ellipse $p = \frac{b^2}{a}$:

$$(10)\quad \varrho = \frac{n^3}{p^2}.$$

Dieser letzte Ausdruck für den Krümmungsradius gilt für alle Kegelschnitte.

§. 141.

Bestimmung der Centralkraft für die Bewegung eines Atoms in einer Ellipse. Bei einem Kegelschnitt geht vermöge des zuletzt angegebenen Werthes von ϱ ((10) §. 140) die oben (§. 139) erhaltene Formel (2) für die Centralkraft in

$$(\mathrm{I})\quad k = \frac{4c^2 p^2}{r^2 (n\cos\varphi)^3}$$

über, so daß man nur noch $n\cos\varphi$ auszuwerthen hat, um k als Function des Radius Vector r zu erhalten. Dieser Werth ist natürlich ein anderer, je nachdem der Sitz der Centralkraft verschieden ist.

1) **Das Centrum der Anziehung sei im Brennpunkt F** (Fig. 109). Dann ist φ der Winkel der Normalen n mit dem Radius Vector r, und man hat (§. 140)

$$OF = ae,\quad OC = e^2 x,\quad \text{also}\quad CF = e(a - ex) = er,$$

folglich, wenn α den Winkel zwischen Radius Vector und der Hauptaxe bezeichnet, und das Loth CI auf BF gefällt wird:

$$FI = -er\cos\alpha,\quad BI = r(1 + e\cos\alpha) = n\cos\varphi,$$

---

mittelpunkte (vgl. §. 9), zwischen ξ und η, denn $\frac{x^2}{a^2} = \left(\frac{a\xi}{a^2 - b^2}\right)^{\frac{2}{3}}$, $\frac{y^2}{b^2} = \left(\frac{b\eta}{a^2 - b^2}\right)^{\frac{2}{3}}$, also wegen der Gleichung der Ellipse:

$$(8)_0\quad \left(\frac{a\xi}{a^2 - b^2}\right)^{\frac{2}{3}} + \left(\frac{b\eta}{a^2 - b^2}\right)^{\frac{2}{3}} = 1.$$

und wegen der Polargleichung der Ellipse, $r = \frac{p}{1+e\cos\alpha}$:

$$n\cos\varphi = p\,{}^*),$$

also

$$(1)\quad k = \frac{4c^2}{pr^2},$$

womit der Satz des §. 138 wiederum bewiesen ist.

2) Die Centralkraft sei nach dem Mittelpunkt der Ellipse gerichtet. In diesem Falle ist OB (Fig. 110) der bewegliche Radius Vector r, und wenn $\angle BOC = \alpha$ gesetzt wird,

$$n\cos\varphi = r - e^2 x\cos\alpha = \frac{r^2 - e^2x^2}{r} = \frac{x^2 + y^2 - x^2 + \frac{b^2x^2}{a^2}}{r}$$

$$= \frac{b^2}{r},$$

mithin

$$k = \frac{4c^2p^2}{b^6}\cdot r = \frac{4c^2}{a^2b^2}\cdot r.$$

D. h.: Wenn ein Atom, welches von einer nach einem festen Punkt gerichteten Kraft getrieben wird, eine Ellipse um jenes Centrum als Mittelpunkt beschreibt, so ist die Kraft der Entfernung des Atoms von demselben proportional.

Dieser Satz bildet die Umkehrung des in §. 119 entwickelten Theoremes.

§. 142.

Das dritte Keplersche Gesetz. Die Ellipse, welche ein Planet um die Sonne beschreibt, habe die Halbaxen a und b, also

---

*) Da dieser $\angle\varphi$ mit dem in der Figur 108 durch β bezeichneten Winkel identisch ist, so folgt $\cos\beta = \frac{p}{n}$; auch ergiebt sich aus dem $\triangle CBF$ und den Formeln des §. 140 $\frac{\sin\beta}{\sin\alpha'} = \frac{e(a-ex)}{r} = e$, also $\sin\beta = e\sin\alpha' = e\cos\alpha$. Weil also $n = \frac{p}{\cos\beta}$, so ist $\varrho = \frac{p}{\cos^3\beta} = \frac{p}{(1-e^2\cos^2\alpha)^{\frac{3}{2}}}$; ebenso erhielte man für den Krümmungsradius ϱ_1 an einer anderen Stelle $\frac{p}{(1-e^2\cos^2\alpha_1)^{\frac{3}{2}}}$; und so $\left(\frac{\varrho}{\varrho_1}\right)^{\frac{2}{3}} = \frac{1-e^2\cos^2\alpha_1}{1-e^2\cos^2\alpha}$; ist also ϱ, ϱ_1, α, α_1 bekannt, so kann man die Excentricität e, darauf p und somit die beiden Halbaxen a und b berechnen; ein Verfahren, das sich zur Bestimmung der Gestalt der Erde anwenden läßt.

den Inhalt πab. Ist also, wie oben, der Sector, welchen der mit dem Gestirne bewegliche Radius Vector in einer Sekunde zurücklegt, gleich c, und die Umlaufszeit gleich t, so hat man

$$c = \frac{\pi ab}{t}.$$

Setzt man diesen Ausdruck in den oben ermittelten Werth für die Centralkraft, d. h. die Anziehungskraft der Sonne ein, welche in der Einheit der Entfernung (§. 138) gleich $\frac{4c^2}{p}$ ist, so erhält man dieselbe $k = \frac{4\pi^2 a^2 b^2}{pt^2}$ oder, weil $p = \frac{b^2}{a}$ ist, $k = \frac{4\pi^2 a^3}{t^2}$. Ebenso ist sie, wenn die große Halbaxe der elliptischen Bahn eines anderen Planeten mit a', und seine Umlaufszeit mit t' bezeichnet wird, auch

$$k = \frac{4\pi^2 a'^3}{t'^2};$$

folglich ist

$$\frac{a^3}{t^2} = \frac{a'^3}{t'^2},$$

d. h.: die Quadrate der Umlaufszeiten zweier Planeten verhalten sich zu einander wie die Kuben ihrer mittleren Entfernungen von der Sonne (vgl. §. 76).

Die Abweichung frei fallender Körper von der Verticalen.

§. 143.

Wir wollen jetzt als eine Anwendung des ersten Keplerschen Gesetzes die Größe der Abweichung berechnen, welche in Folge der Erdrotation die Richtung eines frei fallenden Körpers von der Verticalen östlich und südlich zeigen muß.

Stellt nämlich A_1NQS (Fig. 111) die Erdkugel, NS ihre Axe vor, ferner B einen Ort auf der Erdoberfläche unter dem Parallelkreis BDO von β^0 nördlicher Breite, und fällt in B ein Körper von der Höhe AB = h frei herab, so wirken auf ihn im Augenblick des Beginnes seiner Bewegung zwei Kräfte ein, 1) die Erdschwere g, welche ihn in der Richtung ABM nach dem Mittelpunkt M der Erde treibt, 2) die Rotationsgeschwindigkeit γ des Punktes A, in der horizontalen Richtung AA', parallel der Tangente BB' an den Parallelkreis BDO in B, die senkrecht ist auf BM' und BM, also senkrecht auf dem Meridian des Ortes B, NBS. Daher muß auch die durch AA′ gehende Bewegungsebene A′AM des Körpers senkrecht auf diesem Meridiane stehen, und der größte Kreis BC, in welchem sie die Erdoberfläche schneidet, mit dem Parallelkreis β in B die gemeinschaftliche Tangente BB′ haben. Weil aber die in M concentrirte Erdschwere dem fallenden Körper fortwährend Impulse ertheilt, deren Stärke umgekehrt proportional dem Quadrat seiner Entfernung von M ist, so muß nach dem ersten Keplerschen Gesetze seine Bahn AC der Bogen einer Ellipse, M der eine Brennpunkt derselben und AM offenbar die Richtung ihrer großen Axe sein. Die Länge der kleinen Axe hängt von der Stärke der seitlichen Anfangsgeschwindigkeit AA′ ab; auch würde der Körper, je unbedeutender dieselbe ist, um so kürzer um M umbiegen, so daß leicht ersichtlich ist, daß M der vom Scheitel A weiter entfernte Brennpunkt der Ellipse ist. Der Körper treffe die Erdoberfläche in C, und wenn gleichzeitig durch die Rotation der Erde B nach D gelangt ist, so giebt die Differenz $BC - BD = z$ die östliche Abweichung des Körpers an, falls wegen der Kürze der Zeit und wegen der Größe der Erde die beiden Bogen BC und BD als in dieselbe Richtung fallend angesehen werden dürfen. Sonst sind, wenn NOCS den Meridian des Ortes C darstellt, $DO = x$ und $OC = y$ die östliche und südliche genauen Coordinaten der Abweichung des fallenden Körpers.

Diese Größen sollen nun bestimmt werden.

Die auf den Brennpunkt M und die Richtung MA der Polaraxe bezogene Gleichung der Ellipse ist, wenn ϱ und φ den Radius Vector und den Winkel desselben mit der Axe, p und e aber den halben Parameter und die Excentricität der Ellipse bezeichnen,

$$(1) \quad \varrho = \frac{p}{1 - e\cos\varphi}.$$

Gleichzeitig hat man zwischen den genannten Constanten und den Halbaxen a und b der Ellipse die bekannten Relationen:

$$p = \frac{b^2}{a}, \qquad e = \sqrt{1 - \frac{b^2}{a^2}},$$

$$b = \sqrt{ap}, \qquad 1 - e^2 = \frac{b^2}{a^2} = \frac{p}{a}, \qquad a = \frac{p}{1 - e^2},$$

$$ab = a^{\frac{3}{2}} p^{\frac{1}{2}} = a^2 (1 - e^2)^{\frac{1}{2}} = \frac{p^2}{(1 - e^2)^{\frac{3}{2}}}.$$

Der Erdradius BM sei r; die Erdschwere, auf der Oberfläche gleich g, hat für A die Größe $\frac{gr^2}{(r+h)^2}$; diese auf die Bewegung von A wirksame Centralkraft ist aber auch überhaupt (§. 138) $= \frac{4c^2}{p\varrho^2}$; und weil die auf AM senkrechte Rotationsgeschwindigkeit von A γ genannt, also c, d. i. der Inhalt des constanten in einer Sekunde beschriebenen Sectors, $= \frac{\gamma(r+h)}{2}$ ist, so folgt für den Punkt A die Gleichung

$$\frac{\gamma^2 (r+h)^2}{p(r+h)^2} = \frac{gr^2}{(r+h)^2},$$

welche den Parameter durch die Constanten der Aufgabe

$$(2) \quad p = \frac{\gamma^2 (r+h)^2}{gr^2} = \frac{\gamma^2}{g}\left(1+\frac{h}{r}\right)^2$$

ausgedrückt liefert. Auch ergiebt noch die Gleichung der Ellipse für den Scheitel $A(\varphi=0)$

$$(3) \quad (r+h)(1-e) = p = r\left(1+\frac{h}{r}\right)(1-e),$$

wodurch nun implicite auch die Excentricität e bestimmt ist.

Zu dem Punkte C, in welchem die Ellipse die Erdoberfläche schneidet, ist der Radius Vector

$$MC = r,$$

und wenn man den zugehörigen $\angle CMA = \alpha$ nennt, so giebt ihre Gleichung

$$r = \frac{p}{1-e\cos\alpha}.$$

Hieraus kann man mit Hülfe der anderen schon entwickelten Werthe α und demgemäß den Bogen $BC = r\alpha$ bestimmen.

Aus

$$r-p = re\cos\alpha$$

leite man mit Hülfe von (3)

$$1-2\sin^2\frac{\alpha}{2} = 1-\frac{1-e}{e}\cdot\frac{h}{r},$$

$$\sin\frac{\alpha}{2} = \left(\frac{1-e}{2e}\right)^{\frac{1}{2}}\left(\frac{h}{r}\right)^{\frac{1}{2}}$$

ab; da α ein sehr kleiner Winkel ist, so findet man seine angenäherte Größe aus der bekannten Reihenentwicklung

$$(4) \quad \theta = \sin\theta + \tfrac{1}{2}\cdot\frac{\sin^3\theta}{3} + \text{etc.},$$

indem man von derselben nur die beiden ersten Glieder in Rechnung bringt; also

$$(\alpha)\quad \alpha = 2\left(\frac{1-e}{2e}\right)^{\frac{1}{2}}\left(\frac{h}{r}\right)^{\frac{1}{2}}+\tfrac{1}{3}\left(\frac{1-e}{2e}\right)^{\frac{3}{2}}\left(\frac{h}{r}\right)^{\frac{3}{2}},$$

$$(BC)\quad BC = r\alpha = r\left(\frac{1-e}{2e}\right)^{\frac{1}{2}}\left(\frac{h}{r}\right)^{\frac{1}{2}}\left(2+\frac{1-e}{6e}\cdot\frac{h}{r}\right).$$

Von größerer Schwierigkeit ist die Berechnung des Bogens BD des Parallelkreises, weil es sich dabei um Ausmittelung der Zeit τ handelt, die der Körper zu seinem Fall von A nach C gebraucht, und die gleich der Zeit ist, in welcher durch die Rotation der Erde B nach D gelangt. Wenn erst diese Zeit bekannt ist, so findet sich aus dem Radius BM' des Parallelkreises $= r\cos\beta$, und aus der Umdrehungszeit der Erde

$$t = 86164'',09:$$

$$(5)\quad BD = \frac{2\pi r\cos\beta.\tau}{t}.$$

Zur Bestimmung von τ verhilft das zweite Keplersche Gesetz. Da nämlich der in der ersten Sekunde vom Radius Vector der Ellipse beschriebene Sector (s. o.)

$$c = \tfrac{1}{2}\gamma r\left(1+\frac{h}{r}\right)$$

ist, so braucht nur die Größe des in τ Sekunden erzeugten Sectors

$$AMC = S$$

bestimmt zu werden, um aus der Gleichung

$$(6)\quad S = \tfrac{1}{2}\gamma r\left(1+\frac{h}{r}\right)\cdot\tau$$

den Werth der Zeit τ zu erhalten.

Es ist aber in Fig. 112 (Taf. XI) der elliptische Sector $S = MCA$ gleich $\frac{b}{a}$ mal dem Sector MC'A des Kreises, der aus dem Mittelpunkt N der Ellipse mit dem Radius a beschrieben ist; weil sich die Ordinaten dieses Kreises zu denen der Ellipse wie a:b verhalten. Der Kreissector ist nun

$$MC'A = C'NA + C'NM$$

also, wenn Winkel $C'NA = \delta$ gesetzt wird,

$$MC'A = \tfrac{1}{2}a^2\delta+\tfrac{1}{2}ae.a\sin\delta,$$
$$= \tfrac{1}{2}a^2(\delta+e\sin\delta),$$

folglich

$$(7)\quad S = \tfrac{1}{2}ab(\delta + e\sin\delta).$$

Aus (6) und (7) folgt

$$(8)\quad \tau = \frac{ab(\delta + e\sin\delta)}{\gamma r\left(1+\frac{h}{r}\right)}.$$

Weil aber (s. o.)

$$ab = \frac{p^2}{(1-e^2)^{\frac{3}{2}}} = \frac{r^2(1-e)^{\frac{1}{2}}\left(1+\frac{h}{r}\right)^2}{(1+e)^{\frac{3}{2}}} \quad ((3))$$

ist, so hat man

$$(9)\quad \tau = \frac{r\left(1+\frac{h}{r}\right)(1-e)^{\frac{1}{2}}(\delta + e\sin\delta)}{\gamma(1+e)^{\frac{3}{2}}},$$

woraus noch δ und $\sin\delta$ zu eliminiren sind.

Es findet aber bekanntlich (s. die (2′) des §. 140) für den Radius Vector einer Ellipse die Relation Statt

$$r = a + ex,$$

und da $x = a\cos\delta$ ist (Fig. 112), so hat man

$$1 + e\cos\delta = \frac{r}{a} = \frac{r(1-e^2)}{p} = \frac{1+e}{1+\frac{h}{r}};$$

hieraus ergiebt sich

$$\sin\frac{\delta}{2} = \left(\frac{1+e}{2e}\right)^{\frac{1}{2}} \cdot \frac{\left(\frac{h}{r}\right)^{\frac{1}{2}}}{\left(1+\frac{h}{r}\right)^{\frac{1}{2}}}.$$

Wegen der Kleinheit des Winkels δ ist wieder die (4) in ihren ersten beiden Gliedern anzuwenden, welche

$$\delta = 2\left(\frac{1+e}{2e}\right)^{\frac{1}{2}} \frac{\left(\frac{h}{r}\right)^{\frac{1}{2}}}{\left(1+\frac{h}{r}\right)^{\frac{1}{2}}} + \tfrac{1}{3}\left(\frac{1+e}{2e}\right)^{\frac{3}{2}} \cdot \frac{\left(\frac{h}{r}\right)^{\frac{3}{2}}}{\left(1+\frac{h}{r}\right)^{\frac{3}{2}}}$$

liefert. Indem man hier alle den Grad $\frac{3}{2}$ übersteigende Potenzen von $\frac{h}{r}$ vernachlässigt, findet man

$$(\delta)\quad \delta = \left(\frac{1+e}{2e}\right)^{\frac{1}{2}} \cdot \left(\frac{h}{r}\right)^{\frac{1}{2}} \left(2 + \frac{1-5e}{6e} \cdot \frac{h}{r}\right).$$

Mit Hülfe dieses Werthes ist nun nach der Formel

$$(4') \quad \sin\delta = \delta - \frac{\delta^3}{6} + \text{etc.}$$

$\sin\delta$ bis zur dritten Potenz von δ auszurechnen; wenn man aber über $\left(\frac{h}{r}\right)^{\frac{3}{2}}$ hinaus die Potenzen dieser kleinen Größe vernachlässigt, so ist

$$\delta^3 = \left(\frac{1+e}{2e}\right)^{\frac{3}{2}} \left(\frac{h}{r}\right)^{\frac{3}{2}} \cdot 8,$$

und darnach

$$\delta + e\sin\delta = \delta(1+e) - \frac{e}{6}\delta^3 = \frac{(1+e)^{\frac{3}{2}}}{(2e)^{\frac{1}{2}}} \cdot \left(\frac{h}{r}\right)^{\frac{1}{2}} \left(2 + \frac{1-9e}{6e} \cdot \frac{h}{r}\right).$$

Dadurch erhält man aus (9) den schließlichen Werth von

$$(\tau) \quad \tau = \frac{r\left(1+\frac{h}{r}\right)(1-e)^{\frac{1}{2}} \left(\frac{h}{r}\right)^{\frac{1}{2}} \left(2 + \frac{1-9e}{6e} \cdot \frac{h}{r}\right)}{\gamma (2e)^{\frac{1}{2}}}.$$

Weil nun

$$(\gamma) \quad \gamma = \frac{2\pi r\left(1+\frac{h}{r}\right)\cos\beta}{t},$$

also

$$\frac{2\pi r\cos\beta}{t} = \frac{\gamma}{1+\frac{h}{r}}$$

ist, so ist nach der (5) auch

$$(5') \quad BD = \frac{\gamma}{1+\frac{h}{r}} \cdot \tau,$$

also vermöge des Werthes von τ

$$(BD) \quad BD = r\left(\frac{1-e}{2e}\right)^{\frac{1}{2}} \left(\frac{h}{r}\right)^{\frac{1}{2}} \left(2 + \frac{1-9e}{6e} \cdot \frac{h}{r}\right),$$

und schließlich BC—BD, d. i.

$$(z) \quad z = \tfrac{4}{3} r \left(\frac{1-e}{2e}\right)^{\frac{1}{2}} \left(\frac{h}{r}\right)^{\frac{3}{2}},$$

als Größe der Abweichung des von der Höhe $AB = h$ herabfallenden Körpers.

In diesem Resultat ist e keine unmittelbar gegebene Größe. Zu ihrer Bestimmung dienen die Gleichungen (2) und (3) in Verbindung mit (γ), aus denen man

$$(e') \quad 1-e = \frac{4\pi^2 r\left(1+\frac{h}{r}\right)^3 \cos^2\beta}{g t^2}$$

ableitet.

Zwischen der Excentricität e der elliptischen Bahn des fallenden Körpers und der für den Ort des Falles bestehenden Erdschwere findet ein merkwürdiger Zusammenhang Statt. Die Anziehungskraft der Erde in A ist nämlich

$$g' = \frac{g}{\left(1+\frac{h}{r}\right)^2},$$

und die Schwungkraft daselbst (§. 68) $c_\beta = \dfrac{4\pi^2 r\left(1+\frac{h}{r}\right)\cos\beta}{t^2}$ in der Richtung des Radius des Kreises wirksam, den der Punkt A bei der Rotation beschreibt. Daraus folgt zunächst $\frac{c_\beta}{g'} = \frac{1-e}{\cos\beta}$; da aber die Schwungkraft c_β von der Erdschwere in A geleistet werden muß, so wird dadurch (§. 80 und 79) die letztere um die Größe

$$c_\beta \cos\beta = (1-e) g'$$

vermindert, und die wirklich in A Statt findende Schwere g_0 ist nur von der Größe

$$g_0 = g' - (1-e) g' = g' e.$$

So erhält man für die Excentricität der Ellipse den Werth

$$(e) \quad e = \frac{g_0}{g'}.$$

Führt man diesen Werth in den Ausdruck für z ein, so ergiebt sich:

$$z = \tfrac{4}{3} r \cdot \frac{2\pi r^{\frac{1}{2}}\left(1+\frac{h}{r}\right)^{\frac{1}{2}}\cos\beta}{g'^{\frac{1}{2}} . t\left(\frac{2 g_0}{g'}\right)^{\frac{1}{2}}} \cdot \left(\frac{h}{r}\right)^{\frac{3}{2}},$$

d. i.

$$(z)' \quad z = \frac{4\pi\cos\beta}{3t}\sqrt{\frac{2h^3}{g_0}}.$$

Aus diesem Ausdruck ersieht man, daß die Abweichung z proportional dem cos. der geogr. Breite und der Quadratwurzel aus dem Kubus der Fallhöhe ist.

Die Reduction der (z) in die Form (z)' rührt von Herrn Mehler her, der dieses Problem, auf unseren Wunsch, ebenfalls behandelt hat.

§. 144.

Will man nun genauer zu Werke gehen, und die Coordinaten x und y (Fig. 111) der Abweichung bestimmen, so geschieht dieses mit Hülfe des sphärischen Dreiecks NBC, das bei B rechtwinklig ist, weil der größte Kreis BC auf dem Meridian NBS senkrecht steht. Außerdem kennt man in ihm

NB durch den Winkel $BMN = \beta' = \frac{\pi}{2} - \beta$,

BC durch den Winkel $BMC = \alpha$;

man kann also

sowohl $\angle BNC = \nu$ als $\angle CMN = \mu$

berechnen, welcher letztere die Hypotenuse NC mißt.

Zunächst handelt es sich um die Bestimmung der östlichen Abweichung DO = x. Es ist aber

$$x = DO = BO - BD = r\cos\beta.\nu - \frac{2\pi r\cos\beta.\tau}{t}$$

(§. 143, (5)) also

$$(1)\quad x = r\cos\beta\left(\nu - \frac{2\pi\tau}{t}\right).$$

Um den Werth von ν zu ermitteln, benutzen wir die Formeln des rechtwinkligen sphärischen Dreiecks, nämlich:

$$(2)\quad \sin\nu = \frac{\sin\alpha}{\sin\mu},$$

und

$$(3)\quad \cos\mu = \sin\beta\cos\alpha.$$

Aus der (2) folgt:

$$(2')\quad \sin\nu = \left(\frac{1-\cos^2\alpha}{1-\cos^2\mu}\right)^{\frac{1}{2}},$$

aber nach dem vorigen §.

$$\cos\alpha = 1 - \frac{1-e}{e}\frac{h}{r},$$

also

$$1-\cos^2\alpha = 2\,\frac{1-e}{e}\,\frac{h}{r}\left(1 - \frac{1-e}{2e}.\frac{h}{r}\right),$$

und mit Vernachlässigung aller den Grad $\frac{3}{2}$ übersteigenden Potenzen von $\frac{h}{r}$

$$(4)\quad (1-\cos^2\alpha)^{\frac{1}{2}} = 2^{\frac{1}{2}}\left(\frac{1-e}{e}\right)^{\frac{1}{2}}\left(\frac{h}{r}\right)^{\frac{1}{2}}\left(1-\frac{1-e}{4e}\frac{h}{r}\right);$$

ferner wegen der (3):

$$\cos\mu = \left(1-\frac{1-e}{e}\frac{h}{r}\right)\sin\beta,$$

$$1-\cos^2\mu = \cos^2\beta\left(1+2\frac{1-e}{e}\frac{h}{r}\left(1-\frac{1-e}{2e}\frac{h}{r}\right)\operatorname{tg}^2\beta\right),$$

$$(5)\quad (1-\cos^2\mu)^{-\frac{1}{2}} = \cos^{-1}\beta\left(1-\frac{1-e}{e}\frac{h}{r}\operatorname{tg}^2\beta\right),$$

also durch Multiplication von (4) und (5)

$$\sin\nu = \frac{2^{\frac{1}{2}}}{\cos\beta}\left(\frac{1-e}{e}\right)^{\frac{1}{2}}\left(\frac{h}{r}\right)^{\frac{1}{2}}\left(1-\frac{1-e}{4e}\frac{h}{r}-\frac{1-e}{e}\frac{h}{r}\operatorname{tg}^2\beta\right),$$

$$\sin^3\nu = \frac{2^{\frac{3}{2}}}{\cos^3\beta}\left(\frac{1-e}{e}\right)^{\frac{3}{2}}\left(\frac{h}{r}\right)^{\frac{3}{2}},$$

und durch

$$\nu = \sin\nu+\tfrac{1}{6}\sin^3\nu$$

schließlich

$$(\nu)\quad \nu = \frac{2}{\cos\beta}\left(\frac{1-e}{2e}\right)^{\frac{1}{2}}\left(\frac{h}{r}\right)^{\frac{1}{2}}\left(1-\frac{1-e}{e}\frac{h}{r}\left(\frac{2}{3\cos^2\beta}-\tfrac{3}{4}\right)\right).$$

Nach dem vorigen §. ist ferner (s. die (5) und (BD))

$$\frac{2\pi\tau}{t} = \frac{1}{\cos\beta}\left(\frac{1-e}{2e}\right)^{\frac{1}{2}}\left(\frac{h}{r}\right)^{\frac{1}{2}}\left(2-\frac{9e-1}{6e}\frac{h}{r}\right),$$

und so endlich nach der (1)

$$(x)\quad x = \tfrac{4}{3}r\left(\frac{1-e}{2e}\right)^{\frac{1}{2}}\left(\frac{h}{r}\right)^{\frac{3}{2}}\cdot\frac{1}{e}\left(1-\frac{1-e}{\cos^2\beta}\right) = \frac{z}{e}\left(1-\frac{1-e}{\cos^2\beta}\right)$$

$$= \tfrac{4}{3}h\left(\frac{1-e}{2e}\right)^{\frac{1}{2}}\left(\frac{h}{r}\right)^{\frac{1}{2}}\left(1-\frac{1-e}{e}\operatorname{tg}^2\beta\right).$$

§. 145.

Die Coordinate y, die südliche Abweichung, ist

$$y = r(\mu-\beta').$$

Nun ist aber

$$\cos\mu = \sin(\beta-\overline{\mu-\beta'}) = \sin\beta.\cos\alpha,$$

folglich

$$\cos\alpha = \frac{\sin(\beta-\overline{\mu-\beta'})}{\sin\beta} = \cos(\mu-\beta')-\operatorname{ctg}\beta\sin(\mu-\beta').$$

Da nun $\mu - \beta'$ ein sehr kleiner Winkel ist, kann man seinen cos $= 1$, und für den sin. den Winkel selber setzen, und erhält, wegen $\cos\alpha = 1 - \frac{1-e}{e}\frac{h}{r}$,

$$\mu - \beta' = \frac{1-e}{e}\frac{h}{r}\cdot \operatorname{tg}\beta,$$

also

$$(y) \quad y = \frac{1-e}{e} h \operatorname{tg}\beta.$$

Für $\beta = \frac{\pi}{2}$ sind alle drei Werthe z, x, y, gleich Null, da alsdann auch $1-e=0$ wird (vgl. die (e') des §. 143). Und in der That kann an den Polen keine Abweichung Statt finden. Für $\beta = 0$, am Aequator, ist $y = 0$, wie es auch sein muß.

§. 146.

Beispiel. Bekanntlich sind mehrfache Fallversuche angestellt worden, um die Abweichung der fallenden Körper experimentell zu ermitteln, z. B. von Benzenberg, im Jahre 1802 und 1803 im Michaelisthurm zu Hamburg, für welches die geogr. Breite $\beta = 53°33'$ beträgt, und sich bei einer Fallhöhe von 235' eine östliche Abweichung von $3''',95$ Par. herausstellte.

Mit großer Sorgfalt wurde aber i. J. 1831 ein gleicher Versuch von Reich im Dreibrüderschacht zu Freiberg ausgeführt, in einer geogr. Breite $\beta = 50°53'23''$. Die Höhe über der Ostsee ist hier 475^{m}, während die Fallhöhe h $158^{m},5182$ betrug. Reich beobachtete eine östliche Abweichung (x) von $28^{mm},396$, und eine südliche (y) von $4^{mm},374$, welche letztere Größe aber noch nicht außerhalb der Beobachtungsfehler fiel.

Wir wollen mit diesen Angaben die Größen z, x, y nach den oben entwickelten Formeln berechnen.

Für den Ort des Experiments ist $g = 9^{m},80986$ und nach Bessel der Erdradius gleich 6364880^{m} zu setzen. Da aber A (Fig. 111) 475^{m} über der Ostsee lag, und die Fallhöhe AB = h $158^{m},5182$ betrug, so nehmen wir den Erdradius $MB = r = 6364880 + 475 - h = 6365169^{m},5$ an.

Darnach ergiebt sich

$$\frac{h}{r} = 0{,}000024904,$$

ferner (nach der (e') §. 143)

$$1-e = 0{,}00137307$$

also

$$e = 0{,}99862693$$

und

$$z = 27^{mm}{,}65547,$$
$$x = 27^{mm}{,}59795,$$
$$y = 268^{mm}{,}0963.$$

Man sieht, wie genau der theoretische Werth der Abweichung z oder x mit der beobachteten östlichen Abweichung übereinstimmt, indem sich nur eine Differenz von $0^{mm}{,}741$ resp. $0^{mm}{,}798$ herausstellt *). Hingegen ergiebt die Theorie eine sehr bedeutende südliche Abweichung, welche die östliche fast um das Zehnfache übersteigt; während noch bei keinem Versuche überhaupt eine südliche Abweichung mit Sicherheit beobachtet werden konnte. Diese Differenz, welche nicht in Zufälligkeiten ihren Grund haben kann, findet ihre einfache Erklärung im folgenden Umstande. Die obigen Werthe für z, x, y sind unter der Voraussetzung hergeleitet worden, daß die Erde vollkommene Kugelgestalt besitze. Dann ist aber gerade in Beziehung auf die südliche Coordinate y = OC (Fig. 111) zu berücksichtigen, daß die Abweichung des Punktes C von der Verticalen durch ein Fernrohr ermittelt wird, dessen Axe die Richtung eines Bleilothes für den Ort O besitzt. Diese Richtung weicht aber nach §. 80 von der wahren Verticalen nach Süden um einen gewissen Winkel σ ab, so daß als südliche Ablenkung des herabgefallenen Körpers nicht OC sondern die Entfernung des Punktes C von demjenigen Punkte auf dem Meridian des Ortes O beobachtet wird, nach welchem das Bleiloth hingerichtet ist. Als angenäherte Größe für den Winkel σ ist in §. 80 $\frac{\sin 2\beta}{579{,}73}$ berechnet worden; aber aus dem Dreieck, von dem g' und c_β (§. 143, S. 276) zwei Seiten sind, deren letzterer der Winkel σ ge-

*) Gauß und Olbers haben dieselbe Aufgabe dem höheren Calcul unterworfen (vgl. Benzenberg, Fallversuche, 1804); aus ihren Formeln ergiebt sich für den Reich'schen Versuch die östliche Abweichung $27^{mm}{,}512$.

genüberliegt (Fig. 111*)), folgt genauer

$$\frac{c_\beta}{g'} = \frac{\sin\sigma}{\sin(\sigma+\beta)}$$

also (ebendas.)

$$\frac{1-e}{\cos\beta} = \frac{\sin\sigma}{\sin(\sigma+\beta)},$$

woraus man

$$\operatorname{tg}\sigma = \frac{1-e}{e}\operatorname{tg}\beta$$

ableitet. Nun ist aber die Entfernung des Punktes, wohin das Bleiloth zeigt, von O gleich $h\operatorname{tg}\sigma$, also $= \frac{1-e}{e} h\operatorname{tg}\beta = y$. D. h.: eine südliche Abweichung des fallenden Körpers muß bei diesem Grade der Annäherung und für die Beobachtung als verschwindend klein betrachtet werden. Wenn dennoch eine südliche Abweichung beobachtet wird, so muß diese in unbekannten Ursachen ihren Grund haben.

*) Dieses Dreieck ist in der Figur nicht gezeichnet, entspricht aber vollständig dem Dreieck BDE in Fig 53.

Achtes Kapitel.

Bewegung eines Systems, das aus zwei mit einander festverbundenen Atomgruppen besteht.

§. 147.

Den beiden Atomgruppen A und B, welche die unveränderliche Entfernung AB von einander besitzen sollen, werden gleichzeitig ganz beliebige und beliebig gerichtete anfängliche Geschwindigkeiten mitgetheilt. Wenn nun das System keinen weiteren Einflüssen unterworfen ist, also allein im Weltenraume bestehend gedacht wird, so geschieht seine ewig fortdauernde Bewegung in der Weise, daß sein Schwerpunkt auf gerader Linie mit gleichförmiger Geschwindigkeit fortschreitet, während gleichzeitig das System um diesen Schwerpunkt mit constanter Winkelgeschwindigkeit rotirt.

Diese Bewegung soll im Folgenden entwickelt werden, und zugleich sollen alle dabei vorkommenden Größen wirklich bestimmt werden.

§. 148.

Die Gruppen A und B mögen entsprechend λ und μ Atome enthalten (Fig. 113.). Die den beiden Gruppen ertheilten anfänglichen Geschwindigkeiten seien von der Größe a, bezüglich b, und mögen mit der Richtung ABX die Winkel α und β bilden. Weil dadurch die Entfernung zwischen beiden Gruppen verändert werden würde, so tritt jetzt zwischen ihnen eine Kraft auf, welche die ursprüngliche Entfernung AB = c wieder herzustellen strebt, und deren Größe von der Größe der Geschwindigkeiten a und b abhängig ist. Wenn sie zwischen zwei einzelnen Atomen von der Stärke k ist, so erfährt also A von B aus den Impuls μk, und B von A den Impuls λk. Sind also $AE = \frac{\mu k}{n}$, $AC_1 = \frac{a}{n}$, $BF = \frac{\lambda k}{n}$, $BD_1 = \frac{b}{n}$ die Strecken, welche A und B in Folge der verschiedenen Kräfte in der ersten n^{tel} Sekunde zurücklegen würden, so gelangen sie nach dem Parallelogramm der Kräfte am Schluß derselben nach A_1, resp. B_1; so daß A_1B_1 wieder gleich c ist. — In dem ersten Zeitintervall haben also A und B die wirklichen Wege AA_1 und BB_1 gemacht, und sie würden in der zweiten n^{tel} Sekunde vermöge der Trägheit in derselben Richtung um die gleich großen Strecken $A_1C_2 = AA_1$, $B_1D_2 = BB_1$ fortschreiten. Nun tritt aber noch, zur Erhaltung der Entfernung, zwischen beiden Gruppen der Impuls k_1 auf, durch welchen A_1 den Weg $A_1E_1 = \frac{\mu k_1}{n}$, und B_1 den Weg $B_1F_1 = \frac{\lambda k_1}{n}$ beschreiben würde. Die wahren Wege während der zweiten n^{tel} Sekunde sind daher die Diagonalen A_1A_2 und B_1B_2 der aus beiden Strecken construirten Parallelogramme, und A_2B_2 ist wieder gleich c. In derselben Weise könnte man die weitere Bewegung des Systems verfolgen.

Zunächst ergiebt sich nun eine einfache geometrische Construction der verschiedenen Lagen der starren Geraden AB aus den bekannten Stücken c, a, b, α, β, λ, μ. Man ziehe durch die Endpunkte von $\frac{a}{n}$ und $\frac{b}{n}$, nämlich durch C_1 und D_1 (Fig. 114, Taf. XII), Parallelen mit AB, trage zwischen denselben von D_1 aus $D_1A' = AB = c$ ein, theile C_1A' in A_1 nach dem Verhältniß $\mu:\lambda$, und ziehe $A_1B_1 \nparallel$ und $= A'D_1 = c$; diese letzte Linie ist die verlangte Lage des Systems am Ende des ersten Zeittheilchens, und gleichzeitig ist durch $C_1A_1 = AE = \frac{\mu k}{n}$, $D_1B_1 = BF = \frac{\lambda k}{n}$ die Größe des Impulses k bestimmt. Da man nun, wie oben entwickelt, die neuen Geschwindigkeiten von A_1 und B_1 der Größe und Richtung nach kennt, indem sie durch AA_1 und BB_1 bestimmt sind, so läßt sich auf dieselbe Weise die Construction weiter fortsetzen.

§. 149.

In dem oben angeführten Satze (§. 147) ist ausgesprochen, daß die fortschreitende Bewegung des ganzen Systems auf die Bewegung seines Schwerpunktes zurückgeführt werden kann, und daß letztere eine gleichförmige ist.

Den Schwerpunkt G des Systems AB (Fig. 113) erhält man (§. 33), indem man AB = c nach dem Verhältniß $\mu:\lambda$ theilt. Es ist daher

$$AG + GB = c, \quad \lambda . AG = \mu . GB,$$

woraus

$$AG = \frac{\mu c}{\lambda + \mu} \text{ und } GB = \frac{\lambda c}{\lambda + \mu}$$

folgt.

Nun ist aber

$$EG = \mu\left(\frac{c}{\lambda+\mu} - \frac{k}{n}\right) \text{ und } GF = \lambda\left(\frac{c}{\lambda+\mu} - \frac{k}{n}\right),$$

d. h.

$$EG : GF = \mu : \lambda.$$

Zieht man daher A_1F, und durch G parallel mit EA_1 die Gerade GH, so ist auch

$$A_1H : HF = \mu : \lambda,$$

also auch, wenn man ferner bis auf A_1B_1 die Gerade HG_1 parallel mit FB_1 zieht,

$$A_1G_1 : G_1B_1 = \mu : \lambda.$$

Folglich ist G_1 der Schwerpunkt von A_1B_1, und der Weg, welchen der Schwerpunkt in der ersten n^{tel} Sekunde zurückgelegt hat, GG_1. Diese Strecke und der Winkel γ, den GG_1 mit AB bildet, sind zunächst zu ermitteln.

Es ist, wie eben gezeigt,

$$\frac{GH}{\frac{a}{n}} = \frac{\lambda}{\lambda+\mu} \text{ und } \frac{HG_1}{\frac{b}{n}} = \frac{\mu}{\lambda+\mu},$$

folglich

$$nGH = \frac{\lambda a}{\lambda+\mu} \text{ und } nHG_1 = \frac{\mu b}{\lambda+\mu};$$

ferner $\angle GHG_1 = \pi - (\alpha - \beta)$, daher aus Dreieck GHG_1

$$nGG_1 = \frac{1}{\lambda+\mu}\sqrt{\lambda^2a^2 + \mu^2b^2 + 2\lambda\mu ab\cos(\alpha-\beta)},$$

oder für $\frac{\mu}{\lambda} = \nu$:

$$(1') \quad nGG_1 = \frac{1}{1+\nu}\sqrt{a^2+\nu^2 b^2+2\nu ab\cos(\alpha-\beta)}.$$

Wenn man nun G_1G' senkrecht auf AB zieht, so ist

$$\operatorname{tg}\gamma = \frac{G_1G'}{GG'}.$$

GG' und G_1G' sind die Projectionen von GG_1 auf AB und die darauf senkrechte Richtung, aber, wie die Figur lehrt, gleich der Summe der Projectionen von GH und HG_1, welche mit AB entsprechend die Winkel α und β bilden, auf dieselben Linien. Daher ist

$$(1) \quad \begin{cases} nG_1G' = \dfrac{\lambda a\sin\alpha+\mu b\sin\beta}{\lambda+\mu} \\ nGG' = \dfrac{\lambda a\cos\alpha+\mu b\cos\beta}{\lambda+\mu} \\ \text{und} \\ \operatorname{tg}\gamma = \dfrac{\lambda a\sin\alpha+\mu b\sin\beta}{\lambda a\cos\alpha+\mu b\cos\beta} = \dfrac{a\sin\alpha+\nu b\sin\beta}{a\cos\alpha+\nu b\cos\beta}. \end{cases}$$

Nun ist zu zeigen, daß der Schwerpunkt auf der geraden Linie GG_1 mit gleichförmiger Geschwindigkeit fortschreitet.

Man setze

$$nAA_1 = a_1, \qquad nBB_1 = b_1,$$
$$\angle A_1AX = \alpha_1, \quad \angle B_1BX = \beta_1.$$

Dann ist auch

$$nE_1A_2 = nA_1C_2 = a_1, \quad nB_1D_2 = nF_1B_2 = b_1.$$

Zieht man wieder A_2F_1, und $G_1H_1 \# E_1A_2$, $H_1G_2 \# F_1B_2$, so ist, aus denselben Gründen wie oben, G_2 der Schwerpunkt auf A_2B_2, G_1G_2 sein Weg während der zweiten n^{tel} Sekunde, γ_1 der Winkel dieser Richtung mit $G_1G'_1$, welches $\#$ AX gezogen ist; $G_1G'_1$ selbst ist die Projection von G_1G_2 auf AX oder die damit Parallele; $G_2G'_1$ die darauf senkrechte Projection von G_1G_2.

Ferner ist, wie oben:

$$nG_1H_1 = \frac{\lambda a_1}{\lambda+\mu} \quad \text{und} \quad nH_1G_2 = \frac{\mu b_1}{\lambda+\mu},$$

folglich

$$
(2)\quad \begin{cases} n\,G_2G'_1 = \dfrac{\lambda a_1 \sin\alpha_1 + \mu b_1 \sin\beta_1}{\lambda+\mu}, \\ n\,G_1G'_1 = \dfrac{\lambda a_1 \cos\alpha_1 + \mu b_1 \cos\beta_1}{\lambda+\mu}, \\ \text{und} \\ \operatorname{tg}\gamma_1 = \dfrac{a_1 \sin\alpha_1 + \nu b_1 \sin\beta_1}{a_1 \cos\alpha_1 + \nu b_1 \cos\beta_1} \end{cases}
$$

Stehen aber A_1K und B_1L senkrecht auf AX, so ergiebt die Figur folgende Relationen:

$$(n\,A_1K =)\, a \sin\alpha = a_1 \sin\alpha_1 \quad \text{und} \quad b \sin\beta = b_1 \sin\beta_1\, (= n\,B_1L);$$

$$(n\,AE =)\, \mu k = a_1 \cos\alpha_1 - a \cos\alpha,$$

$$(n\,BF =)\, \lambda k = b \cos\beta - b_1 \cos\beta_1.$$

Multiplicirt man die beiden letzten Gleichungen entsprechend mit λ und μ, und subtrahirt sie, so erhält man

$$\lambda a_1 \cos\alpha_1 + \mu b_1 \cos\beta_1 = \lambda a \cos\alpha + \mu b \cos\beta;$$

außerdem liefern die ersten Gleichungen unmittelbar

$$\lambda a_1 \sin\alpha_1 + \mu b_1 \sin\beta_1 = \lambda a \sin\alpha + \mu b \sin\beta.$$

Daraus folgt, daß die Ausdrücke rechts in den Gleichungen (2) identisch mit den rechten Seiten der entsprechenden Gleichungen (1) sind, oder daß

$$G_2G_1' = G_1G', \quad G_1G_1' = GG', \quad \gamma_1 = \gamma,$$

also auch

$$G_1G_2 = GG_1.$$

Es schreitet daher der Schwerpunkt G des Systems auf der geraden Linie GG_1G_2 ... mit constanter Geschwindigkeit fort. Die Richtung dieser Bewegung ist durch den Winkel γ in der dritten Gleichung (1), und ihre Geschwindigkeit $= n\,GG_1 = v$ durch die (1') bestimmt.

Da GG_1 als die Diagonale eines Parallelogramms betrachtet werden kann, dessen Seiten GH und HG_1, entsprechend parallel a und b, sind, so ist auch noch zu bemerken, daß der Schwerpunkt eine Bewegung annimmt, die ihm direct mitgetheilt werden würde, wenn ihn die beiden Kräfte

$$\frac{\lambda a}{\lambda+\mu} \quad \text{und} \quad \frac{\mu b}{\lambda+\mu}$$

in Richtungen angriffen, welche den Anfangsgeschwindigkeiten a und b der beiden Gruppen A und B entsprechend parallel wären.

§. 150.

Während nun das System in der eben näher erörterten Weise **fortschreitet, soll es sich gleichzeitig mit constanter Winkelgeschwindigkeit um seinen Schwerpunkt drehen.**

Aus der Figur geht schon eine Drehung des Systems hervor. Am Schluß der ersten n^{tel} Sekunde beträgt dieselbe, wenn A_1M parallel AX ist, den Winkel $B_1A_1M = \varphi$; wenn ferner $A_2M_1 \mp A_1B_1$ ist, so hat sich das System in der zweiten n^{tel} Sekunde um den Winkel $B_2A_2M_1 = \varphi_1$ gedreht. Es ist zu beweisen, daß $\varphi_1 = \varphi$ ist.

Die Figur ergiebt

$$(3) \quad (nB_1M =) nc\sin\varphi = b\sin\beta - a\sin\alpha;$$

ebenso, wenn B_2L_1 auf A_1B_1 senkrecht steht:

$$nc\sin\varphi_1 = b_1\sin(\beta_1 - \varphi) - a_1\sin(\alpha_1 - \varphi)$$
$$= \sin\varphi(a_1\cos\alpha_1 - b_1\cos\beta_1) - \cos\varphi(a_1\sin\alpha_1 - b_1\sin\beta_1).$$

Nun ist aber

$$(3') \quad (nA_1M =) nc\cos\varphi = nc + b_1\cos\beta_1 - a_1\cos\alpha_1,$$

und (§. 149)

$$(3'') \quad a_1\sin\alpha_1 - b_1\sin\beta_1 = a\sin\alpha - b\sin\beta,$$

also

$$c\sin\varphi_1 = c\sin\varphi - c\sin\varphi\cos\varphi + c\sin\varphi\cos\varphi,$$
$$\sin\varphi_1 = \sin\varphi$$
$$\varphi_1 = \varphi.$$

φ ist die Drehung in einer n^{tel} Sekunde; und da für diesen unendlich kleinen Winkel der sin und Bogen zusammen fallen, so hat man aus der (3)

$$(\varphi) \quad \varphi = \frac{1}{n} \cdot \frac{b\sin\beta - a\sin\alpha}{c}.$$

Die Winkelgeschwindigkeit d. h. die Drehung in einer ganzen Sekunde, ist $n\varphi$ oder

$$\theta = \frac{b\sin\beta - a\sin\alpha}{c}.$$

§. 151.

Es sind nun noch die Impulse k, k_1 etc. zu berechnen, welche zur Erhaltung der unveränderlichen Entfernung c zwischen beiden Gruppen thätig sein müssen. Man leitet aber aus der Figur oder aus der Combination früherer Gleichungen leicht

$$(3')_0 \quad n c \cos\varphi = n c + b \cos\beta - a \cos\alpha - (\lambda + \mu) k$$

ab, woraus sich unmittelbar

$$(4) \quad k = \frac{2 n c \sin^2 \frac{\varphi}{2} + b \cos\beta - a \cos\alpha}{\lambda + \mu}$$

ergiebt.

Wenn n unendlich groß ist, so verschwindet hier nach der Formel (φ) das erste Glied, und man hat

$$(5) \quad k = \frac{b \cos\beta - a \cos\alpha}{\lambda + \mu}.$$

Indem man in der Gleichung (4) nur a, b, α, β entsprechend mit a_1, b_1, $\alpha_1 - \varphi$, $\beta_1 - \varphi$ zu vertauschen hat, erhält man den Werth für den zweiten Impuls k_1. Es ist also

$$(\lambda+\mu) k_1 = 2 n c \sin^2 \frac{\varphi}{2} + \cos\varphi (b_1 \cos\beta_1 - a_1 \cos\alpha_1) + \sin\varphi (b_1 \sin\beta_1 - a_1 \sin\alpha_1),$$

oder mit Hülfe der (3), (3') und (3'') im vorigen §.:

$$(\lambda+\mu) k_1 = 2 n c \sin^2 \frac{\varphi}{2} + n c . \cos^2\varphi - n c \cos\varphi + n c . \sin^2\varphi$$

mithin

$$(6) \quad k_1 = \frac{4 n c . \sin^2 \frac{\varphi}{2}}{\lambda + \mu}$$

Die (6) zeigt, daß der Werth von k_1 constant ist, weil φ constant ist (§. 150). Daher sind die Impulse, welche zwischen den beiden Gruppen der Systeme während der Bewegung auftreten, stets dieselben, und nur verschieden davon ist der erste, der zu Anfang der Bewegung erfolgt. Man sieht ferner, daß während der Bewegung gar keine Impulse k_1 erfolgen, wenn sich das System nicht dreht, d. h. wenn φ oder θ gleich Null sind. Und dieses ist, wie der Werth von θ lehrt, nicht nur der Fall, wenn den beiden Gruppen gleiche und parallele Anfangsgeschwindigkeiten ertheilt werden, sondern auch noch immer, wenn sie durch diese Geschwindigkeiten in eine Lage A_1B_1 kämen, welche der ursprünglichen, AB, parallel wäre. Man überzeugt sich auch für diesen Fall, daß a_1 parallel b_1 wird, also die beiden Gruppen auf zwei parallelen Geraden fortschreiten. Der Anfangsimpuls k wird hingegen, wie aus den Gleichungen (4) und (φ) folgt, nur gleich Null, wenn die Anfangsgeschwindigkeiten a und b gleich und parallel sind.

§. 152.

Die Formeln der vorstehenden §§.

$$v = \frac{1}{1+\nu}\sqrt{a^2+\nu^2 b^2+2\nu ab\cos(\alpha-\beta)},$$

$$tg\gamma = \frac{a\sin\alpha+\nu b\sin\beta}{a\cos\alpha+\nu b\cos\beta},$$

$$\theta = \frac{b\sin\beta - a\sin\alpha}{c}$$

$$\left(\nu = \frac{\mu}{\lambda}\right)$$

characterisiren die behandelte Bewegung nicht nur vollständig, sondern gestatten auch, die einzelnen Stücke in besonderen Beispielen genau zu berechnen.

Es seien z. B. durch eine starre Gerade von 16′ Länge 2 Massen A von 3 ℔ und B von 5 ℔ mit einander fest verbunden. Dieses System werde dadurch in Bewegung gesetzt, daß der Masse B eine Geschwindigkeit von 10′ ertheilt wird, in einer Richtung, welche mit der Richtung AB einen Winkel von 30° bilde. Die vorstehenden Formeln lehren alsdann die Bewegung des Systems genau kennen, indem man in ihnen nur

$$\nu = \frac{5}{3},\ \text{a und}\ \alpha = 0,\ b = 10',\ \beta = 30^\circ,\ c = 16'$$

zu setzen hat. Dann ergiebt sich

$$tg\gamma = tg\beta,\ \gamma = 30^\circ,\ v = \frac{\nu b}{1+\nu} = \frac{25'}{4},\ \theta = \frac{5}{16} = 0{,}3125.$$

Der Schwerpunkt G des Systems bewegt sich also auf einer Geraden, welche der Richtung des Stoßes, den B erfährt, parallel ist, und schreitet auf dieser Geraden mit einer Geschwindigkeit von $6\frac{1}{4}$ Fuß fort. Dabei rotirt das System um den Schwerpunkt mit einer Winkelgeschwindigkeit 0,3125 = 17° 54′ 17″, 7. Nach einer Stunde oder 3600 Sekunden haben also der Schwerpunkt und mit ihm die starre Gerade einen Weg von $\frac{25}{4}\cdot 3600' = 22500'$ zurückgelegt, und hat sich die Gerade 360.10.17° 54′ 17″, 7 = 360.179° 2′ 57″ = 360.179,0492 Grad gedreht, also 179,0492 Umdrehungen vollzogen;

sie bildet mithin in diesem Augenblick einen Winkel von 360.0,0492 = 17°42′36″ mit ihrer ursprünglichen Richtung AB. —

Auch die Geschwindigkeit v kann unter besonderen Umständen gleich Null sein. Sind nämlich zunächst die Anfangsgeschwindigkeiten a und b parallel aber entgegengesetzt gerichtet, so ist $\alpha - \beta = \pi$, folglich

$$v = \frac{a - \nu b}{1 + \nu},$$

und gleich Null, wenn $a = \nu b$, oder $\lambda a = \mu b$. In diesem Falle schreitet also das System nicht fort, sondern rotirt nur um seinen Schwerpunkt, und zwar mit einer Winkelgeschwindigkeit

$$\theta = \frac{b + a}{c} \sin \beta = \frac{(1 + \nu) b \sin \beta}{c} = \frac{\lambda + \mu}{\lambda} \cdot \frac{b}{c} \sin \beta.$$

Man hat alsdann die Aufgabe, welche in §. 82 behandelt ist. —

Uebrigens kann das Problem auch leicht dahin verallgemeinert werden, daß die beiden Atomgruppen noch stetig wirkenden, gleichen und parallelen Kräften ausgesetzt sind, also z. B. der Erdschwere unterliegen. Je nachdem alsdann dem System verticale oder beliebig geneigte Anfangsgeschwindigkeiten ertheilt werden, wird die Bewegung seines Schwerpunkts genau nach den Gesetzen erfolgen, welche oben für den vertikalen Wurf oder die parabolische Bahn entwickelt sind, außerdem aber das System eine rotirende Bewegung um seinen Schwerpunkt annehmen. Wir begnügen uns jedoch mit der Andeutung dieser Erweiterungen, deren unsere letzten Untersuchungen fähig sind.

Druckfehler und Verbesserungen.

Seite 14 Zeile 10 v. u. lies 64072′ = 2,67 Ml. statt 64082′ = 2,670 Ml.
„ 22 „ 6 v. o. l. 64009′,4 st. 64041,4 Fuß.
„ — „ 7 v. o. l. 64,0094 Sek. st. 64,0414 Sek.
„ — „ 8 v. o. l. 39,9 Fuß st. 71,9 Fuß.
„ — „ 9 v. o. l. 0,0399 st. 0,0719.
„ 38 „ 7 v. u. l. $\frac{\mu\gamma}{xy}$ st. $\frac{\mu\gamma}{x\gamma}$.
„ 39 „ 8 v. u. l. zwischen zwei st. zwischen.
„ 40 „ 14 v. u. l. der Mitte st. die Mitte.
„ 42 „ 4 v. u. ist „für $(\varrho-\tau)u$ oder“ zu streichen.
„ 43 „ 6 v. o. l. den zugehörigen st. der zugehörige.
„ — „ 9 v. o. l. $\frac{\sqrt{r}}{\sqrt{t}}$ st. $\frac{\sqrt{\mathfrak{r}}}{\sqrt{t}}$.
„ 44 „ 7 v. o. l. $(\nu+1)G$ st. νG.
„ — „ 11 v. o. l. $\frac{\mu\gamma(\nu+1)}{xy}$ st. $\frac{\mu\gamma\nu}{xy}$.
„ — „ 18 v. o. l. ν und $\nu+1$ st. ν.
„ 46 „ 14 v. u. l. $a = g$ st. $\alpha = g$
„ 48 „ 6 v. u. l. $\mu' y$ st. μy.
„ 50 „ 10 v. u. l. $m+\mu$ st. $m-\mu$.
„ 54 „ 6 v. u. l. seine Masse st. seiner Masse.
„ 60 „ 6 v. o. l. $t+2t'+2t''+\cdots$ st. $t+t'+t''+\cdots$
„ 74 „ 6 v. o. l. Ebenen st. Ebene.
„ 103 „ 9 v. o. l. 46 st. 47.
„ 109 „ 16 v. u. l. $\frac{2\pi r}{t}$ st. $\frac{2\pi r}{r}$.
„ 116 „ 9 v. u. l. $\frac{4\pi^2 r_1}{t_1^2}$ st. $\frac{4\pi^2 r}{t_1^2}$.

§. 79—81, Seite 119—124 ist überall
289,87 st. 289,79
und 579,73 st. 579,58 zu lesen.

Seite 122 Zeile 3 v. o. l. 0,001725 st. 0,00172536.

S. 122. Was hier vom fallenden Stein behauptet ist, gilt nur für die Richtung eines Bleilothes. Die Art der Bewegung eines fallenden Körpers hingegen mit Rücksicht auf die Abweichung von der Verticalen wird durch das Problem in den §§. 143 ff. klar gemacht.

S. 123 ist überall 0,0017249 st. 0,0017254 zu lesen.

S. 124 Z. 2 v. o. l. 0,0008625 st. 0,0008627
" — " 3 v. o. l. 0,0025874 st. 0,0025881
" 129 " 6 v. o. l. 0',0355029. st. 0',0355 ...
" 132 " 6 v. o l. gleichzeitig st. gleichseitig.
" 159 " 5 v. o. ist (§. 25, S. 33) hinzuzufügen
" 164 " 17 v. u. l. dem Lothe EO st. der Sekante QG.
" 165 " 15 v. o. l. M (Fig. 67^{a}) st. M.
" 172 " 10 v. u. l. (Fig. 65, Taf. V) st. (Fig. 65).
" 175 " 6 v. o. muß es überall $+x$ st. $-x$ heißen.
" 176 " 9 v. u. l. $-\frac{1}{a+r}$ st. $-\frac{1}{a-r}$.
" 177 " 3 v. o. l. $2t(1+t^2)$ st. $2(1+t^2)$.
" 189 " 15 v. u. l. ABB_1 st. AAB_1.
" 201 " 3 v. u. ist „ψ beliebig“ zu streichen.
" 220 " 10 v. u. l. $\frac{p_1}{n^2}$ st. $\frac{p}{n^2}$.
" — " 8 v. u. l. Zeitintervalles (§ 44) st. Zeitintervalles.
" 222 " 4 v. u. l. Y_{m+1} st. Y_{m+}
" 242 " 2 v. u. l. a st. r.
" 247 " 11 v. o. l. BO'B' st. BOB'.
" 249 " 10 v. o. l. φ_m st. φ^m.

S. 279 und 281. Ermittelt man die südliche Abweichung y durch analoge Rechnungen wie z und x, setzt also nicht gleich $\cos(\mu-\beta')=1$, $\sin(\mu-\beta')=\mu-\beta'$, sondern wendet noch die folgenden Glieder dieser Größen an, so würde sich auch noch bei Berücksichtigung des erwähnten Umstandes, der in der rotirenden Erde seinen Grund hat, eine südliche, allerdings bedeutend kleinere, Abweichung ergeben.

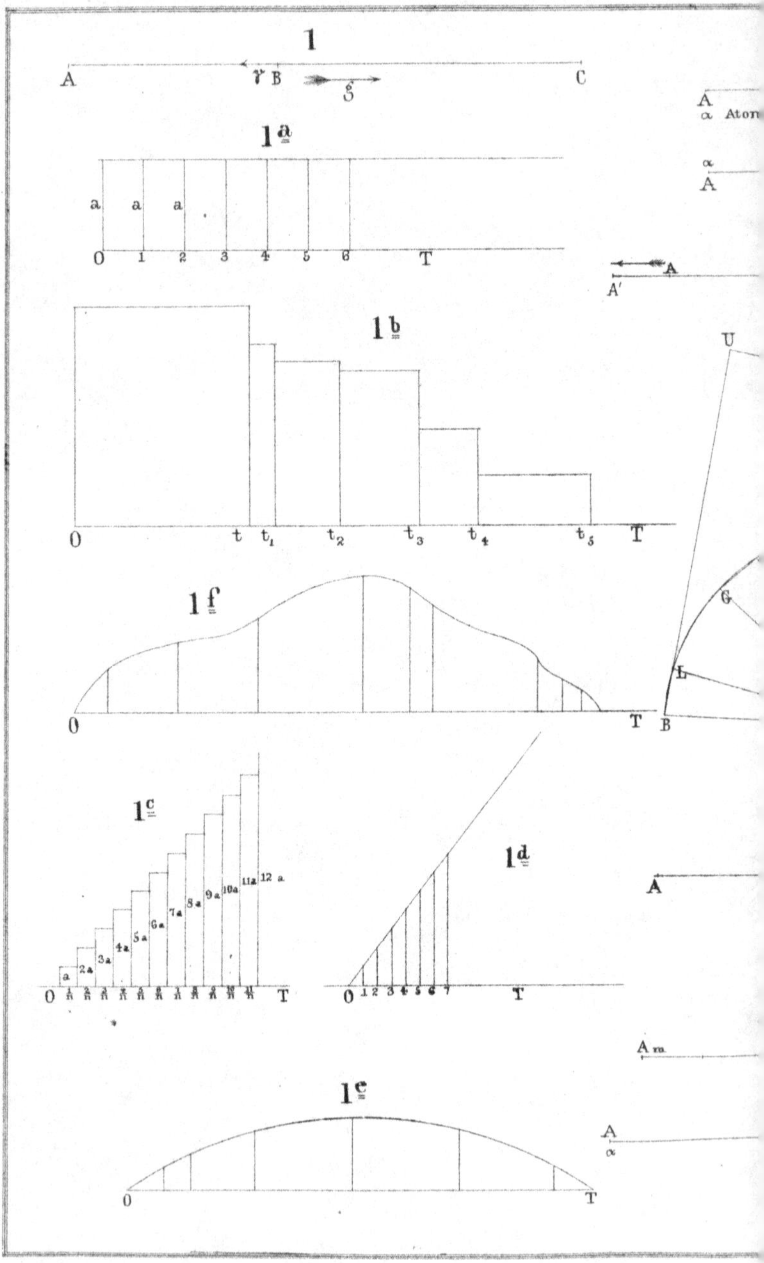
1
A
B
C
1a
a a a
0 1 2 3 4 5 6 T
1b
0 t t1 t2 t3 t4 t5 T
1f
0 T
1c
a 2a 3a 4a 5a 6a 7a 8a 9a 10a 11a 12 a
0 T
1d
0 1 2 3 4 5 6 7 T
1e
0 T
A
α Atom
α
A
A
A'
U
G
L
B
A
A m
A
α

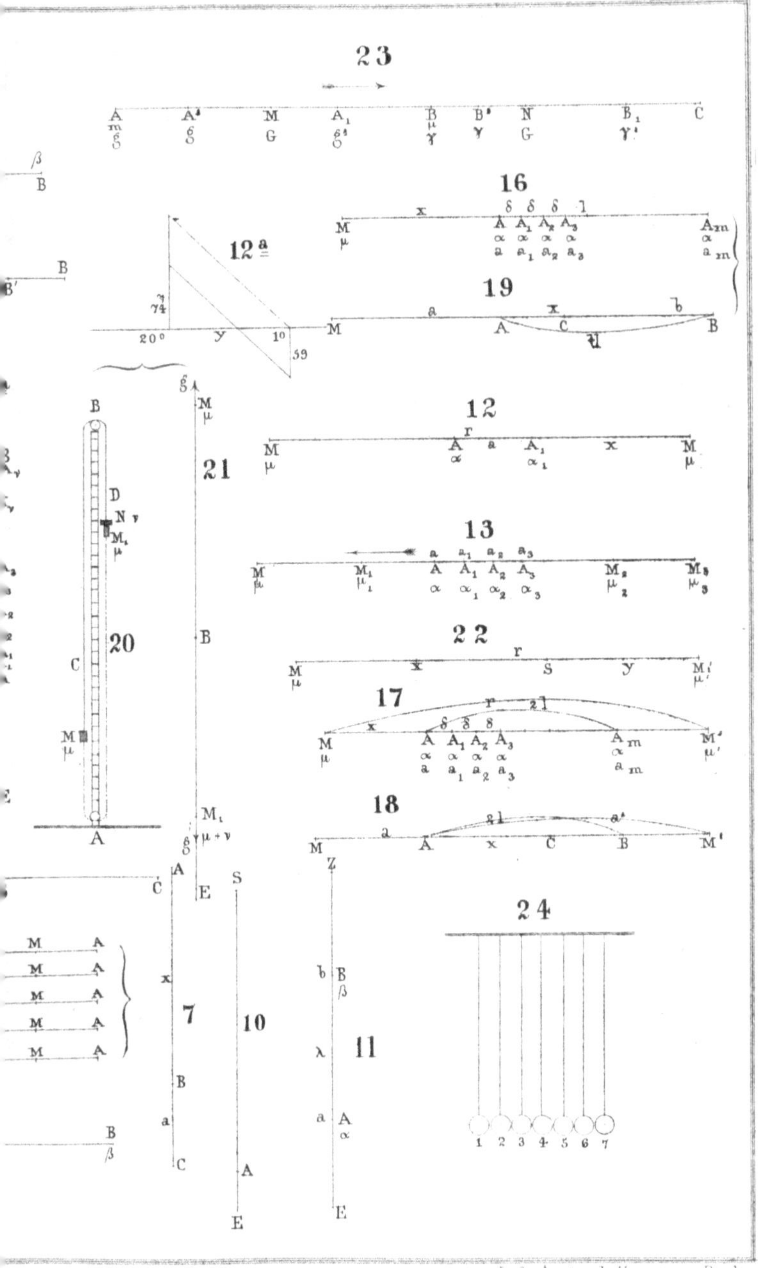

Lith. Anst. v. L. Kraatz in Berlin.

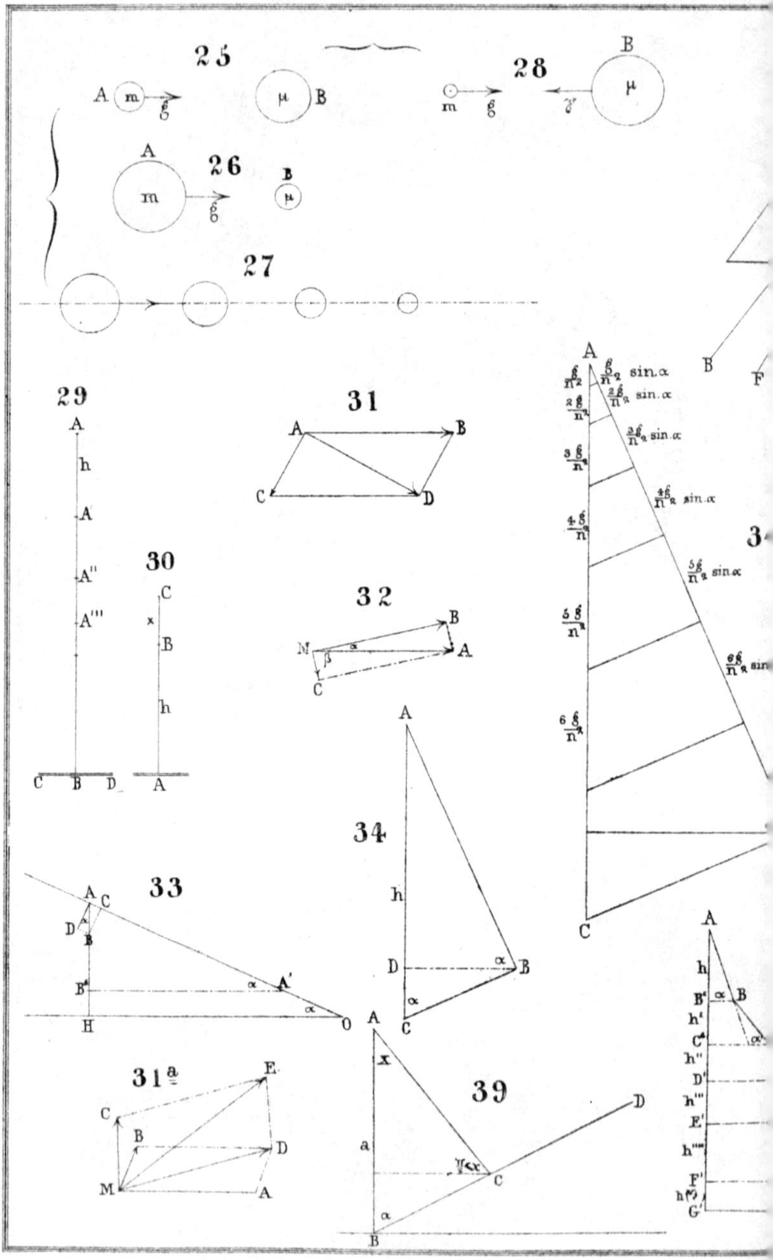
25
26
27
28
29
30
31
31a
32
33
34
39

Taf. II.

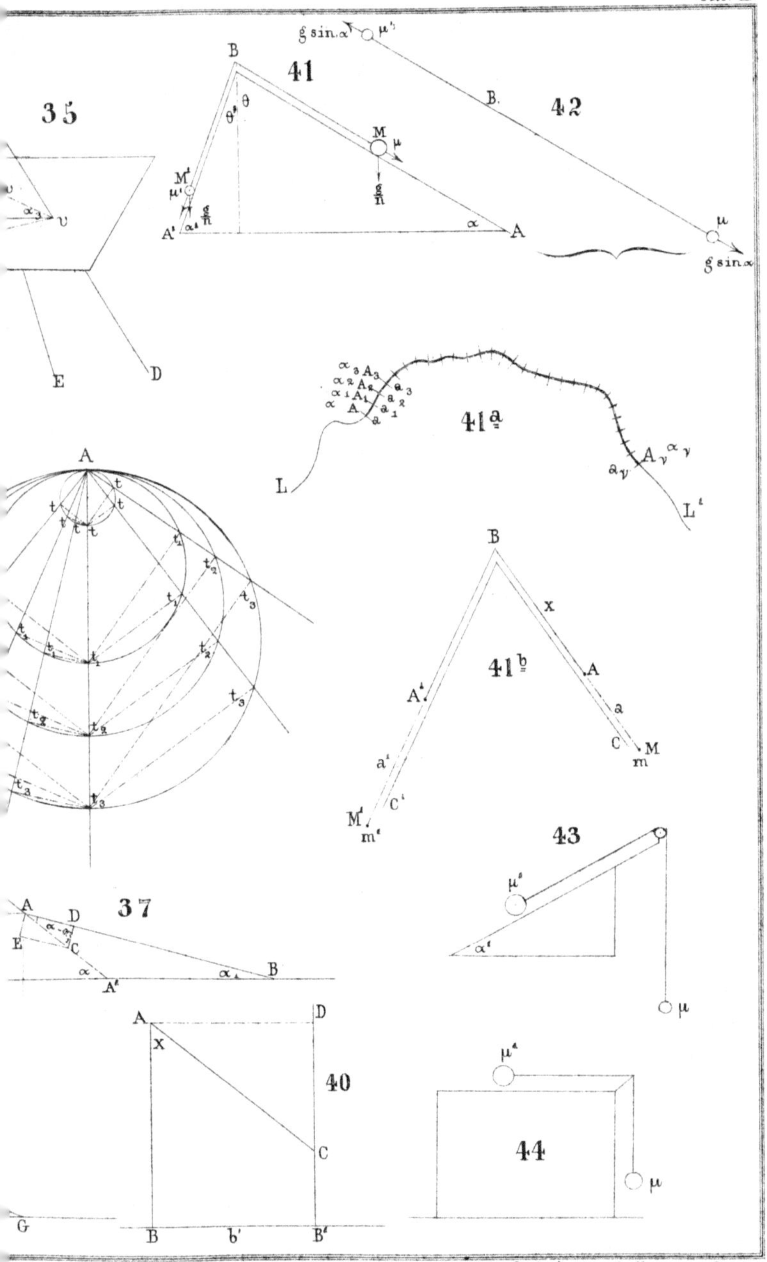

Lith. Anst. v. L. Kraatz in Berlin.

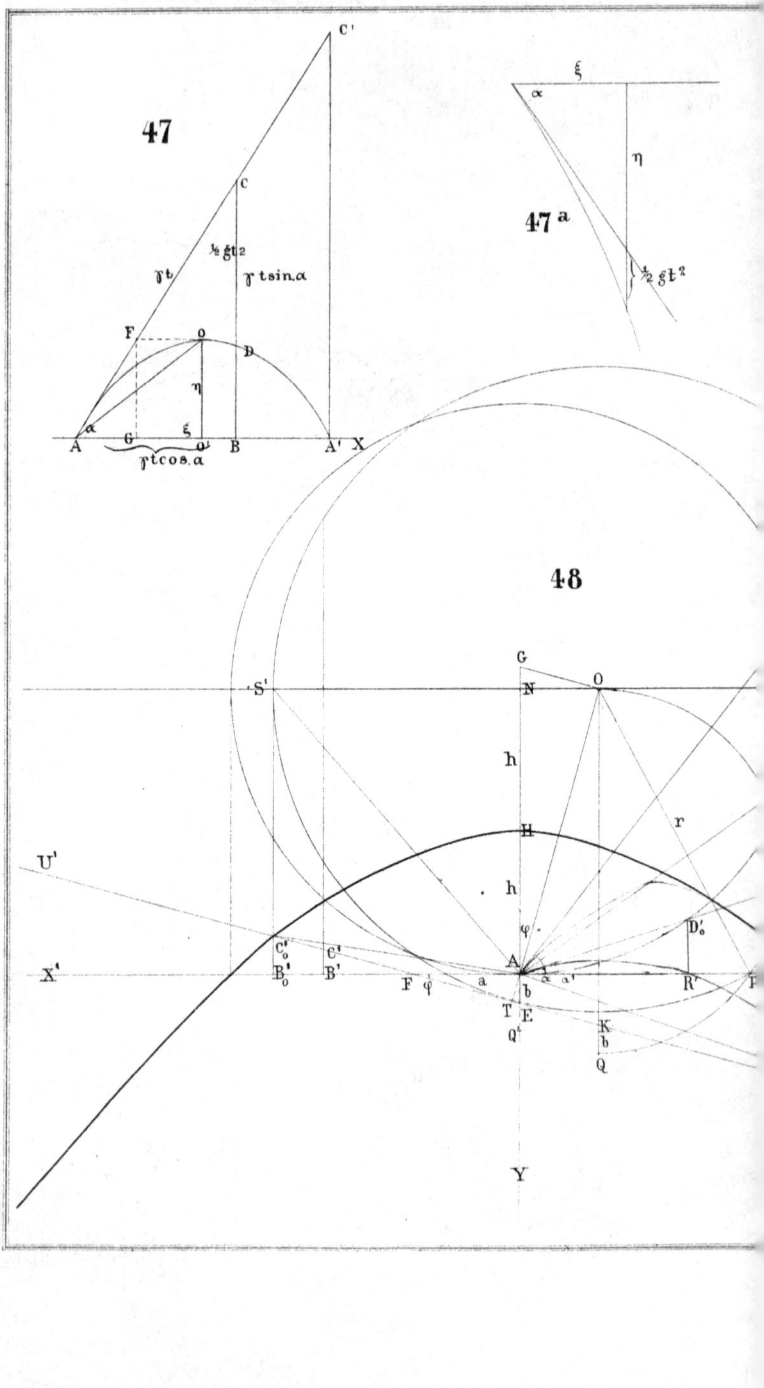
47
47 a
48
C'
C
½ gt²
γt
γ t sin.α
F
O
D
η
α
A
G
ξ
O'
B
A'
X
γ t cos.α
ξ
α
η
½ gt²
G
N
O
S'
h
H
h
r
U'
φ
D'₀
C'₀
C'
X'
B'₀
B'
F
φ
a
A
α
α'
R'
b
T
E
Q'
K
b
Q
Y

Taf. III.

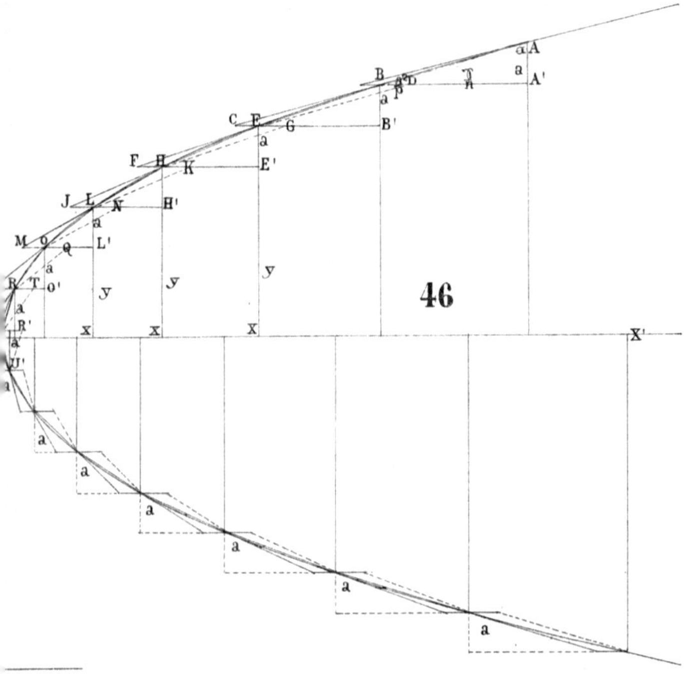

46

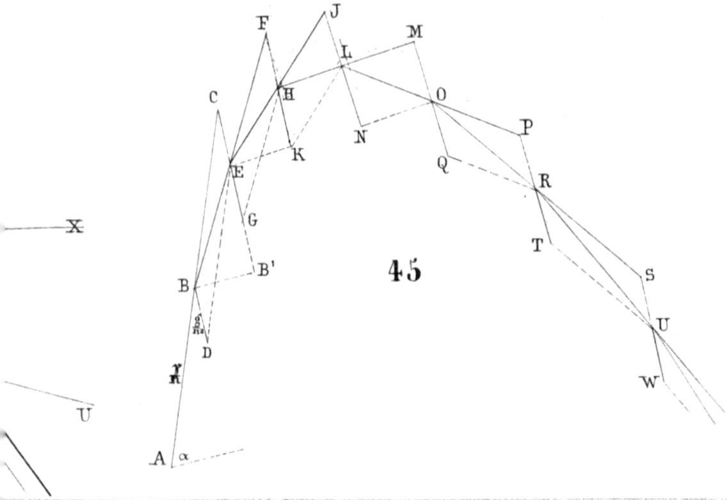

45

Lith. Anst. v. L. Kraatz in Berlin.

49

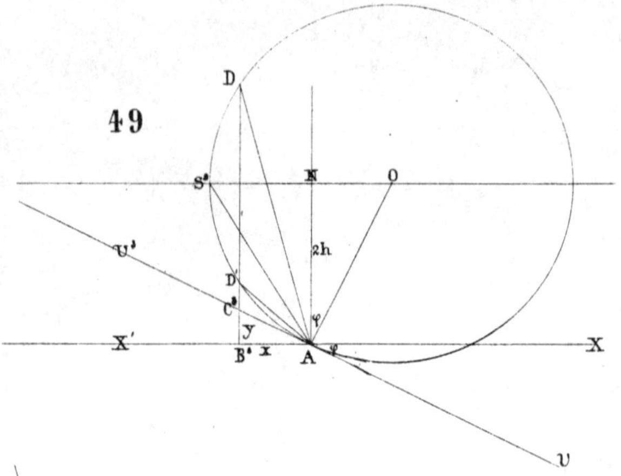

D
S'
N
O
2h
U'
D'
C'
φ
y
X'
B'
x
A
X
U

50

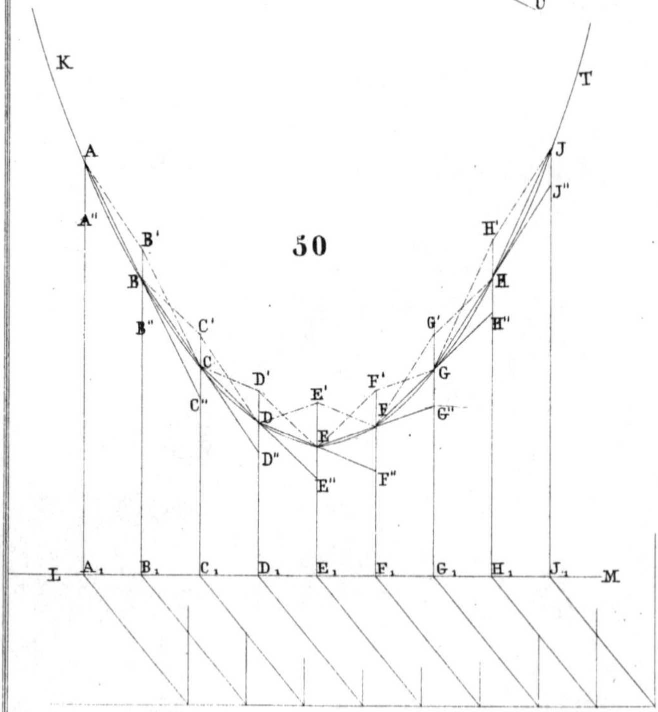

K
T
A
J
J"
A"
B'
H'
B
H
B"
C'
G'
H"
C
G
D'
F'
C"
E'
D
F
G"
E
D"
F"
E"
L
A₁
B₁
C₁
D₁
E₁
F₁
G₁
H₁
J₁
M

B₁
B
B'
A
B
E
H
K
F
A

Taf. IV.

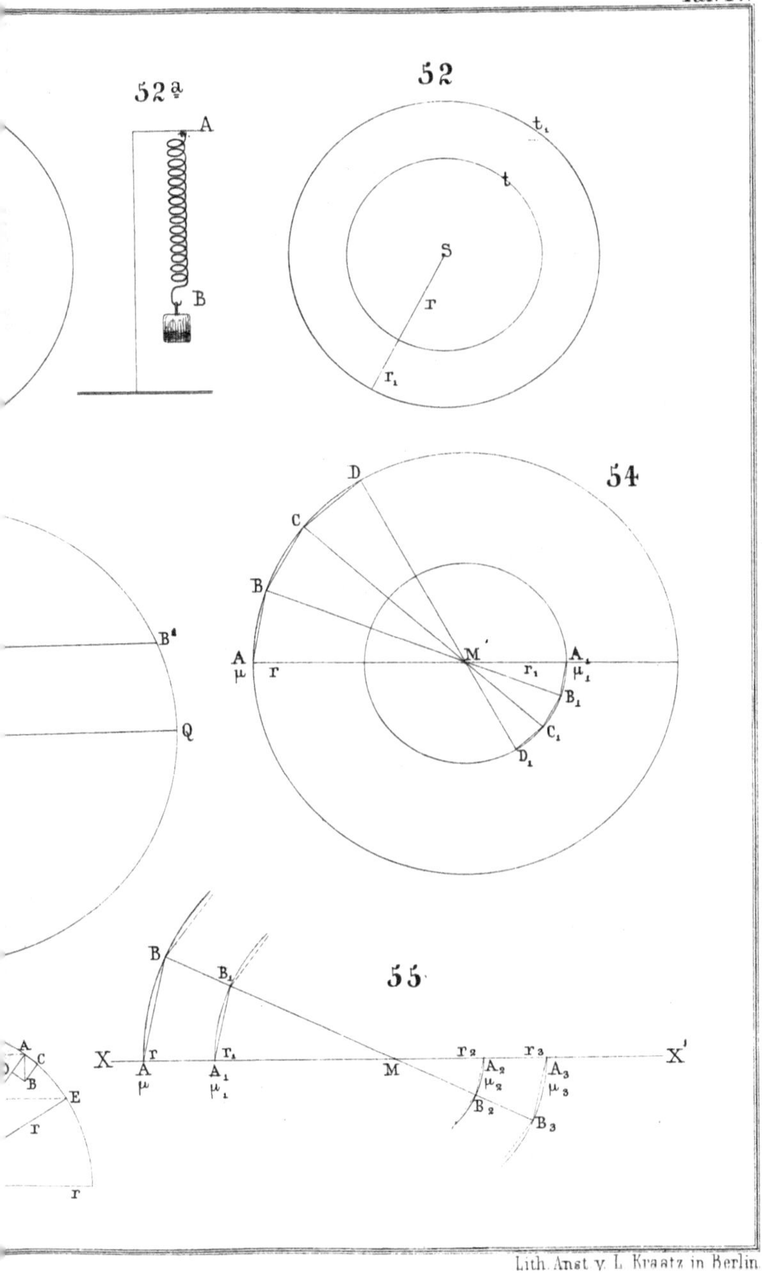

Lith. Anst. v. L. Kraatz in Berlin.

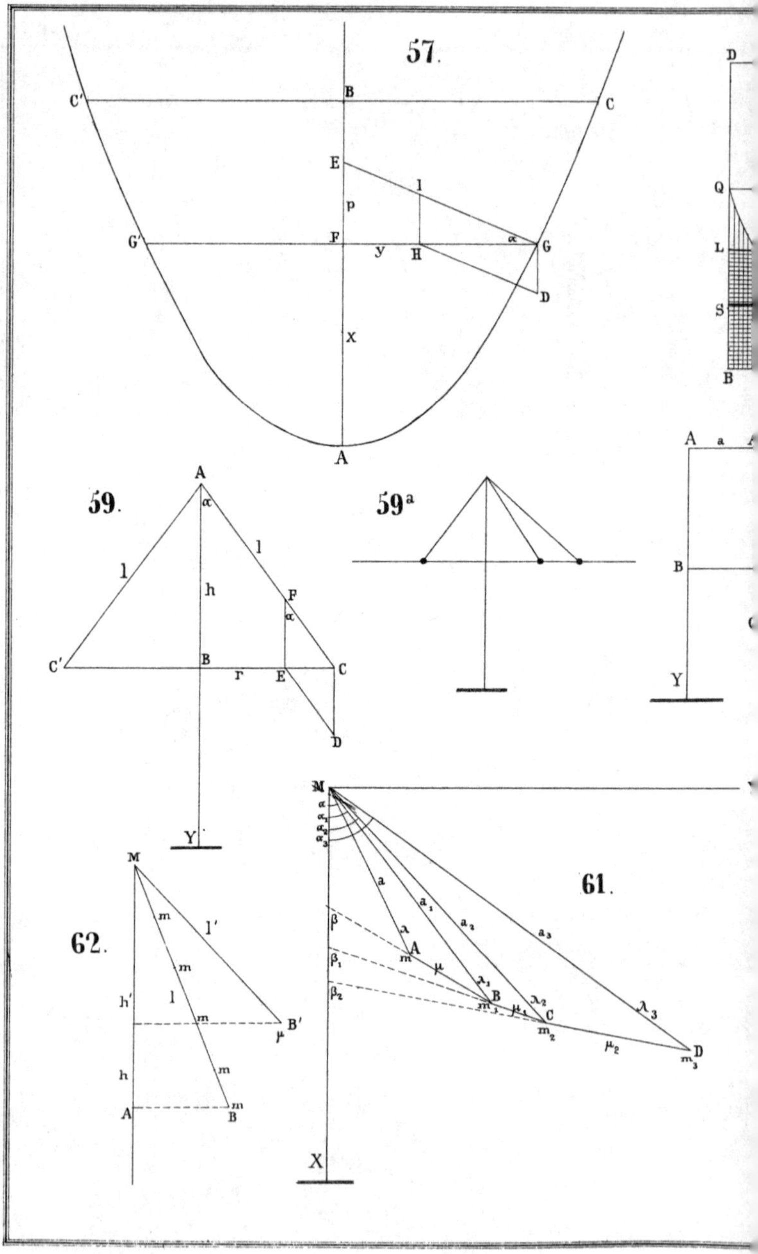

57.

59.

59a

61.

62.

58.

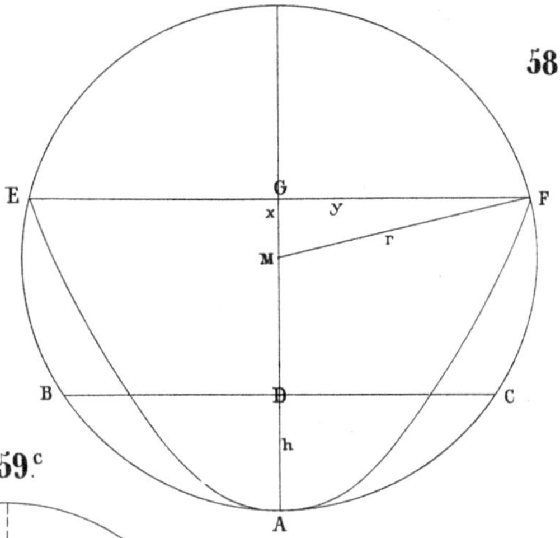

58.ª

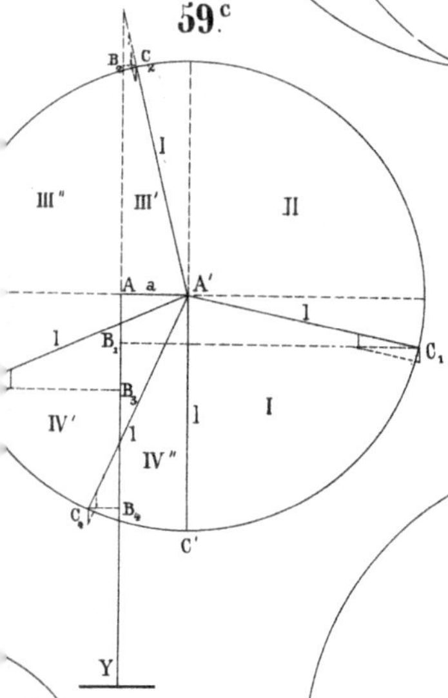

59.ᶜ

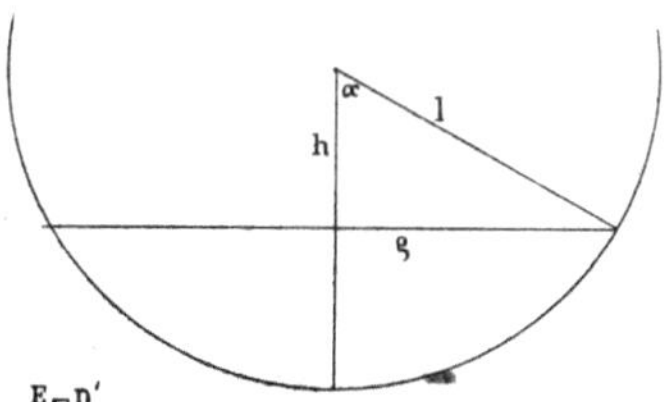

60.

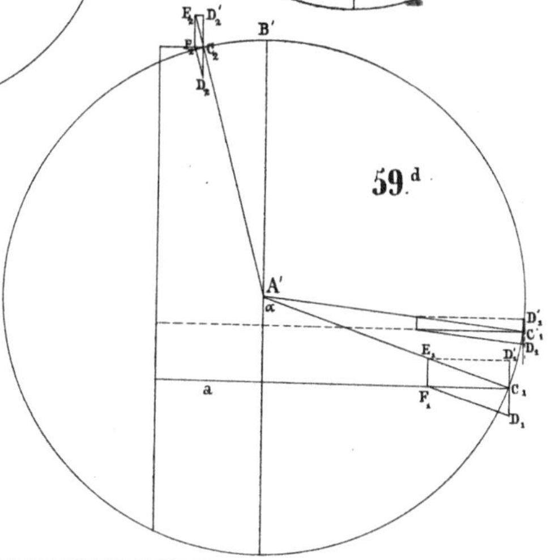

59.ᵈ

Lith. Anst. v. L. Kraatz in Berlin.

63.

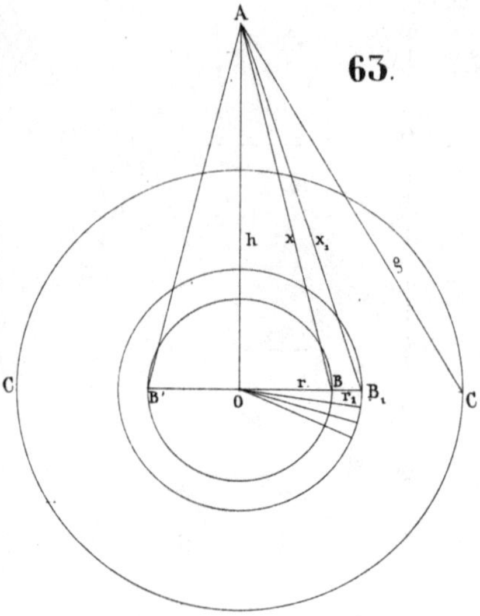
A
h
x
x₁
ϱ
C
C′
B′
O
r
B
r₁
B₁

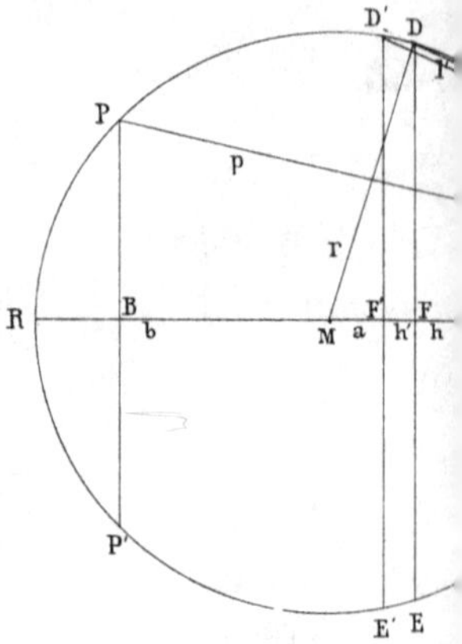
D′
D
P
p
r
R
B
b
M
a
F′
F
h′
h
P′
E′
E

6

67.

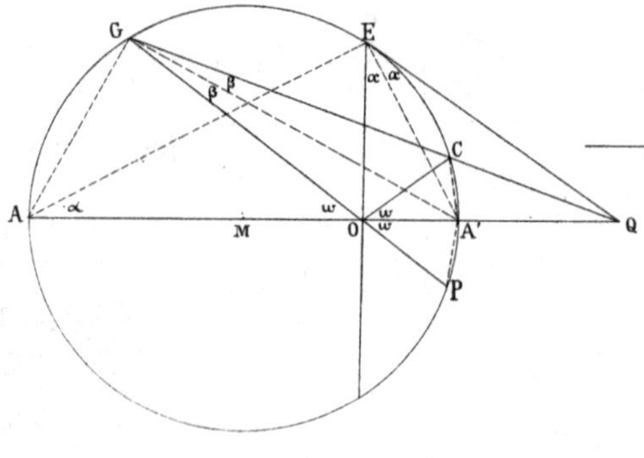
G
E
α
β
C
A
M
O
ω
A′
Q
P

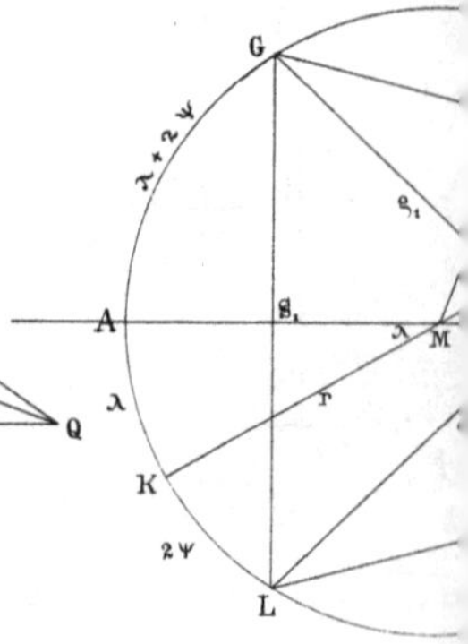
G
λ + 2 ψ
ϱ₁
A
S₁
M
λ
r
K
2 ψ
L

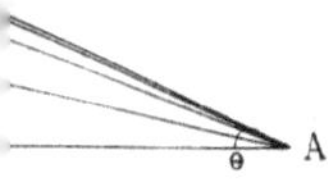

68.

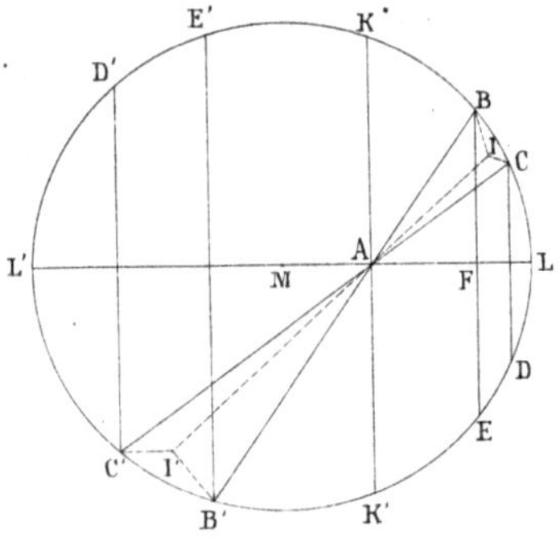

66.

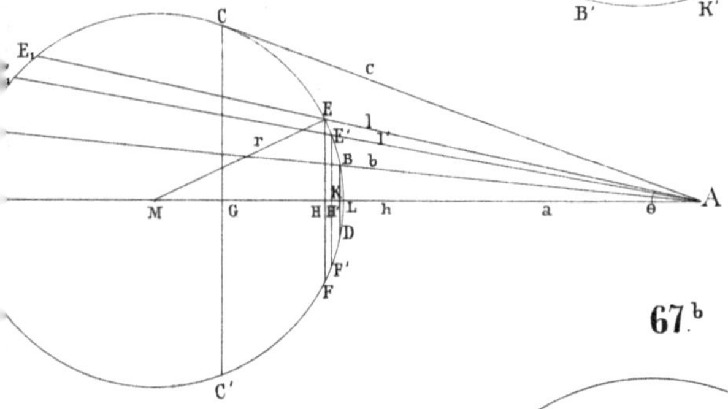

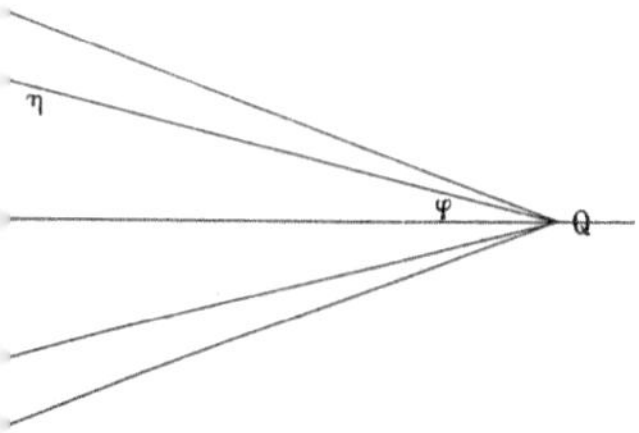

67.b

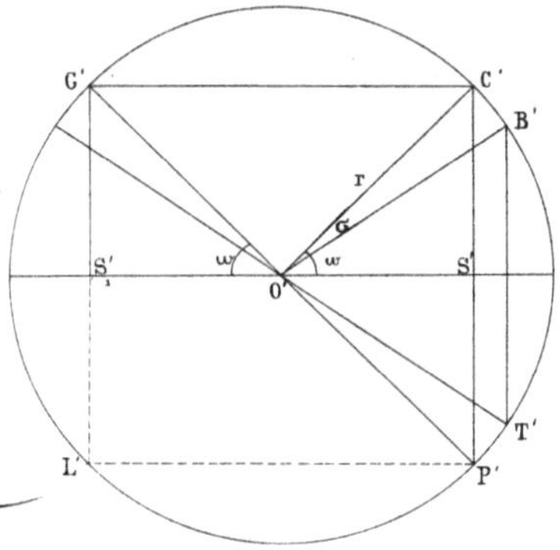

Lith. Anst. v. L. Kraatz in Berlin

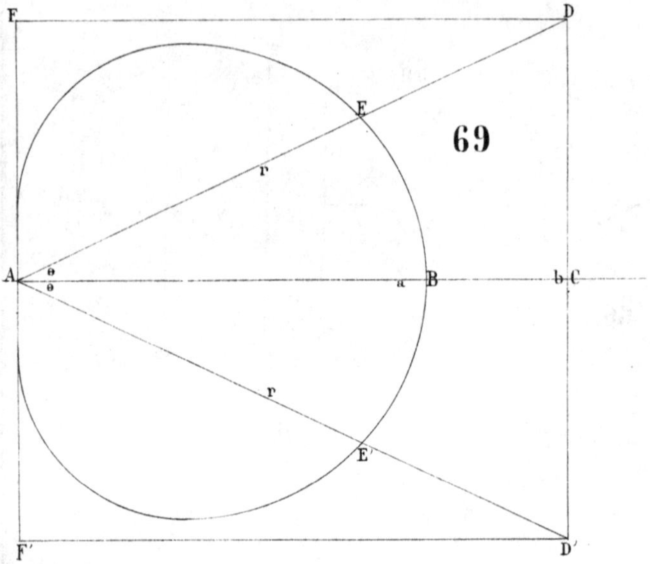

F
D
E
69
r
A
θ
θ
a
B
b
C
r
E′
F′
D′

A

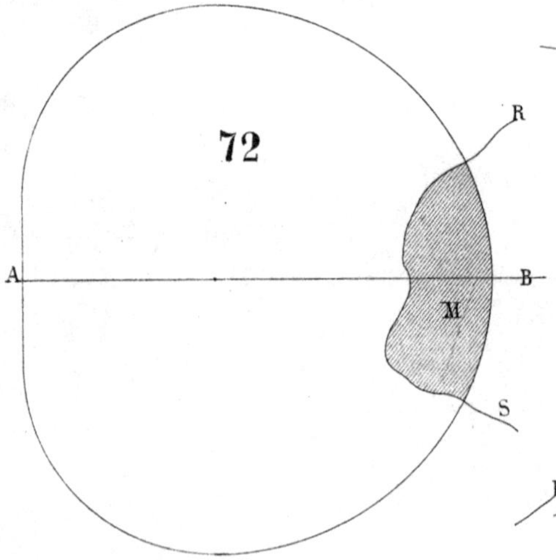

72
R
A
B
M
S

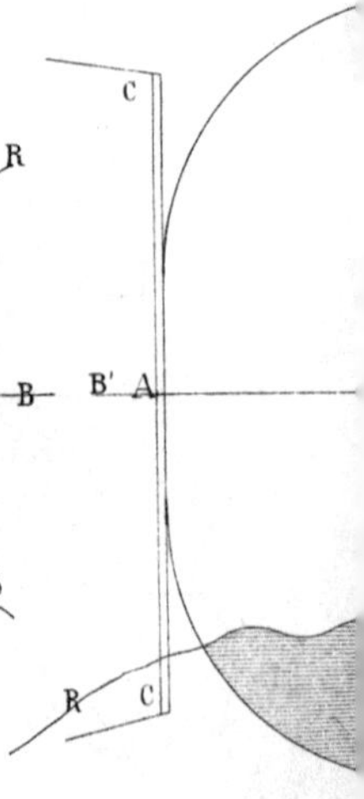

C
B′
A
R
C

70

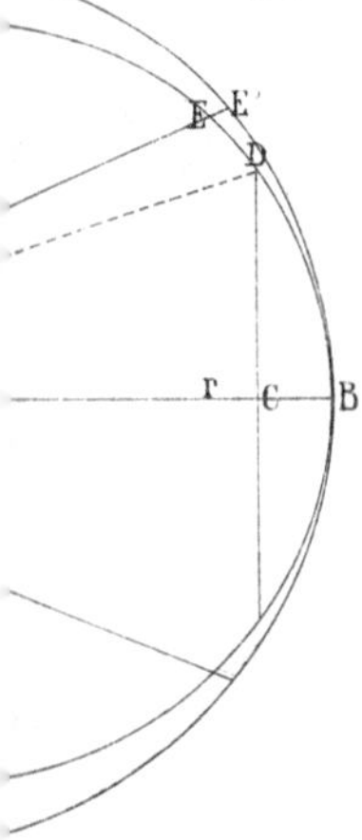

71

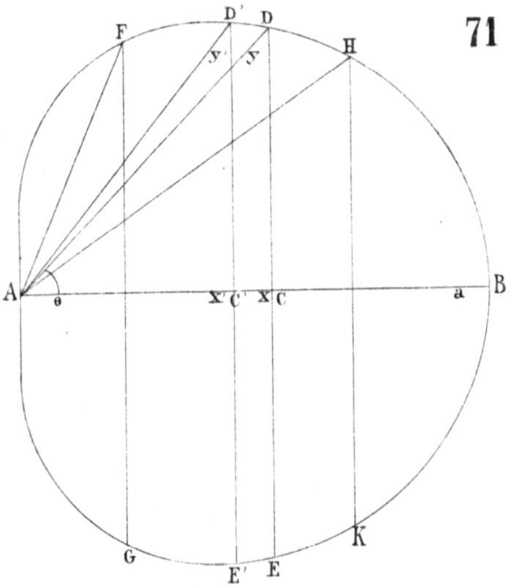

74.

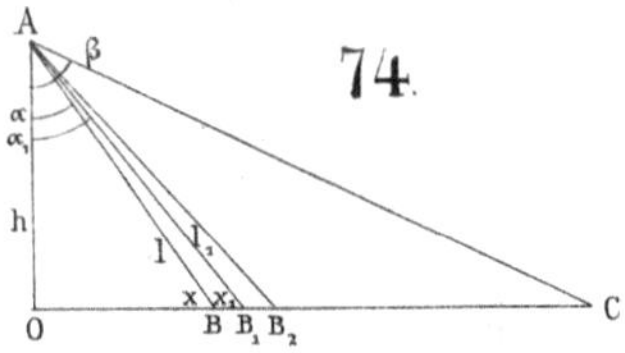

75.

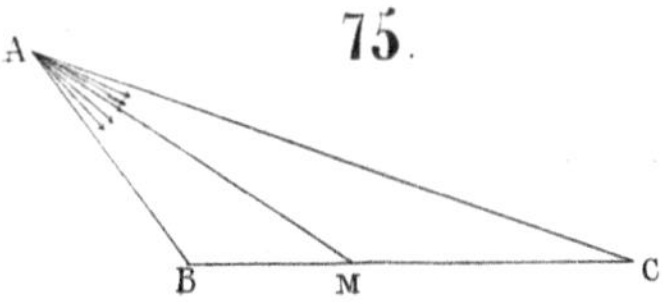

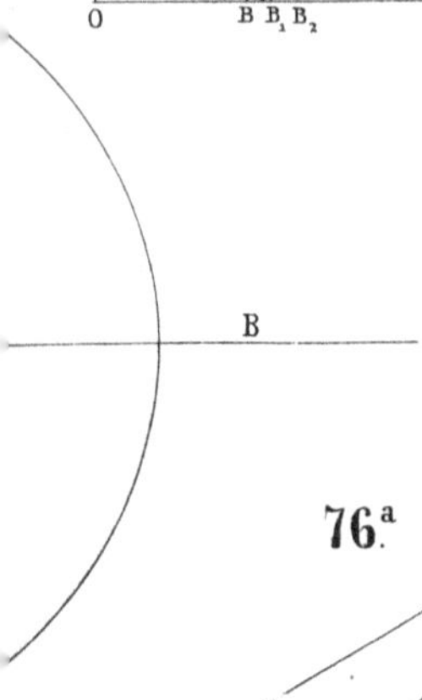

76.

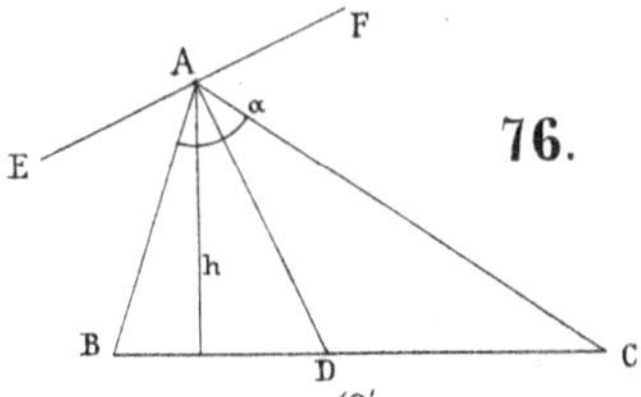

76.ª

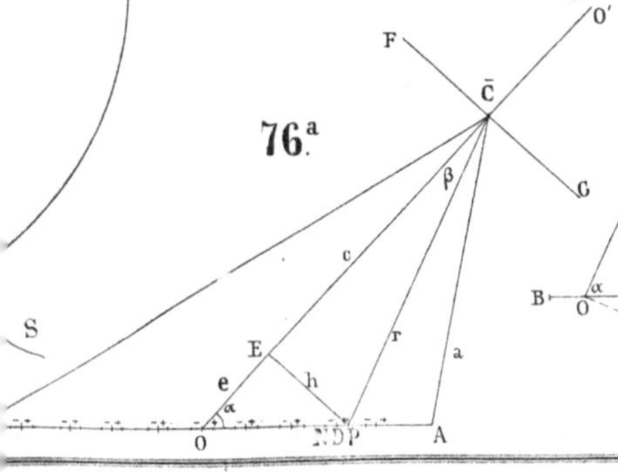

76.ᵇ

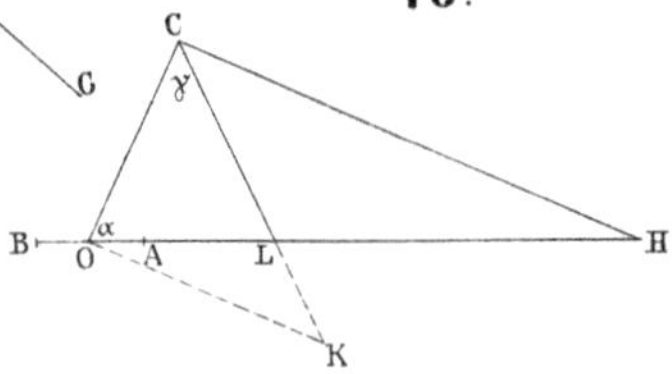

Lith. Anst. v. L. Kraatz in Berlin.

76.c

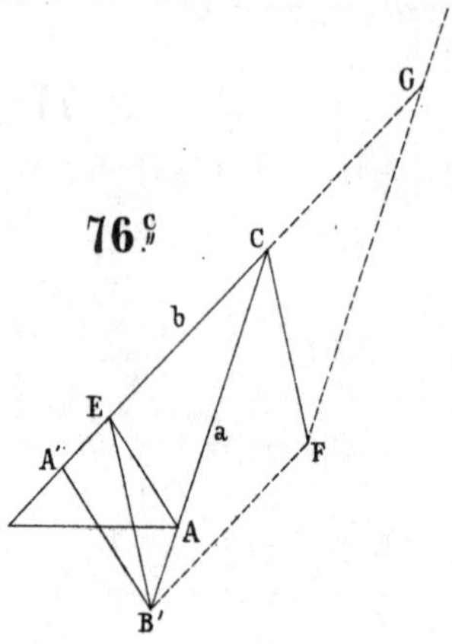

76.d

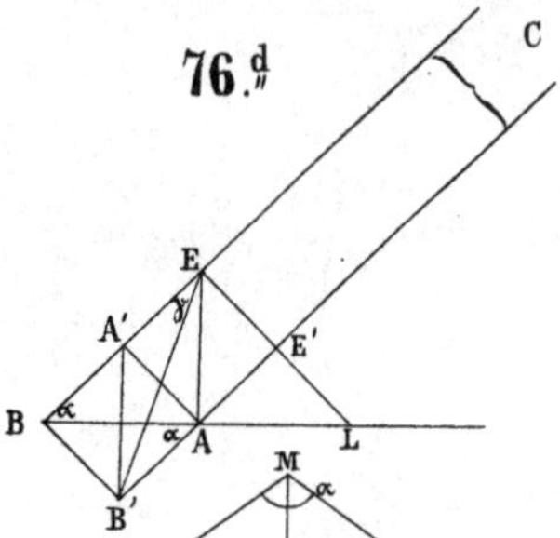

79.

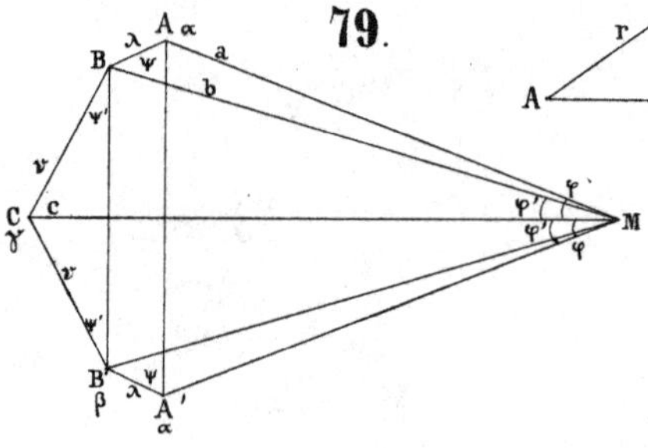

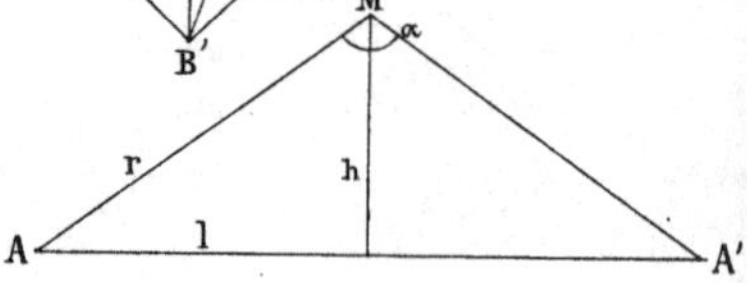

80.

84

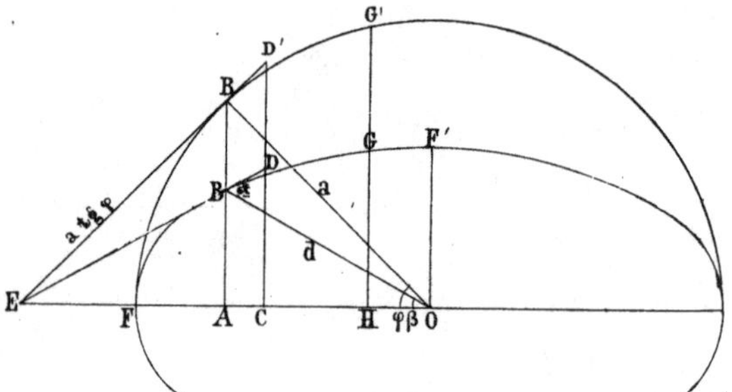

77.

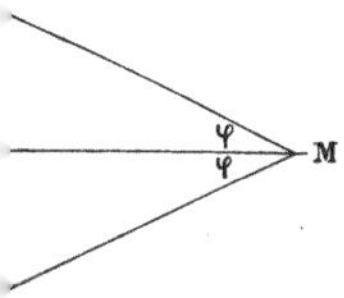

78.

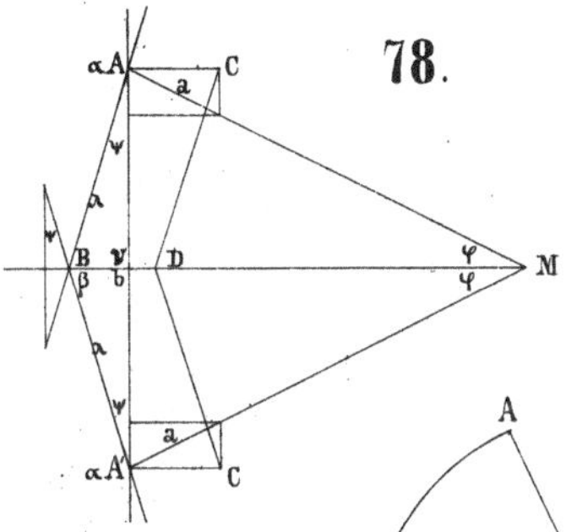

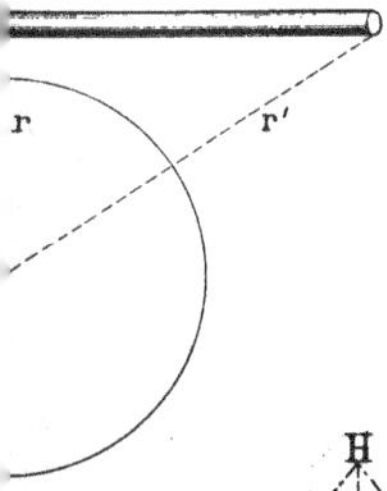

81.

82.

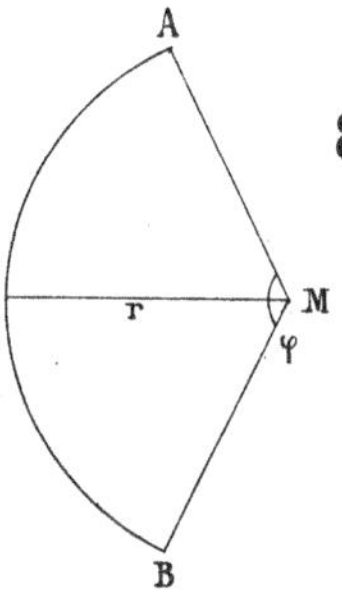

83

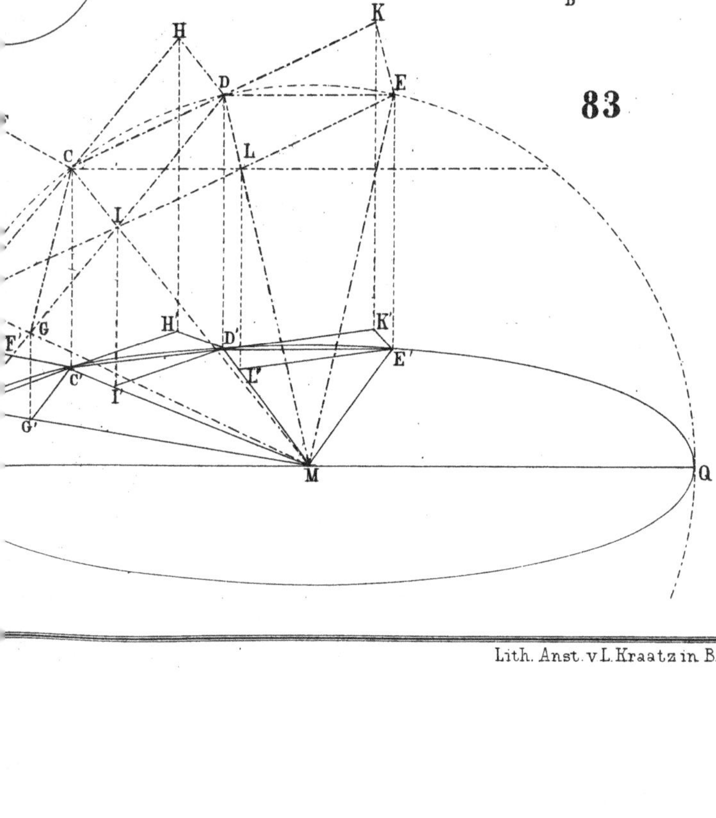

Lith. Anst. v L. Kraatz in Berlin.

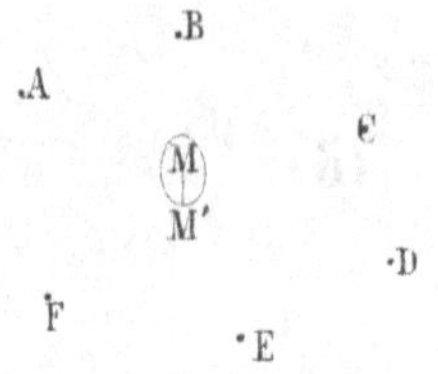

85

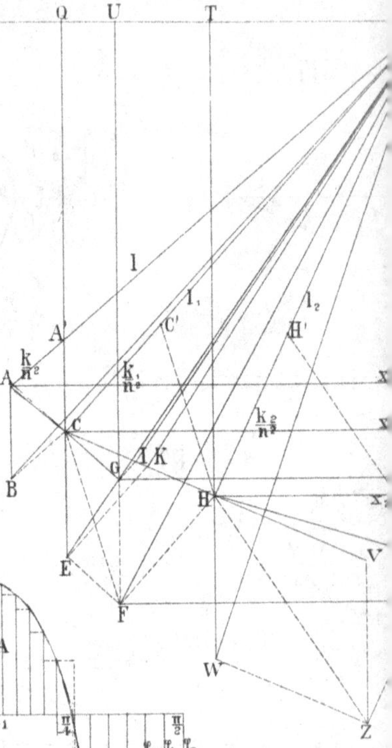

86

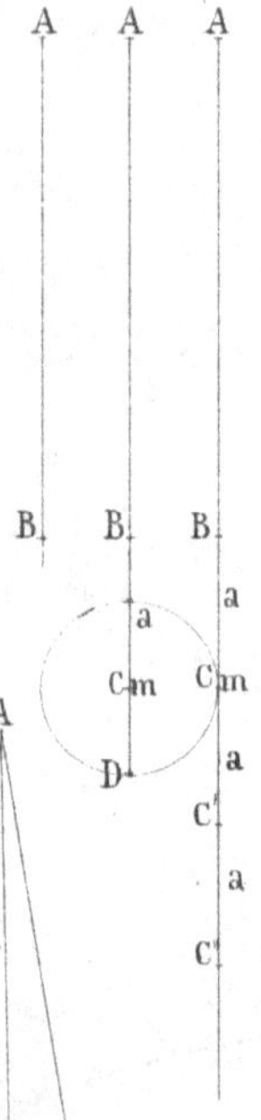

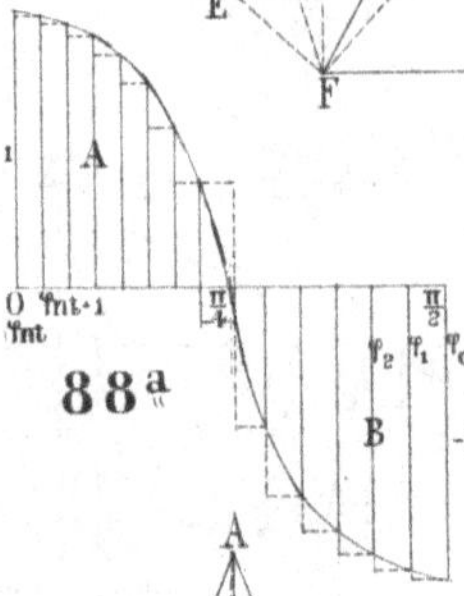

88a

89a

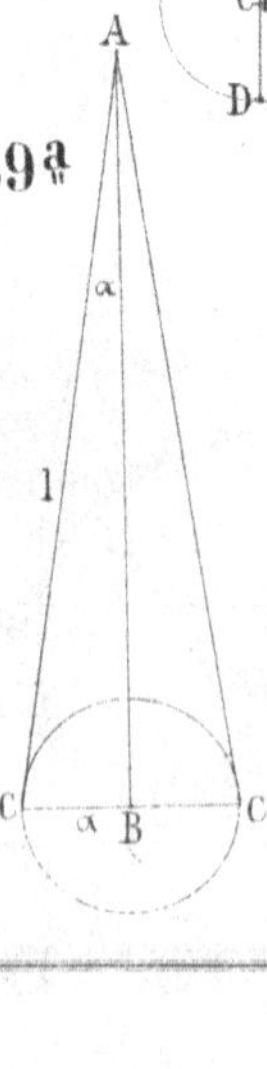

90

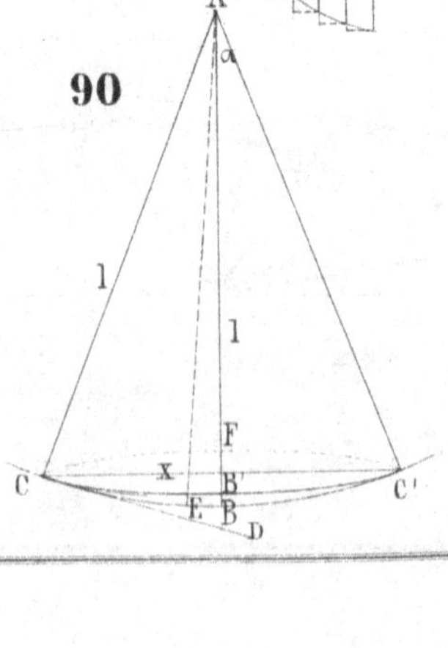

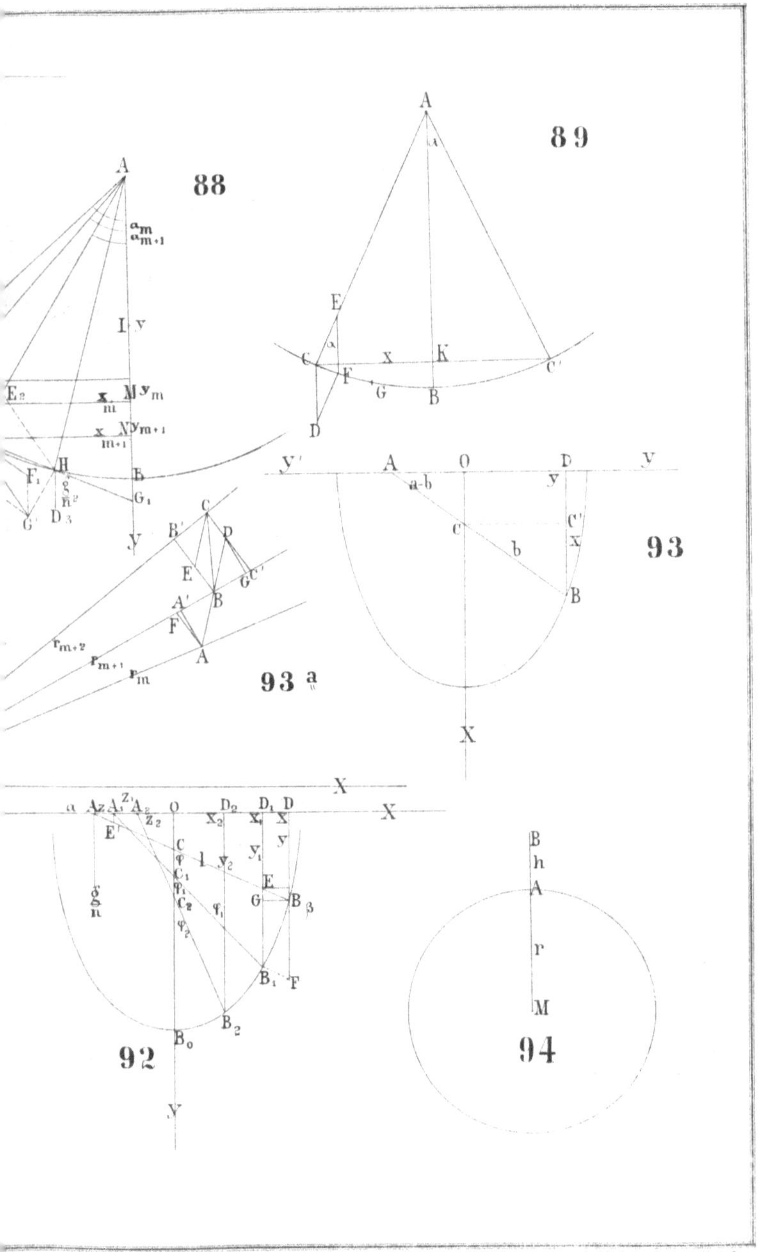

Lith. Anst. v. L. Kraatz in Berlin.

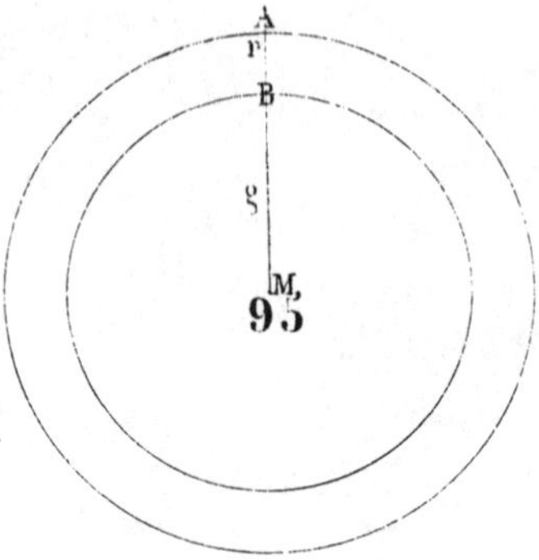

95

96

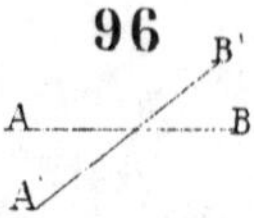

97

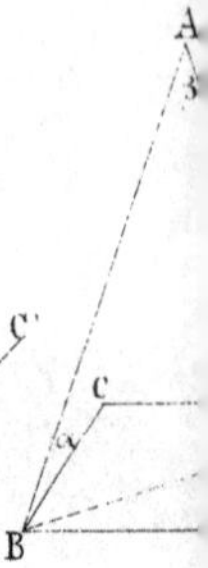

100

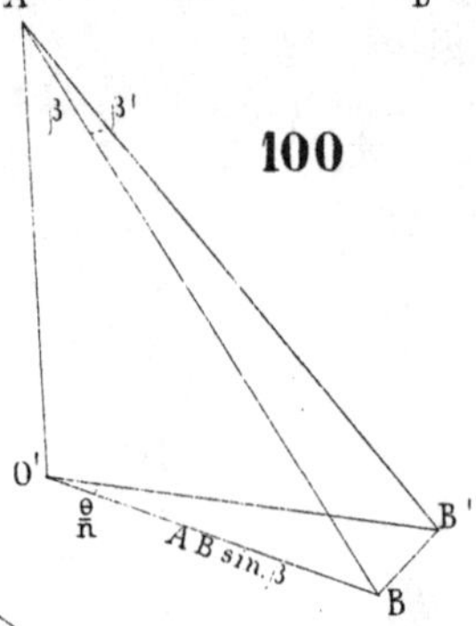

98

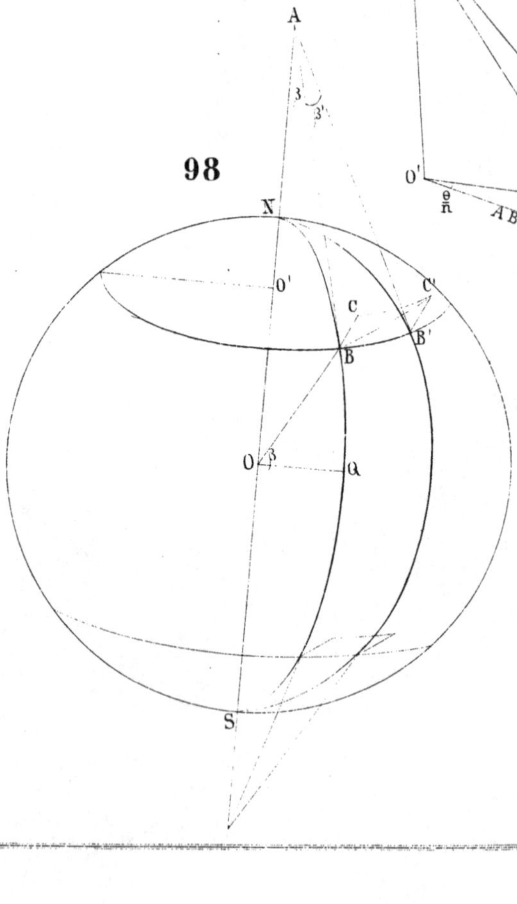

101

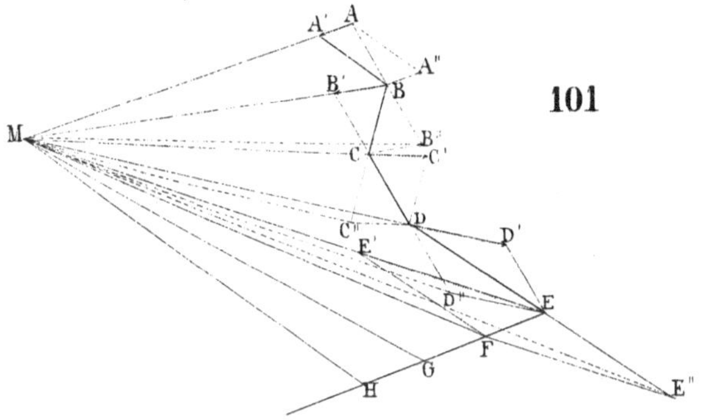

102

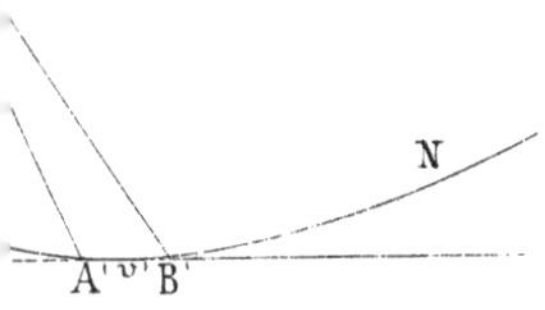

103

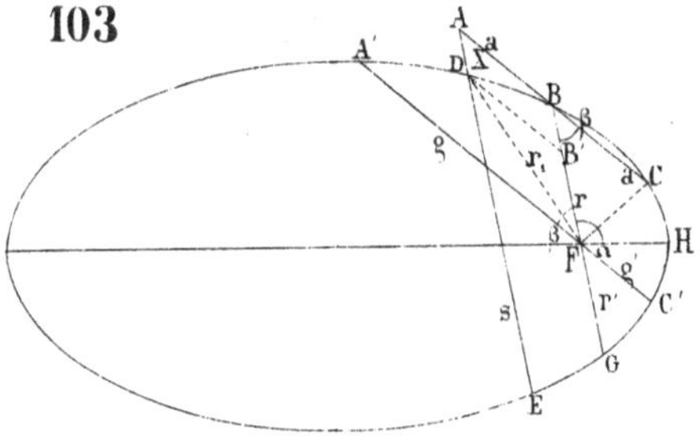

104

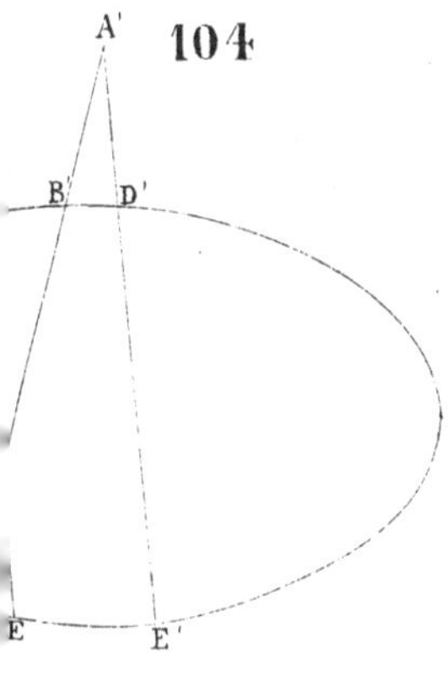

104 a

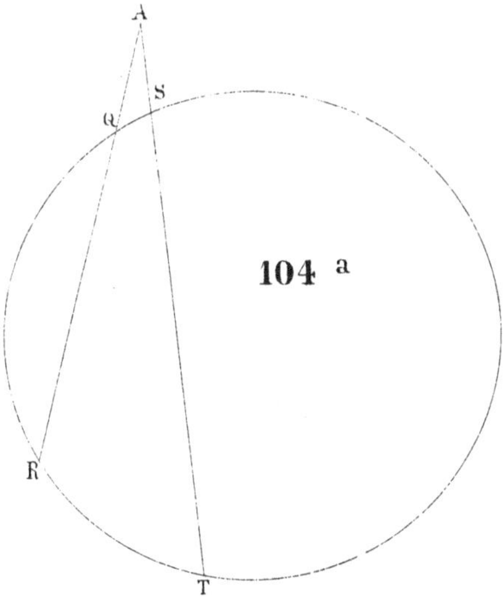

Lith. Anst. v. L. Kraatz in Berlin.

105

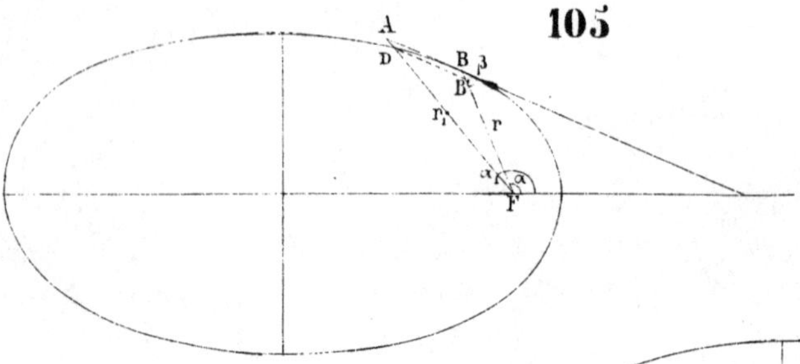

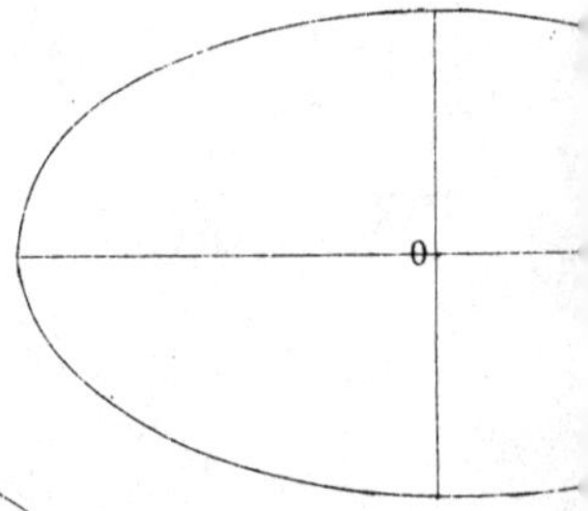

110

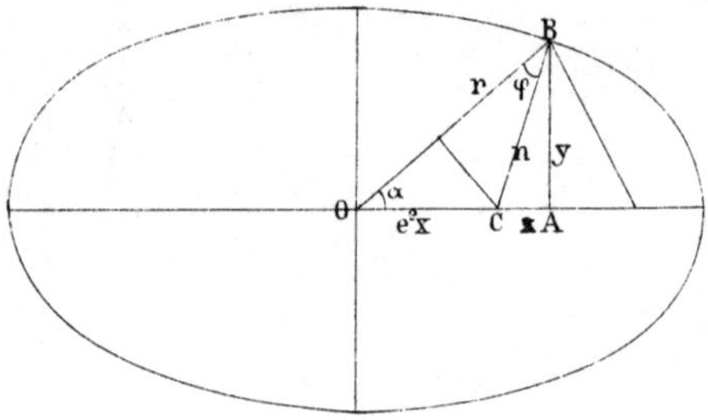

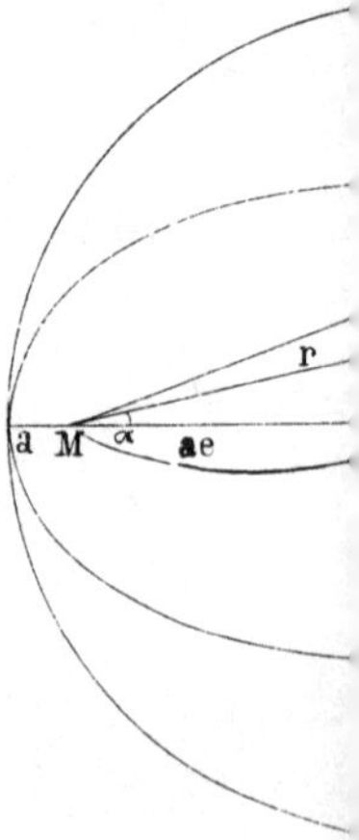

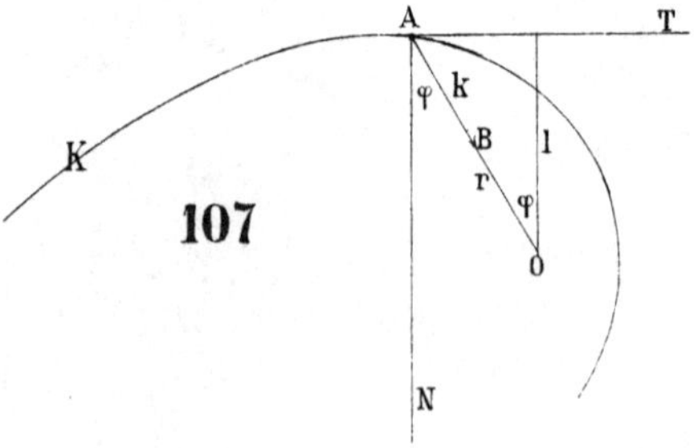

107

113

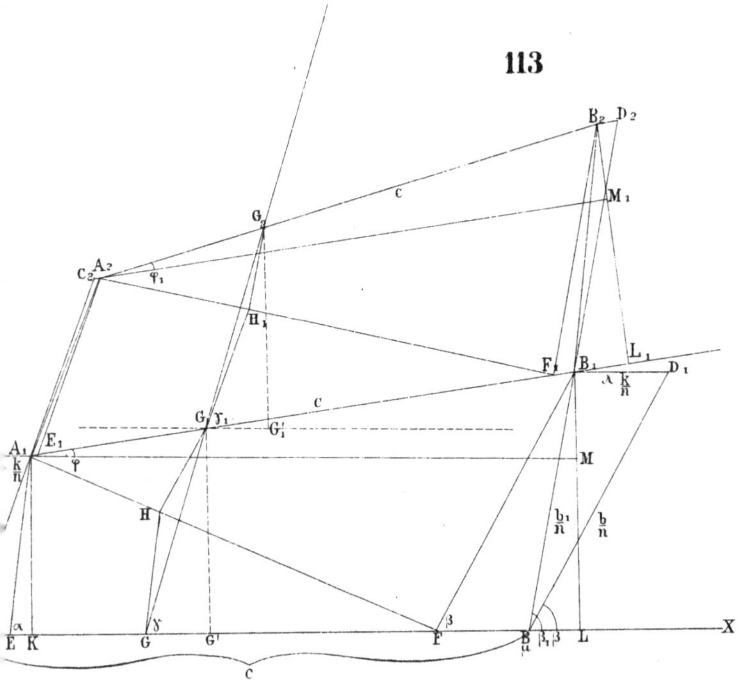

108

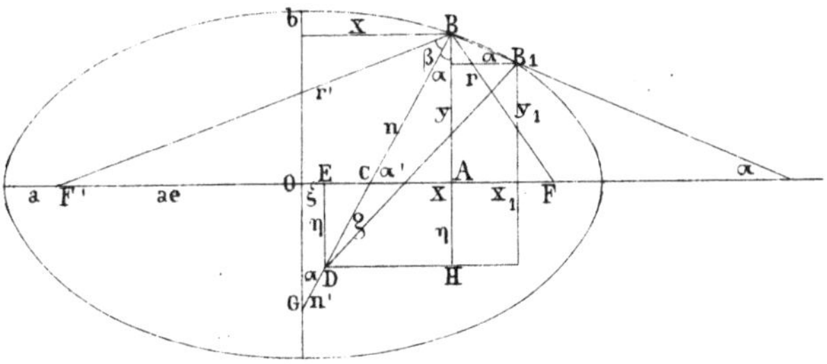

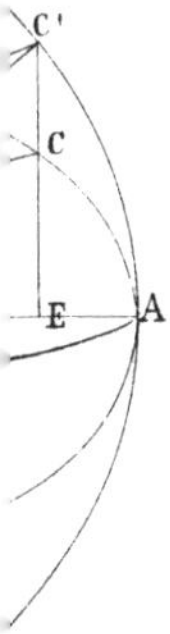

Lith. Anst. v. L. Kraatz in Berlin.

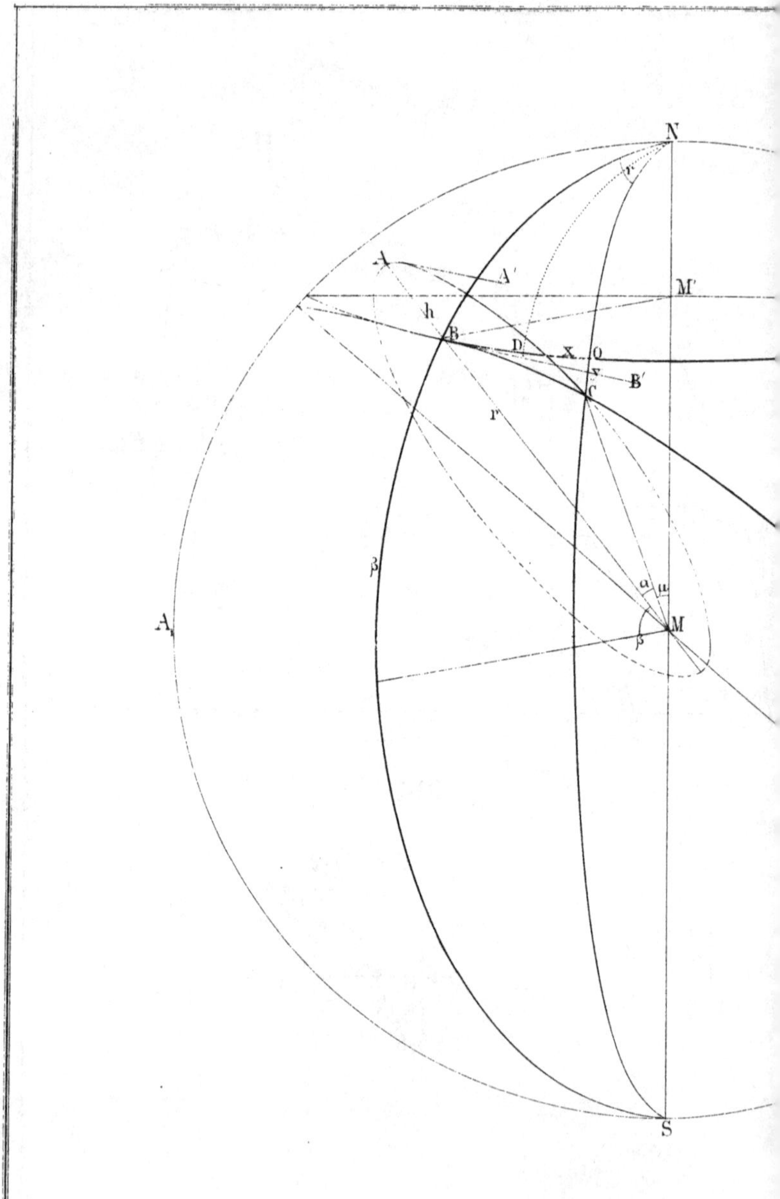

N
r
A
A′
M′
h
B
D
X
O
v
B′
C
r
β
α
μ
A,
M
β
S

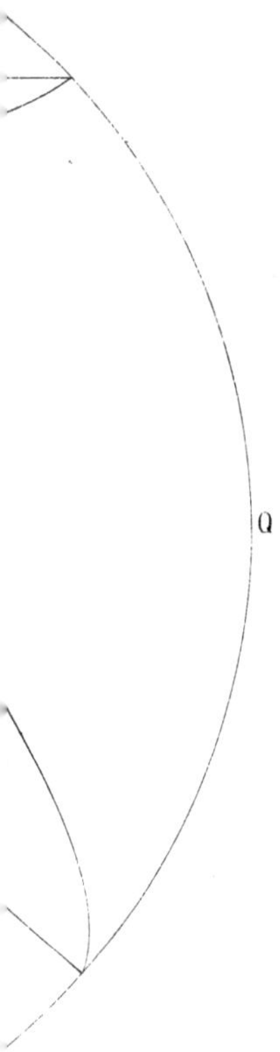

114

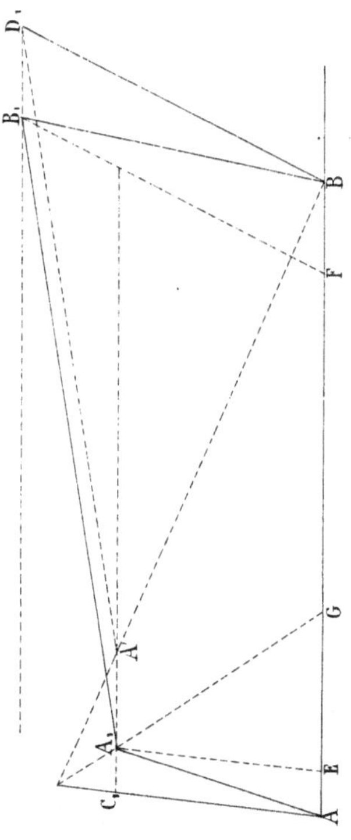

Lith. Anst. v. L. Kraatz in Berlin.

FSC
www.fsc.org
MIX
Papier | Fördert
gute Waldnutzung
FSC® C083411

Kolibri 360 GmbH
Ferdinand-Jühlke-Straße 7
99095 Erfurt, Deutschland
produktsicherheit@kolibri360.de